中兽医学

◎ 白鹏霞　主编

中国农业科学技术出版社

图书在版编目（CIP）数据

中兽医学 / 白鹏霞主编 . --北京：中国农业科学技术出版社，2024. 9. -- ISBN 978-7-5116-7075-5

Ⅰ. S853

中国国家版本馆 CIP 数据核字第 20244ZX240 号

责任编辑 张诗瑶
责任校对 李向荣
责任印制 姜义伟　王思文

出 版 者 中国农业科学技术出版社
北京市中关村南大街 12 号　　邮编：100081
电　　话 （010）82106625（编辑室）　（010）82106624（发行部）
（010）82109709（读者服务部）
网　　址 https://castp.caas.cn
经 销 者 各地新华书店
印 刷 者 中煤（北京）印务有限公司
开　　本 185 mm×260 mm　1/16
印　　张 17
字　　数 392 千字
版　　次 2024 年 9 月第 1 版　2024 年 9 月第 1 次印刷
定　　价 48.00 元

编写人员

主　审：刘根新　冯秉福

主　编：白鹏霞

副主编：陈　瑾　胡佩莹　张春霞　陈长江

参　编：解秀梅　张丽芳　张　忠　陈　璟

杨嘉仪　魏　斌　蒋含伟　牛玉丰

前　言

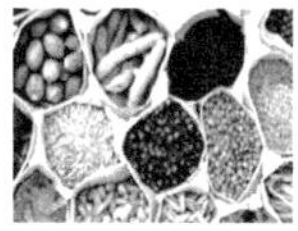

根据青海农牧科技职业学院畜牧兽医专业群“双高”建设项目计划，青海农牧科技职业学院畜牧兽医专业群对动物医学专业相关课程进行改革，形成了动物医学活页系列教材，《中兽医学》为其中之一。根据《高举中国特色社会主义伟大旗帜为全面建设社会主义现代化国家而团结奋斗——在中国共产党第二十次全国代表大会上的报告》中提出的“促进中医药传承创新发展”，《中兽医学》教材在编写过程中，围绕政策导向，将中药、针灸、辨证论治作为重点进行编写，在课程中将其作为重点内容进行讲解，以达到传承中兽医精华、守正创新的目的。

本教材以知识和技能复合型人才培养为目标，以动物医学专业群岗位能力需求为导向，坚持适用、实用原则，在课程内容上有创新点。每个项目设计有学习目标、学习内容和检测题，以便于学生在教中学、学中做，尽快掌握《中兽医学》基本概念、基本原则、基本方法，能够运用所学的知识，去解决中兽医临床中的常见问题，包括简单疾病辨证和辨证施治。相关的项目任务内容中，配套有二维码，以便学生通过扫描二维码拓展任务内容，提高学生的学习兴趣，加强学生的学习效果，为更好地学习和掌握《中兽医学》奠定良好的基础。

《中兽医学》教材内容共分为五个项目，各项目任务的教学内容既相互独立，又可作为后面项目内容的理论依据，满足了动物医学专业群的岗位需求，可根据人才培养目标、当地生产实际、动物医学专业岗位需求，有针对性地进行选择。教材在编写过程中力求做到简明扼要、由浅入深、循序渐进、学以致用。

参加本教材的编写人员既有从事动物临床的骨干教师和“双师型”教师，也有来自畜牧兽医站等岗位的技术骨干。本教材由白鹏霞任主编，陈瑾、胡佩莹、张春霞、陈长江任副主编。具体分工：白鹏霞编写项目一、项目二、项目三的任务一至任务七；牛玉丰编写项目三的任务八和任务九；蒋含伟编写项目三的任务十和任务十一；陈瑾编写项目三的任务十二至任务十六；胡佩莹、陈长江编写项目四；张春霞、解秀梅、张丽芳、杨嘉仪、陈璟编写项目五；张忠、魏斌完成教案编写、PPT制作；刘根新、冯秉福完成本教材编写的最终审稿。

由于时间仓促，编者水平有限，难免存在疏忽和不足之处，恳请同行专家和读者批评指正，我们将不胜感激。本书配备教学资源，请拨打电话 010-82967726 免费获取。

编　者

2024 年 2 月

目 录

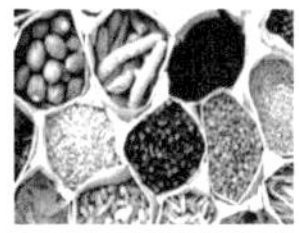

项目一 中兽医基础理论 1

任务一 走进中兽医 …… 2
任务二 阴阳五行学说 …… 7
任务三 脏腑学说 …… 15
任务四 气、血、津液 …… 23
任务五 经 络 …… 28
任务六 病因病机 …… 33

项目二 中药与方剂的基本知识 39

任务一 中药的采集、加工和贮存 …… 40
任务二 中药的炮制 …… 46
任务三 中药的性能 …… 53
任务四 中药的配伍与方剂的组成 …… 57
任务五 中药的剂型、剂量及用法 …… 62

项目三 中药及方剂 67

任务一 解表药及方剂 …… 68
任务二 清热药及方剂 …… 75
任务三 泻下药及方剂 …… 84
任务四 消导药及方剂 …… 89
任务五 止咳化痰平喘药及方剂 …… 94
任务六 温里药及方剂 …… 99
任务七 祛湿药及方剂 …… 105
任务八 理气药及方剂 …… 113

任务九 理血药及方剂 …… 117
任务十 固涩药及方剂 …… 125
任务十一 补虚药及方剂 …… 125
任务十二 平肝药及方剂 …… 136
任务十三 安神开窍药及方剂 …… 137
任务十四 驱虫药及方剂 …… 137
任务十五 外用药及方剂 …… 141
任务十六 饲料添加药及方剂 …… 148

项目四 针 灸 152

任务一 针灸的基本知识 …… 153
任务二 常用的针灸穴位及针治 …… 166
任务三 针灸技术 …… 202

项目五 预 防 214

任务一 四诊技术 …… 215
任务二 防治法则 …… 229
任务三 辨证论治 …… 236
任务四 动物常见病症施治 …… 250

参考文献 …… 262

项目一　中兽医基础理论

项目导读

中兽医学是中华民族几千年来文明智慧的结晶，其历史悠久、经验丰富、特色鲜明。近年来，中兽医技术在动物细菌性疾病、病毒性疾病及寄生虫疾病等方面均具有良好的防治效果，并充分体现了低毒、低残留等防病优势。通过本项目的学习，掌握阴阳五行学说，理解脏腑学说，了解气血津液，熟悉经络，掌握病因病机。

知识目标

1. 了解中兽医学的概念、发展简史及中兽医学的基本特点。
2. 理解阴阳五行学说的概念及运行规律，了解阴阳五行学说在临床上的应用。
3. 理解气血津液的概念、作用及常见的气、血、津液病。
4. 理解经络的概念、经络的走向及在临床上的作用。
5. 理解病因等概念，理解六淫的特点和致病特点。

技能目标

1. 掌握阴阳五行学说在兽医临床上的应用。
2. 掌握气血津液理论在兽医临床上的应用。
3. 掌握经络学说在兽医临床上的应用。
4. 掌握病因理论在兽医临床上的应用。

素质目标

培养学生用中兽医学的原理即整体观念和辨证论治的观点来观察问题、看待问题、分析问题和解决问题。

思政目标

学习中兽医学的发展史，理解中兽医文化的发展历程，知道中药和针灸是我国非遗文化，也是我国的瑰宝，坚定学生的民族自豪感，培养学生的理论自信和文化自信。

任务一 走进中兽医

学习情境

中兽医学又称中国传统兽医学，是我国宝贵传统文化遗产的一个重要组成部分。它是研究基础理论、方药、针灸的病症防治技术。几千年来，中兽医学理论一直指导临床实践，并在实践中不断补充、发展与完善，不仅为我国畜牧业发展做出了重要贡献，对世界兽医学也产生了巨大的影响。

学生通过查阅图书或网络资源，查找相关的资料，制作思维导图。

任务准备

一、中兽医学的概念

中兽医学又称中国传统兽医学，是我国宝贵传统文化遗产的一个重要组成部分。它是研究基础理论、方药、针灸的病症防治技术。几千年来，中兽医学理论一直指导临床实践，并在实践中不断补充、发展与完善，不仅为我国畜牧业发展做出了重要贡献，对世界兽医学也产生了巨大的影响。

二、中兽医发展史

中兽医学历史悠久、内容丰富，在疾病诊疗方面有不少发明创造。在远古时代，人类开始驯化野生动物，渐渐认识了动物疾病，不断寻求治疗方法，就有了最初的兽医知识。例如，在新石器时期，不仅动物饲养已经普及，而且火、石器、骨器等工具已开始用于防治动物疾病。

在殷周时期，产生了阴阳和五行学说，之后成为我国医学和兽医学的理论工具。西周时期已设有专职兽医诊治兽病（内科病）和兽疡（外科病），并采用灌药、手术、护养等综合医疗措施。当时记载有猪囊虫（米猪肉）、狂犬病、传染性疾病（疫）、运动障碍以及外寄生虫病等疾病，还记载有人兽共用的药物。

在封建社会，中兽医学形成了完整的体系，其基本原理出自《黄帝内经》，记载了以“治未病”为主的医疗思想，到现在仍然有重要意义。

秦汉时期，中兽医学有了新的发展。如秦朝制定的“厩苑律”（见《云梦秦简》）是我国最早的畜牧兽医法规，在汉朝时改为“厩律”。汉代的药学专著《神农本草经》，是一部人和动物通用的药学著作，共收载药物365种，其中特别提到了“牛扁疗牛病”“桐叶治猪疮”“雄黄治疥癣”等。汉朝时，已有针药并用治疗兽病，革制的马鞋进行护蹄；汉简中还记载有兽医方剂，并开始将中药制成丸剂给马服用。汉朝名医华佗，发明了全身麻醉剂“麻沸散”，灌服后进行剖腹手术。汉朝名医张仲景所著的《伤寒杂病论》，发展、完善了前人辨证论治的内容，经常在兽医临床上应用。在针灸方面，汉朝已有铁制的九针、金针、银针，以及针药并用治疗兽病（《列仙传》）。

魏晋南北朝时期，葛洪著作了《肘后备急方》，其中记载了治六畜的“诸病方”，灸熨和“谷道入手”等诊疗技术，及用类似狂犬病疫苗防治狂犬病的方法。北魏时期，贾思勰所著的《齐民要术》中有畜牧兽医专卷，其中治疗动物疾病的方剂有40多种，如掏结术，用削蹄法治漏蹄，猪、羊去势术，以及动物群发病隔离等措施。

隋朝，兽医学的分科日趋完善，有了病症诊治、方药及针灸等专著，如《治马牛驼骡等经》《治马经》《伯乐治马杂病经》《疗马方》等。

唐朝，有了兽医教育。如《旧唐书·职官志》记载，太仆寺中有兽医600人、兽医博士4人、学生100人，这是我国官方开设兽医教育的开端。李石所著的《司牧安骥集》为我国现存较完整的一部中兽医书，也是我国最早的一部兽医教科书。659年颁布的《新修本草》，为世界上最早的一部人畜通用药典。

宋朝，从11世纪开始先后设立专门治疗马病的机构“病马监”和尸体解剖机构“皮剖所”，并设有兽医药房“药蜜库”。当时的兽医专著有《明堂灸马经》《伯乐针经》《医马经》等。《藩牧纂验方》中，有方剂57个，另外还附有针灸疗法。当时少数民族地区用乙醇做麻醉剂，进行马的切肺手术。

明朝，著名兽医喻本元、喻本亨总结前人及当时的实践经验，著作了《元亨疗马集》（附牛驼经），刊行于1608年，内容丰富，成为国内外流传最广、影响最大的一部中兽医代表著作。16世纪还陆续出版了《马书》《牛书》等。著名医药学家李时珍所著的《本草纲目》，总结了前人丰富的医药学经验，收入药物 1 892 种，方剂 11 092 个，为中外医药学发展作出了杰出的贡献。

1736年，李玉书对《元亨疗马集》进行了改编。1758年赵学敏编著了《串雅外编》，其中列有“医禽门”“医兽门”。另外，还有一些民间著作有《报犊集》《养耕集》《牛经备药医方》《牛医金鉴》等。

鸦片战争以后，我国沦为半殖民地半封建社会，中兽医学发展缓慢。此时出现的中兽医著作有《活兽慈舟》《牛经切要》《猪经大全》等。

1904年，北洋军阀在保定开办了北洋马医学堂，此后西兽医学开始系统地传入我国，并在我国传播。在此期间，反动的统治阶级对中医和中兽医采取了摧残及扼杀政策，严重阻碍了民间兽医的发展。虽然如此，仍出现了《驹儿编全卷》《治骡马良方》《兽医实验国药新手册》等。

1949年中华人民共和国成立以后，中兽医重新得到了重视和发展。新中国成立初期，人民政府及时作出了“保护畜牧业，防止兽疫”的指示，并重视发挥民间兽医的作用。1956年1月，国务院颁布了“加强民间工作”指示，提出了“团结、使用、教育和提高”的中兽医政策。同年9月，召开了第一届“全国民间兽医座谈会”，提出“密切结合中兽医，把我国兽医学术推向一个新阶段。”1958年，毛泽东提出：“中国医药学是一个伟大的宝库，应当努力发掘，加以提高。”1985年，中共中央针对中医工作提出：“要把中医和西医摆在同等的地位。”1986年12月召开了“国务院关于加强民间兽医工作指示30周年纪念暨座谈会”，提出了若干加强中兽医工作的措施。

几十年来，在应用现代科学技术总结提高中兽医学术方面，取得了很多新的成就。科研方面，在农业科学院系统设立了中兽医学研究所（研究院），在高等农业院校建立了教研组（研究室），开展科学研究工作；在人才培养方面，在农业院校建立了中兽医课程或中兽医学专业，并在各农业院校增设了中兽医学硕士、博士点，培养了很多中兽医人才；临床方面，激光针灸、微波针灸、磁疗、运用电子计算机进行辨证，应用电子捻针机，运用电镜对针灸穴位组织学的观察及应用自动分析手段对中药的研究等，另外动物针刺麻醉试验获得成功。

在漫长的历史发展过程中，中兽医学不断地发展，并传播到世界各地。尤其是近几十年来，许多国家高度重视，并对中兽医及中药展开了广泛的研究与应用。如日、美等国家在兽医教育中增设了中兽医学内容，或相关讲座。另外，因中药饲料添加剂具有提高动物免疫力、预防疾病、提高动物产品的质量、减少药物残留等效果，所以受到国内外的关注。

中兽医学在向国外传播的同时，不断汲取世界各国的先进科学技术，并将中、西兽医融会贯通，最终形成了先进的兽医学学术体系。

三、中兽医学的基本特点

中兽医将动物机体看作是一个有机整体，以脏腑经络为核心，将自然界所有事物和机体看成阴阳对立的两个方面。概括来说，中兽医具有“整体观念”“辨证论治”两个基本的特点。

（一）整体观念

中兽医认为，动物机体以五脏为中心，以经络为纽带，将各脏腑组织器官联系起来，形成完整统一的有机整体。脏腑之间互为表里，与官窍相连属，共同维持动物体内的平衡和正常生命活动。病理上，动物某一部分发生疾病，会影响其他部分。而全身状况也可影响局部的变化。诊断疾病时，应先诊察整体的临床表现，然后有目的诊察局部的病理变化。

另外，动物机体与外界环境之间紧密相关，存在着矛盾统一的关系。如一年四季有温、热、凉、寒的变化，而动物可以通过自身调节，适应气候变化。如春夏阳气发泄，气血趋于体表，则腠理开张，易出汗；秋冬阳气潜藏，气血趋于体内，则腠理紧闭，多尿少汗。但当气候发生变化或自身调节功能出现异常时，动物机体与外界环境就会失去平衡，发生疾病。诊察疾病时，要优先考虑季节的影响，然后要考虑到环境的变化和情志刺激的影响。防治疾病时，要考虑自然环境对动物机体的影响，如古人总结的一些防治措施，如“春夏养阳，秋冬养阴”，“春灌茵陈夏灌黄，秋灌理肺冬茴香”等。

这种内外环境的统一性和机体自身整体性思想，称为整体观念。

（二）辨证论治

辨证论治是利用中兽医学诊断疾病，确定治则及治法的过程。辨证，即综合整理分析四诊所获得的病情资料，以判断疾病本质，即证的过程。论治，又称施治，即根据辨证的结果，确定相应的治疗原则与方法的过程。辨证是决定治疗疾病的前提和依据，论治是治疗疾病的手段和方法。

“病”是动物疾病的发生、发展、转归的整个过程。如感冒等。“证”是疾病发展至某一阶段对病因、病理、临床症状、诊断的综合概况，为治疗疾病指明方向。如“脾虚泄泻”，病位在脾属虚，临床症状为泄泻，病因为湿，故治疗方向为“健脾燥湿”。“症”是动物患病后表现出的症状表现。如咳嗽、流涕等。

辨证论治关键在于抓住不同发展阶段中疾病的本质。如同一疾病发展阶段不同，可表现不同的证，而不同的疾病，在发展过程中也可表现相同的证。故而临床上可采取“同病异治”“异病同治”的措施。相同的病，证不同，用不同的治疗方法，为“同病异治”。例如若感染风寒表证，则用辛温解表药；若感染风热感冒，则用辛凉解表药。不同的病，证相同，则用相同的治疗方法，为“异病同治”。如肛脱、子宫下垂、脾虚泄泻等，虽疾病不同，但证同为脾虚下陷，则同用补中益气方治疗疾病。

四、主要内容

1. 基础理论

包括绪论、阴阳五行学说、脏腑学说、气血津液、经络、病因病机等基础理论。

2. 中药及方剂

有中药采集、加工及贮存，中药炮制，中药性能，配伍禁忌，方剂组成等及各类常用中药及方剂的基础知识和技能。

3. 针灸

包括针灸的基本知识，常用穴位及针治、针灸技术等技能。

4. 临床应用

包括四诊技术、防治法则、辨证论治等基础知识和技能。

五、中兽医学发展趋势

中兽药学是和我国畜牧业相伴而生、共同发展的一门动物病症防治的综合性学科。畜牧业的生产现代化和动物养殖业的发展，将推动中兽医学运用现代技术在理论研究、疾病防治等方面得到进一步应用、提高，以适应畜牧业发展的需要。中兽医的防治对象从牛、马等大动物，转到大、中、小动物并重，从个体转向群体；防治方法由治疗为主转变为防治结合，防重于治。随着现代医学的发展和高效无害的要求，中兽医学将成为现代人需要的、高效无害的新兽医学，为人类作出更大贡献。

六、学习方法及注意问题

用辩证唯物主义和历史唯物主义观点，吸取精华，推陈致新。理论联系实际，以“整体观念”和“辨证论治”为核心，对理、法、方、药及针灸逐步融会贯通。重点学习中药、方剂知识和针灸技术。重视实践，勇于创新，反复学习，认真体会，掌握运用相关规律及操作技能。深刻理解“中西医结合”的意义，把中兽医和西兽医医药知识结合起来，取长补短，以创立我国统一的新兽医（药）学。

课堂教学应多采用教具、挂图、模型、标本和信息化等现代教学手段，以增强学生的感性认识，启迪学生的科学思维，注重理论联系实际。

注意改进考试、考核手段与方法，通过课堂提问、作业、技能考核及操作实训等情况综合评价学生成绩。

任务实施

步骤一：根据本任务内容，通过查阅图书或网络资源，收集相关资料及在中兽医临床上的应用案例资料，并整理分析，列出大纲。

步骤二：根据个人理解，将主要内容进行总结，并绘制思维导图；思维导图应包括两个方面的内容，即整体观念、辨证论治。

步骤三：将个人绘制好的思维导图通过软件上传或在班级群中进行展示，供其他同学参阅，并提出优缺点。

步骤四：根据其他同学的意见或建议进一步完善思维导图，进一步理解课堂内容。

任务检测

请扫描二维码 1-1-1 进入在线测试，可反复多次答题，直到获得满意的结果。

二维码 1-1-1　项目一任务一检测

任务评价

根据本任务表现及思维导图绘制情况进行评价，具体评价见表 1-1-1。

表 1-1-1　任务完成过程评价

班级：		组别：		姓名：
任务	评分标准	自我评价	小组评价	教师评价
形式方面	整体布局合理，核心主题明确（20 分）			
	颜色对比明显，分支颜色有所区别（10 分）			
	部分内容有相应图片展示（20 分）			

续表

班级：		组别：		姓名：	
任务	评分标准	自我评价	小组评价	教师评价	
内容方面	内容正确，包括概念和关系的准确性（10分）				
	内容知识点完整，主次分明（20分）				
	内容简洁扼要，层次清晰（20分）				
合计					
自我评价与总结					
教师点评					

任务二　阴阳五行学说

学习情境

阴阳五行学说，是阴阳学说和五行学说的合称，是我国古代朴素唯物论和辩证法的哲学思想，是认识和解释自然的一种世界观和方法论。春秋战国时期，将其引用到医药学中，用来解释动物体的组织结构，生理功能和病理变化，成为临床的辨证及病证防治的重要理论依据之一。

学生通过查阅图书或网络资源，查找与阴阳五行学说相关的资料，及阴阳五行学说在临床上的应用，并制作思维导图。

任务准备

一、阴阳学说

（一）阴阳的基本概念

1. 阴阳是一对古代哲学的范畴

阴阳最初指日光的向背，向日为阳，背日为阴。后来引申为方位，即天地、上下；运动状态，即升降；性别，即雌雄等。

2. 阴阳是自然界中相互关联且相互对立的事物或属性

阴阳指相互关联又相互对立的两种事物，或矛盾对立的两个方面。阴阳也指相互关联又相互对立的事物属性。如昼与夜、有形的与无形的、温热与寒凉等。

3. 阴阳是矛盾双方对立斗争的结果

阴阳学说认为世界是阴阳对立斗争的结果。如水蒸气上升成为云，云下雨滋润万物。植物生长既需要阳光沐浴，又需要雨水浇灌。自然界阴阳属性分类见表1-2-1。

表1-2-1　自然界阴阳属性分类

属性	空间	季节	温度	湿度	亮度	事物运动状态		性格	
阳	上、外	春夏	温热	干燥	明亮	上升	运动	善良	活泼
阴	下、内	秋冬	寒凉	湿润	晦暗	下降	静止	邪恶	文静

（二）阴阳学说的基本内容

阴阳学说的基本内容，主要包括阴阳的对立制约、互根互用、消长平衡和相互转化等。

1. 阴阳的对立制约

阴阳双方存在着相互排斥、相互斗争和相互制约的关系。动与静，寒与热等均属相互对立。对立的双方，通过排斥、斗争以相互制约，从而取得统一，使事物达到动态平衡。阴阳双方的不断排斥与斗争，推动事物的变化或发展。

2. 阴阳的互根互用

阴阳双方具有相互依存、互为根本的关系，即任何一方都不能脱离另一方而单独存在，双方互为存在的前提和条件。如热属阳，寒属阴，没有热就没有寒，双方相互依赖、相互依存，即阳依存于阴，阴依存于阳。

另外，阴阳双方存在相互滋生、相互促进的关系。如机体物质属阴，功能活动属阳，脏腑功能正常不断产生营养物质，营养物质充足维持脏腑正常功能活动。

3. 阴阳的消长平衡

阴阳双方不断运动变化，此消彼长，又力求维系动态平衡的关系。阴阳双方处于阴消阳长、阳消阴长变化过程中。如动物需要消耗一定的营养物质（阴）来维持机体各项机能活动（阳），即“阴消阳长”的过程；而营养物质（阴）的产生，又需要消耗一定的能量（阳），即“阳消阴长”的过程。在生理情况下，这种阴阳的消长在一定的范围内波动，阴阳双方维持着一个相对的平衡状态。如果阴阳的消长超过了正常范围，则相对平衡状态会失调导致疾病。

4. 阴阳的相互转化

阴阳的相互转化是指在一定条件下，阴阳双方可向其属性相反的方面转化，即阴可以转化为阳，阳可以转化为阴。如动物外感风寒表现寒象，失治或误治后，寒邪入里化热，则出现口干舌燥、舌红气粗等热象，这就是由阴证向阳证的转化。

综上所述，阴阳的对立制约、互根互用、消长平衡和相互转化，从不同的角度来说明阴阳之间的相互关系及其运动规律，它们之间不是孤立的，而是相互联系的。

（三）阴阳学说在中兽医学中的应用

1. 说明动物体的组织结构

动物体是一个对立统一的有机整体，其组织结构可以用阴阳两个方面概括。其身体的组织结构总结见表 1-2-2。

表 1-2-2　动物组织结构阴阳属性分类

属性	部位		组织结构				
阳	表、上、背	四肢外侧	皮毛	六腑	前、后肢三阳经	气	心、肺
阴	里、下、腹	四肢内侧	筋骨	五脏	前、后肢三阴经	血	肝、脾、肾

2. 说明动物体的生理功能

一般认为，功能属阳，物质属阴，正常的生命活动是阴阳双方对立统一的结果。在正常情况下，阴阳保持着相对平衡即阴平阳秘状态，以维持动物体的生理活动（图 1-2-1）。反之，阴阳不能相互为用而分离，精气就会竭绝，生命活动也将停止，见表 1-2-3。

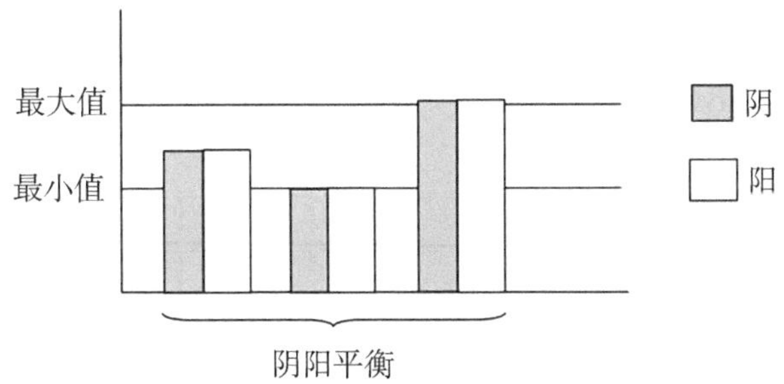

图 1-2-1　阴阳平衡示意

表 1-2-3　动物体生理功能的阴阳属性的归类

属性	生理活动				气机
阳	兴奋	亢进	温煦	功能	升、出
阴	抑制	衰退	滋润	物质	降、入

3. 说明动物体的病理变化

疾病的发生是动物体内的阴阳双方相对失衡，出现偏盛偏衰的结果。疾病的发生与发展，取决于正气和邪气两个方面。正气指机体生理活动、抗病能力，对外界环境的适应能力等；邪气指各种致病因素。正气包括阴精和阳气两个部分，邪气也分为阴邪和阳邪。疾病的过程，是正邪斗争引起机体阴阳偏盛偏衰的过程。

（1）阴阳偏盛。①阳盛则热。阳邪致病，使阳偏盛而阴伤，出现“阳盛则热”的病证。患病动物症状表现为高热、唇舌鲜红，脉洪数，耳耷头低，行走如痴等（图 1-2-2）。②阴盛则寒。阴邪致病，使阴偏盛而阳伤，出现“阴盛则寒”的病证。患病动物症状表现为口色青黄，脉沉迟，鼻寒耳冷，身颤肠鸣，不时起卧（图 1-2-2）。

（2）阴阳偏衰。①阳虚则寒。患病动物阳气不足，不能制阴，出现阳虚阴盛的

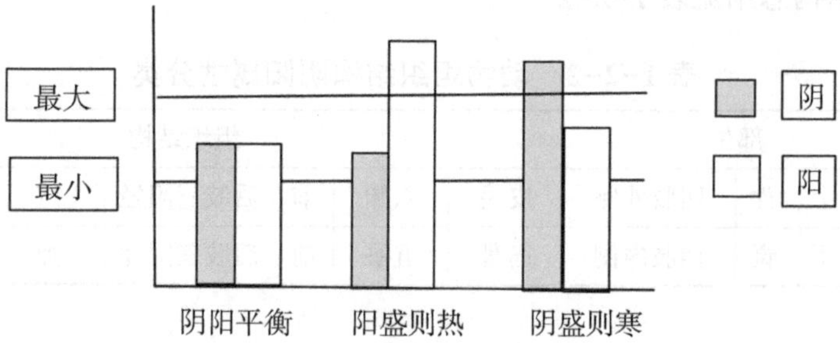

图 1-2-2 阴阳偏盛示意

虚寒证。患病动物症状表现为四肢不温、畏寒喜暖、大便稀薄、尿清长等（图 1-2-3）。②阴虚则热。阴液亏虚，不能制阳，出现阴虚阳亢的虚热证。患病动物表现为潮热盗汗、口干舌燥、大便干少，尿短赤等。

阴阳的偏盛或偏衰，均可引起寒证或热证。但是，阴阳偏盛所形成的病证属实证，如阳邪偏盛导致实热证，阴邪偏盛导致实寒证等；反之，阴阳偏衰所形成的病证属虚证，如阴虚则出现虚热证，阳虚则出现虚寒证等（图 1-2-3）。

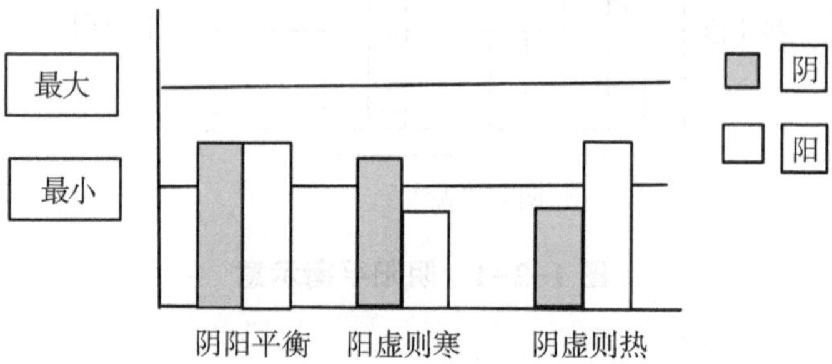

图 1-2-3 阴阳偏衰示意

4. 诊断方面

无论疾病的临床症状如何错综复杂，都可以阴阳加以辨证。如口色红、黄、赤者均为阳，口色白、青、黑者均为阴；辨证时，表、实、热证为阳，里、虚、寒证为阴（表 1-2-4）。

表 1-2-4 动物体口色、辨证归类

属性	口色	辨证
阳	红、黄、赤	表、实、热
阴	白、青、黑	里、虚、寒

5. 治疗方面

诊疗疾病的基本原则是泻其有余，补其不足，使阴阳重新恢复协调平衡。即“热者寒之、寒者热之、虚者补之、实者泻之”。

6. 预防方面

动物体与外界环境密切相关，动物体的阴阳与四时阴阳的变化相适应，否则就会引起疾病。因此，加强饲养管理，增强动物体的适应能力，以防止疾病的发生。另外，通过春季放血，灌四季调理药等方法均能调和气血，协调阴阳，预防疾病。

7. 用阴阳来概括药物的性味与功能

温热的，辛、甘、淡味的，升浮，发散作用的药物属阳；寒凉的，酸、咸、苦味的，沉降，涌泄作用的药物属阴（表 1-2-5）。

表 1-2-5　药物性、味归类

属性	性、味			
阳	温热的	辛、甘、淡味的	升浮	发散
阴	寒凉的	酸、咸、苦味的	沉降	涌泄

二、五行学说

（一）五行的基本概念

“五”指木、火、土、金、水五种物质；“行”指这五种物质的运动和变化。五行学说认为世界万物均是由这五种物质及其运动变化构成，他们存在相互滋生、相互制约的关系。

（二）五行学说的基本内容

1. 五行的特性及其对事物的归类

（1）五行的特性。①木，“木曰曲直”。原指树木具有生长、条达、能曲能直的特性，后引申为凡有此类性质或属性的事物，均属于木。②火，“火曰炎上”。原指火具有温热、向上的特性，后引申为凡有此类性质或属性的事物，均属于火。③土，“土爰稼穑”。原指在耕地上种植和收获谷物，后引申为凡有生化、承载、受纳等性质或属性的事物，均属于土。④金，“金曰从革”。从，即顺从；革，即变革。金曰从革，原指金属物质可以顺从人意，铸造成器；也认为，矿物的冶炼后可得金属；又因金常用于杀伐。后引申为凡有清洁、肃杀、沉降等性质或属性的事物，均属于金。⑤水，“水曰润下”。原指水有滋润、寒凉、向下、闭藏的特点，后引申为凡具有此类性质或作用的事物，均属于水。

（2）五行的归类。五行学说是将自然界的所有事物和现象，以及动物体脏腑组织器官的生理、病理现象，以“取类比象”或“推演络绎”的方法，将其归属于五行之中（表 1-2-6）。

表 1-2-6 五行归类

五行	自然界						动物体						
	五味	五色	五化	五气	五方	五季	脏	腑	五体	五窍	五液	五脉	五志
木	酸	青	生	风	东	春	肝	胆	筋	目	泪	弦	怒
火	苦	赤	长	暑	南	夏	心	小肠	脉	舌	汗	洪	喜
土	甘	黄	化	湿	中	长夏	脾	胃	肌肉	口	涎	代	思
金	辛	白	收	燥	西	秋	肺	大肠	皮毛	鼻	涕	浮	悲
水	咸	黑	藏	寒	北	冬	肾	膀胱	骨	耳	唾	沉	恐

2. 五行的相互关系

（1）五行的正常关系。五行之间存在相生、相克以及制化关系，维持事物生化不息的动态平衡。

相生：指五行之间存在着资生、助长和促进的关系，即母与子的关系。五行相生的次序如图 1-2-4 所示。

$$木 \xrightarrow{生} 火 \xrightarrow{生} 土 \xrightarrow{生} 金 \xrightarrow{生} 水 \xrightarrow{生} 木$$

图 1-2-4 五行相生的次序

在相生关系中，任何一行均有“生我”及“我生”的关系。“生我”者为母，“我生”者为子。以水为例，水生木，水为木之母；金生水，水为金之子。

相克：指五行之间存在着相互克制和相互制约关系。五行相克的次序如图 1-2-5 所示。

$$木 \xrightarrow{克} 土 \xrightarrow{克} 水 \xrightarrow{克} 火 \xrightarrow{克} 金 \xrightarrow{克} 木$$

图 1-2-5 五行相克的次序

在相克关系中，任何一行都有“克我”及“我克”的关系。“克我”者为我“所不胜”，“我克者”为我所胜。以火为例，火克金，则金为火之“所胜”。

制化：指相生相克密不可分，共同维持平衡协调的关系。即生中有克，克中有生，相辅相成，才能维持事物之间相对平衡。五行制化规律如图 1-2-6 所示。

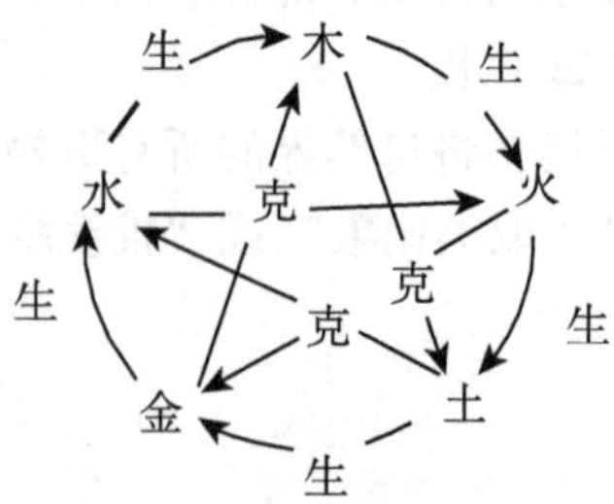

图 1-2-6 五行制化规律

（2）五行的生克异常。指事物之间生克制化关系遭受破坏，失去正常平衡状态的表现。五行间相克关系异常有相乘、相侮；五行间相生关系异常有母子相及。

五行相乘：乘，乘虚侵袭。五行相乘，是指五行中一行对其所胜一行的过度克制，即相克太过，其次序同于五行相克，五行相乘的次序如图 1-2-7 所示。

乘　乘　乘　乘　乘
木→土→水→火→金→木

图 1-2-7　五行相乘的次序

引起五行相乘的原因有“太过”和“不及”两个方面。以木克土为例，如木过于亢盛，对土克制太过；或土相对不足，导致木相对偏盛，称为“木乘土”。

五行相侮：侮，有欺侮，有恃强凌弱之意。五行相侮是指五行中某一行不及，对其所不胜一行所克，即反克，又称“反侮”。五行相侮的次序与相克相反，五行相侮的次序如图 1-2-8 所示。

侮　侮　侮　侮　侮
木→金→火→水→土→木

图 1-2-8　五行相侮的次序

引起相侮的原因也有“太过”和“不及”两个方面。“太过”是指五行中的某一行过于强盛，使原来克制它的一行反被其所克。如金克木，若木过于亢盛，金不但不能克木，反而被木所克，出现“木侮金”的现象。“不及”是指五行中的某一行过于虚弱，不但不能克制其所胜的一行，反而受到它的所克。如木克土，当木过度虚弱时，不能克木反而受木所克，称为“土侮木”。

母子相及：及，即累及、连累之意。母子相及指互为母子的各行之间相互影响，属于五行之间相生异常的变化，包括母病及子和子病犯母两种类型。

母病及子指五行中作为母病，必然影响子，导致母子均病。如水生木，若水不足，无力生木，则木不足，最终导致水木俱枯，母子俱衰。

子病犯母指五行中子病，会影响母，导致母子均病。如水生木，若木不足，势必引起火不足，导致水木均不足。

3. 五行学说在中兽医诊疗中的应用

（1）说明脏腑的生理功能，指用五行特性来解释五脏的生理活动特点。如肝喜条达而恶抑郁，故肝属木；心阳可温煦全身，故心属火；脾运化水谷，为气血生化之源，故脾属土；肺以肃降为顺，故肺属金；肾主水、藏精，故肾属水。

（2）说明脏腑之间的生理及病理关系。根据五行的相生相克关系，每“行”都有“生我”“我生”“克我”“我克”四方面关系，并与其他四“行”相联系。以脾为例，“生我”者为心，“我生”者为肺，“克我”者为肝，“我克”者为肾。又如肾水不足，不能养肝，引起肝肾阴虚，为母病及子；心血不足，导致肝血亏虚，为子病犯母。

(3) 用于治疗。①补母，用于相生不及的虚证。如肾虚所致的肝虚，以治肾为主；肝虚所影响的肾虚，补肝的同时补肾。②泻子，用于母子关系的实证。如心火传至肝，肝火传至目所致的眵目难睁，治疗时以泻心火为主，清肝火为辅。③抑强，用于相克太过。如动物心火上炎，导致灼肺津伤，治疗时以降心火为主，清肺火为辅。④扶弱，用于相克不及。如脾虚而水亢盛时，土不能克水，反被水所侮，治疗时应温运脾阳，渗湿利水，并温补肾阳。

任务实施

步骤一：根据本任务内容，通过查阅图书或网络资源，收集相关资料及在中兽医临床上的应用案例资料，并整理分析，列出大纲。

步骤二：根据个人理解，将主要内容进行总结，并绘制思维导图；思维导图应包括两个方面的内容，即阴阳学说的基本内容、五行学说的基本内容。

步骤三：将个人绘制好的思维导图通过软件上传或在班级群中进行展示，供其他同学参阅，并提出优缺点。

步骤四：根据其他同学的意见或建议进一步完善思维导图，进一步理解课堂内容。

任务检测

请扫描二维码 1-2-1 进入在线测试，可反复多次答题，直到获得满意的结果。

二维码 1-2-1　项目一任务二检测

任务评价

根据本任务表现及思维导图绘制情况进行评价，具体评价见表 1-2-7。

表 1-2-7　任务完成过程评价

班级：	组别：		姓名：	
任务	评分标准	自我评价	小组评价	教师评价
形式方面	整体布局合理，核心主题明确（20 分）			
	颜色对比明显，分支颜色有所区别（10 分）			
	部分内容有相应图片展示（20 分）			
内容方面	内容正确，包括概念和关系的准确性（10 分）			
	内容知识点完整，主次分明（20 分）			
	内容简洁扼要，层次清晰（20 分）			
合计				

续表

班级：	组别：	姓名：
自我评价与总结		
教师点评		

任务三　脏腑学说

学习情境

脏腑学说是以五脏六腑为核心的理论体系，是内脏的总称。它们各有不同的功能：五脏是生化，贮藏精气、血、津液，以贮藏为主；六腑是受纳和腐食水谷、传化和排泄糟粕，以通为主；另外还有奇恒之腑、脑、髓、骨、脉、胆、胞等形态似腑多为中空的管腔，功能似脏，主藏阴精，其中除胆为六腑之外，其余都有表里配合。

学生通过查阅图书或网络资源，查找与脏腑学说的相关的资料，及脏腑学说在临床上的运用，并制作思维导图。

任务准备

一、五脏

（一）肝

肝位于腹腔右季肋部，归属下焦。肝有经脉络于胆，与胆相表里。肝的主要功能有肝藏血；肝主疏泄；肝开窍于目，在液为泪；肝主筋，其华在爪。

1. 肝藏血

指肝有贮藏血液及调节血量的功能。当动物休息或静卧时，外周血液减少，一部分血液贮藏于肝脏中，而在使役或运动时，外周血液增加，肝脏所藏的血液释放到外周血管中，以供机体活动所需。肝血充足与否，与动物对疲劳的耐受力密切相关。若肝血充足，动物抗疲劳的能力强；反之，动物容易产生疲劳。肝藏血的功能失调主要有两种情况，一是肝血不足，血不养目，则发生目眩、目盲；或血不养筋，则出现筋肉拘挛或屈伸不利。二是肝不藏血，则可引起动物不安或出血。肝的阴血不足，则可引起阴虚阳亢或肝阳上亢，表现为肝火、肝风等证。

2. 肝主疏泄

疏，即疏通；泄，即宣泄。肝主疏泄，是指肝具有维持全身气机条达舒畅的作用。气机是机体脏腑功能活动基本形式的概括。气机调畅，升降正常，才能维持内脏生理活动。肝主疏泄，主要表现在以下几个方面。

（1）协调脾胃运化。肝气疏泄正常，使得脾胃升降协调，协助肝脏分泌、排泄胆汁，帮助消化。若肝气郁结，疏泄失常，则影响脾胃运化，可引起食欲减退、嗳气、呕吐、肚腹胀满、黄疸等症状。

（2）调畅气机。气机即气的升降出入运动。升降出入是动物体内脏腑功能活动基本形式。肝主疏泄正常，则气机舒畅条达、气血调畅，脏腑组织功能正常。

3. 开窍于目，在液为泪

肝与目相连属。目主视觉，其功能依赖于五脏六腑之精气，尤其是肝血的滋养。而肝的功能正常与否，可在目上反映出来。若肝血充足，则双目炯炯有神，视物清晰；若肝血不足，则双目干涩，视物不清，甚至夜盲；肝经风热，则目赤肿痛；肝火上炎，则睛生翳膜。

肝开窍于目，泪从目出，故泪为肝之液。泪可以滋润和保护眼睛，不会溢出目外。如肝之阴血不足，则泪液减少，双目干涩；肝经风热，则双目流泪生眵。

4. 肝主筋，其华在爪

筋，即筋膜（包括肌腱），是联系关节、约束肌肉、主司运动的组织。肝主筋，是指肝具有营养筋膜，维持其正常的结构与功能。肝主筋有赖于“肝藏血”，肝血充足，筋膜才得以营养并发挥正常的功能。若肝血不足，血不养筋，可出现四肢震颤，屈伸不利等。若邪热劫津，津伤血耗，血不养筋，可引起肝风内动，如四肢抽搐、角弓反张、牙关紧闭等证。

“爪为筋之余”，肝血充足，筋膜得以滋养，爪甲坚韧。若肝血不足，则筋弱无力，爪甲（蹄）多薄而软，甚至变形而易脆裂。

（二）心

心有经脉络于小肠，与小肠相表里。心的功能有心主血脉，心主藏神，心开窍于舌，心主汗。

1. 心主血脉

心主血脉，是指心有推动血液在脉管内运行，以营养全身的作用。血液在体内正常运行需要充足的血液，心力推动和脉管三个条件。由于心与血、脉相连属，所以通过观察脉象、口色的变化，可反映出心脏的功能正常与否。如心气旺盛、心血充足，则脉象平和，节律调匀，口色鲜明如桃花色。若心气不足，心血亏虚，则脉细无力，口色淡白。若心气衰弱，气滞血瘀，则脉涩不畅，出现结脉或代脉，口色青紫等证。

2. 心主藏神

神，指精神活动，即动物对外界事物的客观反映。心主藏神，是指心管辖全身的精神活动，支配各个脏腑，成为生命活动的根本。

心主藏神与心主血脉密切相关。因为血液是维持正常精神活动的物质基础。血为心所主，所以心血充盈，心神得养，动物表现为“皮毛光彩精神倍”。反之，心血不足，神不能安藏，则出现活动反常，或惊恐不安，或神志不清。同样，心神异常，可致心血不足，或血行不畅，脉络瘀阻。

3. 心开窍于舌

舌为心之苗，心经的别络上行于舌，因而心的气血上通于舌，舌的生理功能可以在舌上反映出来。心血充足，则舌体柔软红润，运动灵活；反之，心血不足，则舌色淡且无光；心血瘀阻，则舌色发青；心经有热，则舌质红绛，口舌生疮。

4. 心主汗

因心主血脉，血液的主要部分为津液，汗由津液化生而来，故血汗同源，称“汗为心之液”，又称心主汗。因此，出汗异常，往往与心有关。若心阳虚，则致腠理不固而自汗；若心阴虚，则致阳不摄阴而盗汗。又因血汗同源，津亏血耗，则致汗源不足；而出汗过多，又易致伤津耗血。

（三）脾

脾有经脉络于胃，与胃相表里。脾的功能有脾主运化；脾主升清；脾主统血；脾主肌肉四肢；脾开窍于口，外应于唇；在液为涎。

1. 脾主运化

运，指运输；化，即消化、吸收。脾主运化，主要是指它有消化、吸收、运输营养物质及水湿的功能。

脾主运化包括两个方面：一是运化水谷精微，即进一步消化并吸收水谷精微，将其运输至心、肺，通过经脉运送至全身，起营养全身并维持机体生命活动的作用，故而将脾称为“后天之本”“气血生化之源”。脾的这种功能健旺，称为“健运”。二是指运化水湿，即脾具有吸收、输布、促进水液代谢的作用。脾在运输水谷精微的同时，也将水液运输至全身组织器官中，并及时将代谢后的水液运至肾脏，通过膀胱排出体外。

2. 脾主升清

升，指上升和输布；清，指水谷精微物质。脾主升清一方面指脾将水谷精微及水液上输至肺，另一方面指维持内脏器官处于恒定的位置。若脾气下陷则引起泄泻、脱肛、子宫垂脱等内脏垂脱症状。

3. 脾主统血

统，即统摄、控制之意。脾主统血，指脾具有统摄血液在脉中正常运行，不溢出脉外的功能。脾气旺盛，固摄有权，血液沿脉管正常运行而不外溢；反之，脾气虚弱，统摄乏力，气不摄血，则会引起各种出血性疾病，多见于慢性出血。

4. 脾主肌肉四肢

水谷精微为肌肉四肢提供营养，为肌肉的生长发育及生理功能提供有力保障。脾气健运，营养充足，则肌肉丰满，四肢强健，步履轻盈；反之，脾失健运，则肌肉萎软，四肢倦怠，动物消瘦。

5. 开窍于口，外应于唇

口为水谷摄入的门户，且脾气通于口，与食欲密切相关。脾气健运，则食欲正常。反之，脾失健运，则动物食欲减退，甚至食欲废绝。

脾主运化，其华在唇。脾有经络与唇相连属，唇为脾的外应。因此，口唇可以反映出脾运化功能的盛衰。若脾气健运，营养充足，则口唇鲜明光润；脾不健运，则食欲不振，营养不良，口唇淡白无光；脾有湿热，则口唇红肿；脾经热毒上攻，则口唇生疮。

6. 在液为涎

涎，即口津，为口腔分泌的液体，具有润泽口腔，帮助咀嚼和消化的作用。脾气健运，则口津分泌正常，以辅助脾胃之消化；若脾胃不和，则口液分泌增加；若脾气虚弱，则易出现流涎的症状；若脾经热毒上攻，则口唇生疮，口流黏涎。

（四）肺

肺位于胸中，上连气道。肺有经脉络于大肠，与大肠相表里，肺的功能有肺主气，司呼吸；肺主宣发、肃降；肺通调水道；肺主一身之表，外合皮毛；肺主开窍于鼻。

1. 主气，司呼吸

肺主气，是指肺有主宰一身之气的生成、出入与代谢的功能。肺主气包括主呼吸之气和一身之气两个方面。

（1）肺主呼吸之气。动物体内外气体交换的场所在肺，通过肺的呼吸作用，动物吸入清气，呼出浊气，实现体内外的气体交换。

（2）肺主一身之气。由自然界之清气、先天之精气和水谷生化之精气构成。肺主一身之气表现为两个方面。一是指全身之气由肺所主，尤其在元气的作用下将水谷精微之气与清气生成宗气。以维持肺的呼吸功能。二是由肺入心，推动血液运行，并宣发到全身各处，来维持脏腑组织的生理功能，因此有“肺朝百脉”之说。

2. 主宣发、肃降

肺主宣发、肃降的示意图如图 1–3–1 所示。

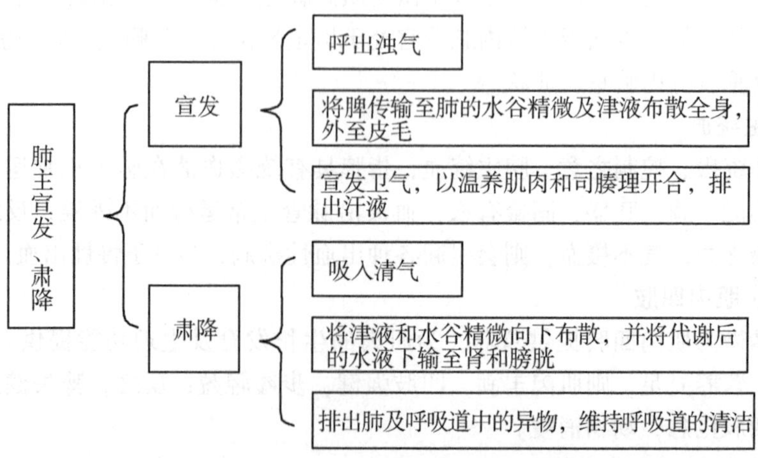

图 1–3–1 肺主宣发、肃降示意

3. 通调水道

肺主通调水道，指通过肺的宣发、肃降作用对体内水液进行疏通和调节。通过肺的宣发，将津液布散全身，并通过司腠理的开合，调节汗液的排泄。通过肺的肃降，将津液向下输送，代谢后的水液下输至肾和膀胱，排出尿液（图1-3-2）。

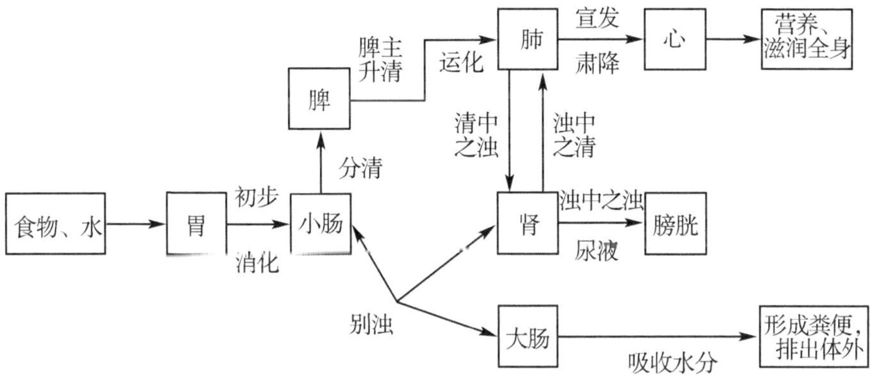

图1-3-2　动物体内食物运化示意

4. 主一身之表，外合皮毛

一身之表，又称皮毛，包括皮肤、汗孔、被毛等，是动物抵御外邪侵袭的屏障。肺合皮毛，是指肺参与呼吸调节，以达到“宣肺气”的作用；另外可润泽皮肤、孔窍。若肺气虚弱，则表现为易汗，营养不良，皮毛焦枯。

5. 开窍于鼻

鼻为肺窍，具有通气和嗅觉的作用。肺气平和则鼻窍通利，嗅觉灵敏。若肺受外邪，则鼻塞流涕，嗅觉不灵；若肺热壅盛，则见鼻翼扇动，鼻流黄涕等。

（五）肾

肾位于腰部，左右各一。肾有经脉络于膀胱，与膀胱相表里，肾的功能有肾主藏精；肾主水；肾主纳气；肾主骨、生髓、通于脑；肾开窍于耳，司二阴，司听觉。

1. 肾主藏精

“精”是一种精微物质，包括先天之精和后天之精。先天之精，禀受于父母，主动物的生长、发育、生殖及衰老，又称生殖之精。后天之精，即水谷之精，由五脏、六腑所化生，是维持动物生命活动的物质基础，又称“脏腑之精”。肾精充足，则动物健壮，生长良好，生殖能力旺盛；若肾精不足，则发育迟缓、阳痿、滑精、早泄、不孕不育等。

2. 肾主水

指肾具有调节水液平衡的作用。肾主水液主要由肺、脾、肾三脏完成，而肾的作用尤为重要。肾主水，主要靠肾阳对水液的蒸腾汽化来完成。水液经过脾胃吸收后，由脾上输于肺，肺将清中之清者输布全身，将清中之浊者下输至肾脏，肾再加以分清泌浊，将浊中之清者经再吸收上输至肺，浊中之浊者下注膀胱，排出体外。

若肾阳不足，命门火衰，则会引起水液代谢障碍，发生水肿诸症。

3. 肾主纳气

纳，有受纳、摄纳之意。肾主纳气，指肾有摄纳吸入之清气，协助肺主呼吸的功能。呼吸虽由肺所主，但吸入之气须下纳于肾，呼吸才能均匀调畅。肺司呼吸，为气之本；肾主纳气，为气之根。肾气充足，元气固守于下，纳气方能正常；若肾虚，根本不固，纳气失常，就会影响肺气的肃降，则出现呼多吸少，动则气喘之症，详见图 1–3–3。

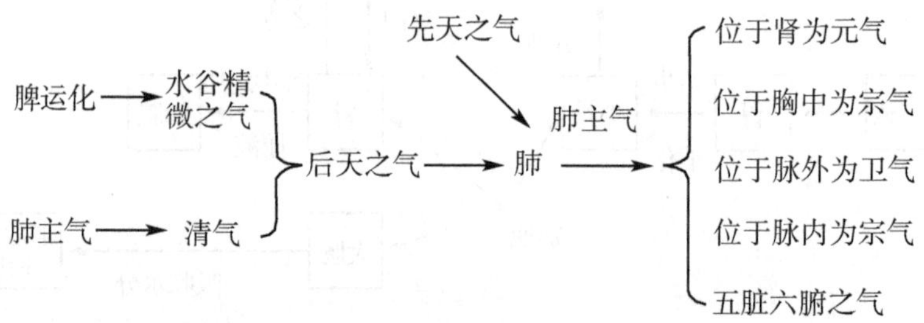

图 1–3–3　气的生成、分类及分布

4. 肾主骨、生髓、通于脑

肾有主管骨骼，滋生和充养骨髓、脊髓和大脑的功能。肾所藏之精气可生髓，骨髓填充于骨中，营养骨骼，脊髓上达于脑成脑髓。若肾精充足，则骨骼强壮有力；若肾精亏虚，则骨骼发育不良，甚至骨脆无力。

髓由肾精所化生，分为骨髓和脊髓。脊髓上至脑中聚而成脑。脑主机体精神活动，需要肾精的不断化生才能得以滋养。肾精充足，则动物精力充沛，反应灵敏，反之则出现呆痴，倦怠嗜卧等症状。

肾主骨，“齿为骨之余”，故齿也需要肾精的充养。肾精充足，则牙齿坚固；肾精不足，则牙齿松动，甚至脱落。

5. 开窍于耳，司二阴，司听觉

肾的上窍为耳。耳是听觉器官，其功能的发挥与肾精密切相关。肾精充足，则听觉灵敏；若肾精不足，则可引起耳鸣、听力下降等症。

肾的下窍是二阴，即前阴和后阴。前阴与排尿和生殖有关，后阴与排泄粪便有关，二阴均在肾的作用下发挥功能。肾精充足，尿液、粪便排泄正常；若肾阳不足，则出现尿频、阳痿等症，或粪便秘结，或阳痿、滑精早泄、不孕不育等症。

二、六腑

（一）胆

胆呈囊状，附于肝（马有胆管，无胆囊），内藏胆汁，具有贮藏和排泄胆汁的功能。胆贮藏和排泄胆汁，为六腑之一，但胆内为清净之液，又属奇恒之腑。

胆的功能为贮藏和排泄胆汁。胆汁由肝分泌，贮藏于胆中，通过胆的疏泄作用排入小肠中，以帮助脾胃的运化。肝胆同为一体，在病理上相互影响，常引起肝胆同病。若肝胆湿热，则表现为食欲减退、口干舌苔黄、尿黄、舌苔黄腻、脉弦数等症状，治宜清湿热，利肝胆。

（二）胃

胃位于膈下，上接食道，下连小肠。胃的主要功能为受纳和腐熟水谷。受纳是指胃具有接受和容纳水谷的作用，又称为“太仓”“水谷之海”。腐熟，指胃内水谷经初步消化形成食糜，经脾运化成水谷精微最终转化为气血以营养全身。故而脾胃又称为“后天之本”。胃受纳和腐熟水谷的作用，称为“胃气”。胃内水谷下传至小肠，所以胃气的特点是通畅和降。若胃气不降，则出现食欲减退、水谷不进、肚腹胀满等症；若胃气上逆，则出现嗳气、呕吐等症。

（三）小肠

小肠上通胃，下接大肠。小肠的功能是受盛化物和分清别浊。小肠将胃传来的水谷，进行分别清浊。清者为水谷精微，经吸收运输全身，供机体活动之需；浊者为糟粕和多余水液，小肠将其传输至大肠或肾，通过尿液或粪便排出体外。因此，小肠功能异常，不仅影响消化吸收功能，而且可出现排粪、排尿的异常。

（四）大肠

大肠上通小肠，下接肛门。大肠的功能是传化糟粕，即大肠受纳水谷糟粕或浊物，吸收多余的水液，形成粪便排出体外。若大肠气虚，则出现粪便燥结，或肠鸣、便溏；若大肠实热，则出现粪便干燥、秘结难下等症；若大肠湿热，则出现腹痛、里急后重、脓血便痢。

（五）膀胱

膀胱位于下腹部。有贮存和排泄尿液的功能。水液经过小肠吸收，下输于肾的部分，经肾阳的气化作用进行分清别浊，清者重新输布全身，浊者贮藏于膀胱内。若肾阳不足，不能约束尿液，则出现尿频、尿多、尿液不禁；若膀胱气化不利，可出现尿少、尿闭；若膀胱湿热，则出现排尿困难、尿痛、尿淋、尿血等。

（六）三焦

三焦是上、中、下焦的总称。从部位上来说，膈以上为上焦（包括心、肺等脏器），脘腹部相当于中焦（包括脾、胃等脏器），脐以下为下焦（包括肝、肾、大小肠、膀胱等脏腑）。三焦的功能是司机体的气化，疏通水道，是水谷出入的通路。但上、中、下焦的功能各有不同。

上焦的功能是司呼吸，主血脉，将水谷精气敷布全身，以温养肌肤、筋骨，并通调腠理。中焦的主要功能是腐熟水谷，并将营养物质通过肺脉化生营血。下焦的主要功能是分别清浊，并将糟粕以及代谢后的水液排泄于外。由此可见，水谷自受纳、腐熟，到精气的敷布，代谢产物的排泄，都与三焦有关。三焦的这些功能都是通过气化作用完成的，所以说三焦总司机体的气化作用。在病理方面，上焦病包括心、肺的病变，中焦病包括脾、胃的病变，下焦病则主要指肝、肾的病变。

任务实施

步骤一：根据本任务内容，通过查阅图书或网络资源，收集相关资料及在中兽医临床上的应用案例资料，并整理分析，列出大纲。

步骤二：根据个人理解，将主要内容进行总结，并绘制思维导图；思维导图应包括两个方面的内容，即五脏功能的基本内容、六腑功能的基本内容。

步骤三：将个人绘制好的思维导图通过软件上传或在班级群中进行展示，供其他同学参阅，并提出优缺点。

步骤四：根据其他同学的意见或建议进一步完善思维导图，进一步理解课堂内容。

任务检测

请扫描二维码 1-3-1 进入在线测试，可反复多次答题，直到获得满意的结果。

二维码 1-3-1　项目一任务三检测

任务评价

根据本任务表现及思维导图绘制情况进行评价，具体评价见表 1-3-1。

表 1-3-1　任务完成过程评价

班级：		组别：		姓名：
任务	评分标准	自我评价	小组评价	教师评价
形式方面	整体布局合理，核心主题明确（20 分）			
	颜色对比明显，分支颜色有所区别（10 分）			
	部分内容有相应图片展示（20 分）			
内容方面	内容正确，包括概念和关系的准确性（10 分）			
	内容知识点完整，主次分明（20 分）			
	内容简洁扼要，层次清晰（20 分）			
合计				
自我评价与总结				
教师点评				

任务四 气、血、津液

学习情境

气、血、津液不仅是构成动物体的基本物质，也是维持机体生命活动的物质基础。气、血、津液是动物体生理活动的产物，脏腑、经络、组织器官生理活动有赖于气、血、津液的滋养，而脏腑、经络等组织器官自身可生成气、血、津液。

学生通过查阅图书或网络资源，查找与气、血、津液相关的资料，及兽医临床案例，并制作思维导图。

任务准备

一、气

（一）气的基本概念

气是构成自然界的基本物质，所有事物均由气所组成。气的概念是指物质之气及功能之气。

1. 物质之气

动物机体需要不断从自然界吸入清气，并吸收水谷中的营养物质，才能维持动物正常的生命活动。所以，物质之气是指清气和水谷精微物质。

2. 功能之气

功能之气是指动物脏腑功能，即脏腑之气和经络之气。

（二）气的生成

气的生成，源于两个方面。一是先天之精气，又称为先天之气，其藏于肾中，禀受于父母，是气的重要组成部分。二是后天之气，即肺吸入的自然界之清气和水谷精微之气。两者于肺中，经过脏腑、组织器官的协同作用，合成体内之气，维持动物体生命活动（图 1-4-1）。

（三）气的分类

根据气的生成、分布和作用，气可分为元气、宗气、营气、卫气四种。

1. 元气

元气根源于肾，肾中精气所化生，有赖于后天之精的充养。元气是动物体生命活动的原动力，元气经过三焦到达全身，激发与推动脏腑、组织器官发挥生理功能，维持动物的生长发育。元气充盛，则脏腑功能正常，身体健康少病。若先天禀赋不足或久病体虚，则脏腑气衰，动物体弱多病。

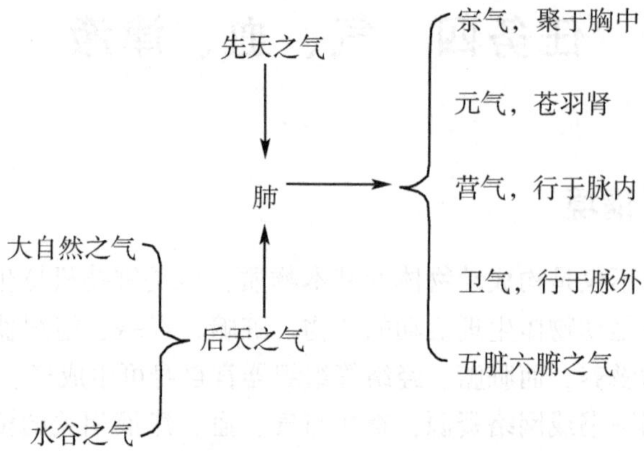

图 1–4–1　气的生成、分类

2. 宗气

宗气是由水谷精微之气和自然界清气在肺中结合而成，聚于胸中，起调节呼吸和贯穿心脉以行营血的作用。呼吸的强弱，气血的运行，肢体的活动能力等均与宗气的盛衰有关。宗气充盛，则动物的呼吸、血液运行、肢体活动正常；若宗气不足，则呼吸微弱，气血凝滞。

3. 营气

营气行于脉内，随血液巡行全身，有化生血液或营养全身的作用。由于营气可化生为血液，营养作用与血液相似，故营气与血并称为“营血”。营血充足，则动物气血充足，身体健壮；若营气不足，则气血虚少，身体消瘦。

4. 卫气

卫气行于脉外，散布全身，主要分布于体表，其次到内脏。具有防御外邪、保护机体；温养脏腑组织、肌肉；调节腠理开合、排泄汗液的作用。若卫气不足，肌表不固，外邪乘虚而入。

（四）常见的气病

常见的气病主要有气虚、气滞、气逆、气陷。治气虚宜补气，治气滞宜行气，治气逆宜降气，治气陷宜升举中气。

二、血

（一）血的概念

血是一种含有营养的红色液体，在气的推动下，循行全身，具有营养与滋润作用，是动物体生命活动的必需物质之一。

（二）血的生成

血主要含有营气和津液，其生成有三个条件：一是水谷精微物质。脾胃运化的水谷精微之气，通过气化作用，变为红色的血液。二是营气。营气行于脉内，有化生血液的作用。三是精血同源，即精与血之间可以互相转化。即肾精与肝血之间，可以相互转化。

（三）血的功能

血液是构成动物并维持生命活动的重要物质之一，具有以下三个功能：一是营养作用。血液由水谷精微物质所化生而来，到达全身脏腑组织器官当中，起营养全身的作用，以维持生命活动。二是运载作用。通过血液的运载作用，将气、水谷精微物质运输至全身，起营养全身的作用；将浊气运输至肺，在肺部进行气体交换。三是神志活动。神是机体生命活动的外在表现。神主宰着动物的脏腑功能，又反映了脏腑的生理功能。

（四）血的运行

血在脉管内正常运行需要心、肺、肝、脾的协同作用才能实现。血液运行需在心气的推动下进行；脾气固摄血液在脉管内运行而不溢出脉外；肝主疏泄、主藏血的功能正常，血液运行才能畅通，不致凝滞；脾固摄血液在脉内运行，不致溢出脉外。另外，三焦是血液运行的通道。

（五）常见血病

主要有血虚、血热、血瘀、出血等。治血虚宜补血，治血热宜清热凉血，治血瘀宜活血化瘀，治出血宜止血。

三、津液

（一）津液的概念

津液是机体内一切正常水液的总称，包括各脏腑组织的内在体液及其分泌物，如胃液、肠液、关节液以及鼻涕、泪液、唾液等。其中，清且稀者为“津”，分布于皮肤、肌肉、孔窍并起滋养作用；浊且稠者为“液”，分布于脏腑、关节、大脑、髓中，并起滋养作用。津和液虽有区别，但来源相同，两者之间可互相补充、互相转化，统称为津液。

（二）津液的生成、输布和排泄

津液的生成、输布和排泄，是在多个脏腑的协同下完成的。

饮食水谷，经脾、胃运化及小肠、大肠吸收后形成津液。随卫气输送至体表、皮肤、肌肉间为津；随血脉灌注于脏腑、髓、关节等处为液。

津液的输布主要靠脾主运化、肺主宣发肃降、肾主水液、肝主疏泄和三焦等协同作用下完成。脾主运化水液，将水液上输至肺。肺将部分水液输布全身，另一部分下输至肾及膀胱。肾对津液进行泌清别浊，浊中之清者输至肺脏重新输布；浊者之浊者化为尿液下注膀胱，排出体外。肝调畅气机，促使津液的运行和输布；三焦，则为津液运行、输布提供通道。以上任何一个脏腑的功能失调，都会影响津液的正常输布和运行，导致津液亏耗或水湿内停等证。

津液的排泄主要有四个途径：一是随机体呼吸，排出部分津液；二是由肺宣发至体表的津液，化为汗液，经腠理排出体外；三是输至肾和膀胱的水液形成尿液排出体外；四是随粪便排出部分津液。

（三）津液的功能

1. 滋养濡润

津液具有滋养濡润的作用。如位于体表，则滋养皮肤、温养肌肉；位于体内，则濡养脏腑；如位于孔窍，则润泽孔窍；如位于关节，则滑利关节；如位于骨髓、脊髓和脑髓，则滋养骨髓、脊髓、脑髓。

2. 化生血液

津液是化生血液的主要物质之一，具有充盈血液的作用。

（四）常见的津液疾病

主要有津液不足和水湿内停两类。

四、气、血、津液之间的关系

气、血、津液均源于水谷精微，均是生命活动的必需物质，三者之间相互依存、相互转化和相互为用。

（一）气和血的关系

1. 气能生血

一方面，水谷精微之气是化生血液的原料；另一方面气化作用是化生血液的动力。因此，气旺则血液充盈，气虚则血少。

2. 气能行血

气是血液运行的动力。若出现气虚、气滞，则出现血行不利气滞血瘀。

3. 气能摄血

脾气固摄血液在脉内运行而不溢出脉外。若气不足，气不摄血，则可引起各种血液的病变。

4. 血能生气

气存于血中，一是血为气的生成和功能活动提供营养，二是水谷精微为脏腑提供营养来发挥生理功能，并将血带至全身，使气的生成和运行正常进行。

5. 血以载气

血主静属阴，气主动属阳，气需依附于血，故有“血为气母”之说。若血虚，则气无所依，必致气虚。

（二）气和津液的关系

1. 气能生津（液）

气既是津液生成的物质基础，也是津液运行的动力。津液源于水谷精微之气，而气有推动和激发脾胃运化功能正常，以保证津液生成充足。若气虚，则致水湿内停。

2. 气能行津（液）

气主动属阳，津主静属阴，津液的输布、运行和排泄均需气的推动才能运行。若气化不利，则会影响津液的输布和排泄，出现痰饮、水肿等症。

3. 气能摄津（液）

气有固摄津液以控制其排泄的作用。若气虚不能固摄津液，则出现汗多、尿多、遗尿等病证。

4. 津液化气

脾主运化而来的津液经脾主升清及肺主宣发肃降的作用输布全身，下输至肾脏的津液经肾阳的蒸腾汽化作用下化而为气，输布于各脏腑，以保证脏腑组织的正常生理功能。

5. 津（液）以载气

气无形，依附于津液而存在，若津液不足则气无所附而涣散。因此，津液的丢失，会引起气的耗损而致气虚。

（三）血和津液的关系

血和津液均源于水谷精微，两者可相互渗透转化，津液是血液的组成部分，而血的液体部分渗于脉外，可成为津液，故有“津血同源”之说。

任务实施

步骤一：学生根据本任务内容，通过查阅书本或网络资源，收集相关资料及在中兽医临床上的应用案例资料，并整理分析，列出大纲。

步骤二：根据个人理解，将主要内容进行总结，并绘制思维导图；思维导图应包括四个方面的内容，即气的生成、分类、功能及应用，血的生成、功能及应用，津液的生成、输布、功能及应用，气、血、津液之间的关系。

步骤三：将个人绘制好的思维导图通过软件上传或在班级群中进行展示，供其他同学参阅，并提出优缺点。

步骤四：根据其他同学的意见或建议进一步完善思维导图，进一步理解课堂内容。

任务检测

请扫描二维码 1-4-1 进入在线测试，可反复多次答题，直到获得满意的结果。

二维码 1-4-1　项目一任务四检测

任务评价

根据本任务表现及思维导图绘制情况进行评价，具体评价见表 1-4-1。

表 1-4-1 任务完成过程评价

班级：		组别：		姓名：
任务	评分标准	自我评价	小组评价	教师评价
形式方面	整体布局合理，核心主题明确（20 分）			
	颜色对比明显，分支颜色有所区别（10 分）			
	部分内容有相应图片展示（20 分）			
内容方面	内容正确，包括概念和关系的准确性（10 分）			
	内容知识点完整，主次分明（20 分）			
	内容简洁扼要，层次清晰（20 分）			
合计				
自我评价与总结				
教师点评				

任务五 经 络

学习情境

经络学说是中兽医学基础理论的重要组成部分，是研究动物经络系统组成、生理作用和病理现象的依据，对于辨证、用药以及针灸治疗都具有重要的指导意义。

学生通过查阅图书或网络资源，查找与经络相关的资料，并制作思维导图。

任务准备

一、经络的基本概念和经络系统

（一）经络的概念

经络是机体内经脉和络脉的总称，是联络脏腑、沟通内外和运行气血、调节功能的通路。经，即经脉，是经络系统的主干；络，即络脉，是经脉的分支。经络内接脏腑，外连体表，纵横交错，遍布全身，将脏腑组织、器官紧密地联系起来形成有机的整体。

（二）经络系统的组成

经络系统是由经脉、络脉、内属脏腑部分和外连体表部分组成的（图 1-5-1）。其中，经脉是经络系统的主干；络脉是经脉的细小分支，一般多分布于体表，联系“经筋”和“皮部”。

- 经络
  - 联系经络
    - 经脉
      - 十二经脉——内属脏腑，外连肢节
      - 十二经别——从经脉分出，复合于经脉
      - 奇经八脉——别道奇行的经脉分支
    - 络脉
      - 十五大络——主要的络脉（大络）
      - 络脉——从经脉和大络分出的斜横分支
      - 孙脉——络脉的细分支
      - 浮络——浮现于体表的络脉
  - 内外连属
    - 内属——脏腑——同经脉及部分络脉相连
    - 外连
      - 十二经筋——分布体表，不入脏腑
      - 十二皮部——皮肤部分的经络分区

图 1-5-1　经络组成

1. 经脉

经脉是由十二经脉、十二经别和奇经八脉组成。十二经脉，即前肢三阳经和三阴经，后肢三阳经和三阴经，又叫十二正经。十二经别是从十二经脉分出的支脉，又称为“别行的正经”，不仅加强了表里两经的联系，而且可到达十二经脉到不了的器官与部位，补充了正经之不足。奇经八脉，有任脉、督脉、冲脉、带脉、阴维脉、阳维脉、阴跷脉、阳跷脉八条，因其循行、分布与十二经脉、十二经别有所区别，与脏腑没有直接的络属关系，相互之间也不存在表里相合及相互循环流注的关系而得名。

2. 络脉

络脉是经脉的细小分支，多数无一定的循行路径，包括十五大络、络脉、孙络、浮络和血络。十五大络，即十二络脉、任脉、督脉的络脉和脾的大络，共十五条。从络脉中分出的细小分支为孙络。络脉浮于体表的为浮络。络脉（特别是浮络），在皮肤上呈现出的细小血管为血络。

二、十二经脉和奇经八脉

（一）十二经脉

1. 十二经脉的命名

十二经脉对称地分布于机体两侧和四肢内外侧，每肢的内侧三条，分别为太阴、厥阴、少阴三条阴经，外侧三条，分别为阳明、少阳、太阳三条阳经。即前肢三阴经、前肢三阳经、后肢三阴经、后肢三阳经。

每经分别隶属一脏或一腑，各经均以脏腑命名，即十二经脉命名包括前肢或后肢、阴或阳、脏或腑三部分。具体命名如表 1–5–1 所示。

表 1–5–1 十二经脉命名

循行部位（阴经行于内侧，阳经行于外侧）		阴经（属脏络腑）	阳经（属腑络脏）
前肢	前缘	太阴肺经	阳明大肠经
	中线	厥阴心包经	少阳三焦经
	后缘	少阴心经	太阳小肠经
后肢	前缘	太阴脾经	阳明胃经
	中线	厥阴肝经	少阳胆经
	后缘	少阴肾经	太阳膀胱经

2. 十二经脉的循行路线

一般来说，前肢三阴经起于胸部，循行于前肢内侧，止于前肢末端；前肢三阳经，起于前肢末端，循行于前肢外侧，止于头部；后肢三阳经，起于头部，经背腰部，循行于后肢外侧，止于后肢末端；后肢三阴经，起于后肢末端，循行于后肢内侧，经腹止于胸部。

根据交汇部位可以看出，头部为前肢三阳经与后肢三阳经的交汇部位，所以称头为“诸阳之会”。胸部为后肢三阴经与前肢三阴经的交汇部位，所以称胸为“诸阴之会”，见图 1–5–2。

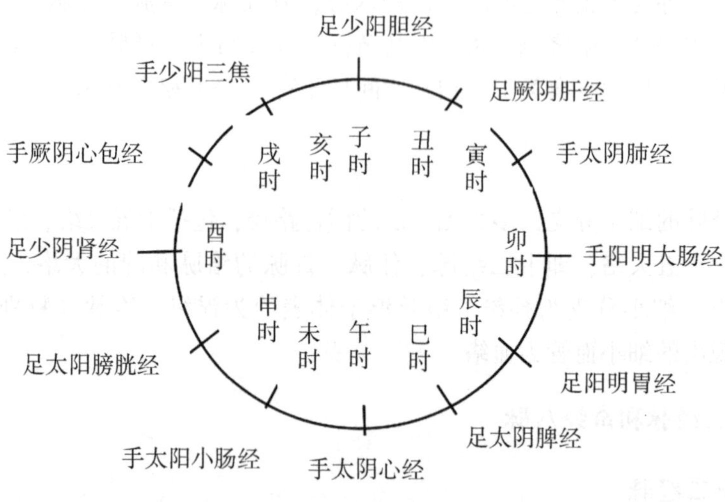

图 1–5–2 十二经脉流注次序

3. 十二经脉的流注次序

气血由中焦水谷精气化生，并依次循环贯注于十二经脉中，即由前肢太阴肺经起，逐经传至后肢厥阴肝经，后复注于肺，首尾相贯，如环无端，构成十二经脉循环系统。

（二）奇经八脉

奇经八脉是任脉、督脉、冲脉、带脉、阴维脉、阳维脉、阴跷脉、阳跷脉八条经脉的总称，因其与五脏六腑不存在直接络属关系，之间又没有表里相合而得名。奇经八脉除带脉外，其走向均为由后向前循行。其中，任脉行于腹正中线，总任一身之阴脉，称“阴脉之海”，还有妊养胞胎的作用。督脉行于背正中线，总督一身之阳脉，称“阳脉之海”。任脉、督脉与十二经脉，合称“十四经脉”，为经脉的主干。冲脉行于颈、腹两侧，经后肢内侧抵达足或蹄中心，总领一身气血的要冲，又称为“十二经之海”和“血海”。因任脉、督脉、冲脉同起于胞中，有“一源三歧”之称。带脉状如束带，环行于腰部，有约束纵行诸脉的作用。阴维脉具有维系、联络全身阴经的作用；阳维脉具有维系、联络全身阳经的作用。阴跷脉和阳跷脉均可司眼睑开合。

三、经络的作用

经络系统能密切联系全身的脏腑组织器官，在生理功能、病理变化、药物及针灸治疗等方面，都起着重要作用。

（一）生理方面

1. 运行气血，温养全身

动物体的各脏腑组织器官，在气血的温煦和濡养下，才能维持正常的生命活动，而气血须通过经络的传注，才能通达全身，发挥其温养脏腑组织的作用。

2. 协调脏腑，联系周身

经络既能运行气血，又能联系机体各组织器官，内连脏腑，外通肢节，将各个脏腑组织器官紧密地联系起来，以达到协调脏腑功能枢纽的目的。

3. 保卫体表，抗御外邪

经络在运行气血的同时，卫气伴行于脉外，因卫气能温煦脏腑、腠理、皮毛、开合汗孔，因而具有保卫体表、抗御外邪的作用。同时，经络外络肢节、皮毛，营养体表，是调节防卫机能的要塞。

（二）病理方面

1. 传导病邪

病邪可通过经络，由表入里传至脏腑。因为经络可沟通联系互为表里的脏腑，因而病邪可在脏腑之间相互传变，在病理上也会相互影响。

2. 反映病变

通过经络，脏腑与体表一些部位或孔窍相表里。如果脏腑有病，就可以从这些部位或孔窍反映出来。

（三）治疗方面

1. 传递药物的治疗作用

药物需要通过经络才能到达患病部位。另外，药物对经络具有选择性作用，如黄连长于泻心火。

2. 感受和传导针灸的刺激作用

通过经络的感受和传导，针刺体表穴位可达到治疗脏腑疾病的作用。这是根据“循经取穴”的原则提出来的。

任务实施

步骤一：根据本任务内容，通过查阅图书或网络资源，收集相关资料及在中兽医临床上的应用案例资料，并整理分析，列出大纲。

步骤二：根据个人理解，将主要内容进行总结，并绘制思维导图；思维导图主要包括三个方面的内容，即经络、奇经八脉、经络的作用及应用。

步骤三：将个人绘制好的思维导图通过软件上传或在班级群中进行展示，供其他同学参阅，并提出优缺点。

步骤四：根据其他同学的意见或建议进一步完善思维导图，进一步理解课堂内容。

任务检测

请扫描二维码 1-5-1 进入在线测试，可反复多次答题，直到获得满意的结果。

二维码 1-5-1　项目一任务五检测

任务评价

根据本任务表现及思维导图绘制情况进行评价，具体评价见表 1-5-2。

表 1-5-2　任务完成过程评价

班级：		组别：		姓名：
任务	评分标准	自我评价	小组评价	教师评价
形式方面	整体布局合理，核心主题明确（20 分）			
	颜色对比明显，分支颜色有所区别（10 分）			
	部分内容有相应图片展示（20 分）			
内容方面	内容正确，包括概念和关系的准确性（10 分）			
	内容知识点完整，主次分明（20 分）			
	内容简洁扼要，层次清晰（20 分）			
合计				

续表

班级：		组别：	姓名：
自我评价与总结			
教师点评			

任务六　病因病机

学习情境

病因，即引起疾病发生的多种因素，又称为邪气，分为外感致病因素、内伤致病因素及其他致病因素。动物与自然界之间以及动物机体内部各脏腑之间，均是一个既对立又统一的有机整体。若处于相对平衡的状态，则动物生理活动正常；若相对平衡的状态遭到破坏或失调，则会引起疾病的发生。

学生通过查阅图书或网络资源，查找与病因病机相关的资料，及兽医临床案例，并制作思维导图。

任务准备

一、外感致病因素

外感致病因素是指来源于体外的致病因素经过皮毛、口、鼻等部位侵入体内引起疾病，又称“外邪”，有六淫和疫疠两部分。

（一）六淫

六气是指风、寒、暑、湿、燥、火（热）六种气候表现，是外界气候与动物体相互适应的结果，不会引起动物体发病。当六气出现异常，太过或不及，动物无法与其相适应，则出现六淫。六淫是指风、寒、暑、湿、燥、火（热）六种外感致病因素。六淫致病，具有下列共同的特点。

外感性：六淫多源于体外经肌表、口鼻侵入机体而发病，且发病初期表现为表证，故而称为外感病邪。

季节性：六气太过或不及导致动物体发生疾病为六淫，故而六淫致病常有明显的季节性。如春季多出现风病，夏季多出现暑病，长夏多出现湿病，秋季多出现燥病，冬季多出现寒病等。

兼挟性：六淫可单独致病，也可相兼为病，如风寒、风热、风湿等。

地域性：地域差异与动物机体不相适应也可导致动物体发病，如高寒地区多见寒证，高温地区多见热证，潮湿环境中多见湿证，干燥环境中多见燥病等。

转化性：在疾病发展过程中，因病因及症候等条件不同，六淫致病也可以相互转化。风寒感冒因失治误治，可以转化为里热证等。

1. 风邪

一年四季皆有风，为春季的主气，故风邪所致疾病以春季为多。动物外感的风邪，所致疾病为外风证。反之，因风从内生者，为“内风”，与心、肾，尤其是与肝的功能失调有关。

（1）风为阳邪，其性轻扬开泄。风性善动不居，轻扬开泄，具有升发、向上、向外的特点，为阳邪。故而风邪最易侵犯上部、肌表及背腰部；风邪可使腠理开张，表现为出汗、恶风等症状。

（2）风性善行数变。善行，指风有善动不居、居无定所的特性，故风邪致病时病位游走不定，多变。如风湿症时部位游移，四肢交替疼痛。数变，指疾病发病急、变化快，如荨麻疹时皮肤瘙痒，无固定发病部位。

（3）风性主动。指风邪致病可使动物有类似摇动的症状，如眩晕、四肢抽搐、颈项强直、角弓反张等。

2. 寒邪

寒四季皆有，但冬季多见，为冬季的主气。寒邪有外寒和内寒之分。外寒多由气温降低、防寒保暖不够，采食冰冻的饲草、饲料或凉水引起的。内寒是动物机体阳气虚衰，功能减退，寒从内生的病证。

（1）寒性阴冷，易伤阳气。寒属阴邪，是阴气盛的表现，易伤阳气。阳气本可以制约阴气，若阴气过盛，阳气反而被阴气所伤。阳气受损，动物则表现寒象。如卫阳受损，表现为皮紧毛乍等恶寒的症状。

（2）寒性凝滞，易致疼痛。凝滞，指凝结、阻滞，不通畅。在阳气的温煦推动作用下，机体的气血津液才能正常运行全身。若寒邪侵犯机体，阳气受损，经脉瘀阻，气血凝滞，引起疼痛，即“不通则痛”。因此，疼痛为寒邪的重要症状表现。

（3）寒性收引。收引，指收缩牵引。寒邪侵入动物机体，使机体气机收敛，腠理、筋脉和肌肉收缩拘急。若寒袭肌腠，则毛窍收缩，卫阳受遏，表现为恶寒发热、被毛逆立，无汗等症；若寒袭筋脉，则四肢拘急、屈伸不利。

3. 暑邪

暑邪具有明显的季节性，独见于夏令，为夏季的主气，故有“暑邪纯属外邪，无内暑”之说。

（1）暑性炎热，易致发热。暑为火热之气所化生，属阳邪，故暑邪致病者表现阳热之证，如高热、口渴、多汗、脉洪数等。

（2）暑性升散，易耗气伤津。暑为阳邪，性升散。暑邪入侵体内直入气分，使腠理开泄而汗出。汗出太过，耗伤津液，则出现口干贪饮舌燥、尿液短赤等症。津液耗损，气亦随之外泄，导致耗气伤津，表现为精神沉郁、四肢无力、呼吸浅表等症。严重者扰及心神，出现行如酒醉、神昏等症。

（3）暑多挟湿。夏暑季节，不仅气候炎热，而且多雨潮湿。热蒸湿动，故动物体既感受暑邪，而且兼感湿邪。临床上除见到暑热的症状外，还有湿邪阻滞的症状，表现为汗出不畅、身体倦怠、便溏泄泻等。

4. 湿邪

湿邪一年四季都有，但湿为长夏的主气。湿分外湿、内湿。外湿多由气候及厩舍潮湿、涉水淋雨等湿邪侵袭动物引起；内湿常由脾失健运，水湿停聚引起。

（1）湿为阴邪，阻遏气机，易损阳气。湿性与水相似，故为阴邪。湿邪侵入动物机体，滞留于脏腑经络，阻遏气机，使气机升降失常。脾阳最易被湿邪损伤，表现为食少纳差、肚腹疼痛、泄泻、水肿之证。

（2）湿性重浊，其性趋下。重，即沉重，指湿邪致病，出现四肢倦怠、步伐沉重，如负重物。浊，即秽浊，指湿邪致病，其分泌物及排泄物均秽浊不清，如尿液混浊，脓血便痢，带下污秽，目眵，苔厚腻，疮疡疔毒破溃流脓等。

（3）湿性黏滞，缠绵难退。黏，即黏腻；滞，即停滞。湿性黏滞指湿邪致病具有黏腻停滞的特点，如粪便黏滞不爽，尿涩滞不畅，苔黏腻；在病程上表现为病程较长，反复发作，较难治愈，如风湿症等。

5. 燥邪

燥一年四季均有，是秋季的主气。燥分外燥、内燥。外燥多由干旱少雨，气候干燥所致。其多由口鼻而入，先侵犯于肺，分温燥、凉燥。初秋犹有夏火之余气，燥与热共同侵犯机体，为温燥；深秋西风肃杀，天气转凉，燥与寒共同侵犯机体，为凉燥。内燥多由出汗、泻下太过，或失血过多，以致机体阴津亏虚。

（1）燥性干燥，易伤津液。燥邪为病，津液最易受损，出现津液短少的病变，如口鼻干燥，眼目干涩，皮毛焦枯，粪便干小，尿短赤，干咳无痰等。

（2）燥易伤肺。肺为娇脏，喜润恶燥，又兼肺开窍于鼻，燥邪经口鼻进入体内最易伤肺，引起肺燥津亏之证，如鼻咽干燥疼痛、干咳痰黏、胸痛等。而肺与大肠相连属，燥邪自肺传输至大肠，可出现粪便燥结等症。

6. 火邪

火、热、温，均为阳盛所生，在程度上有区别，即温为热之渐，火为热之极。其中热与温，多为外邪；而火既有外邪，又可内生。外感多见于外邪侵入体内所致，为实火，内生的火见于阴虚，为虚火。火邪四季均有，无明显的季节限制。

（1）火为热极，其性炎上。火为热之极，性燔灼。火邪致病，出现高热、口渴喜饮、舌红苔黄、脉洪数等热象。火性炎上，多表现在动物体上部，如心火上炎，则口舌生疮；胃火上炎，则齿龈红肿疼痛；肝火上炎，则目赤肿痛等。

（2）火邪易生风动血。生风，即火热之邪燔灼肝经，耗伤阴液，筋脉失养，最终导致肝风内动，表现为高热、神志昏迷、抽搐、颈项强直、角弓反张、双目直视等症。动血，即血得热而行，而火热之邪侵入血脉，使血流加速，甚至灼烧脉络，迫血妄行，出现出血和发斑等症，如衄血、吐血、尿血等。

（二）疫疠

1. 疫疠的概念

“疠”，指天地之间的一种不正之气，“疫”，指瘟疫，有传染之意。疫疠，是具有很强传染性的外感致病因素，又称为疫疠之气。

2. 疫疠致病的特点

(1) 发病迅速，病情危重。疫疠致病，发病迅速，病情险恶，变化快，死亡率高。

(2) 传染性强。疫疠可通过饮食或呼吸在动物种群间相互传播，具有高传染性。发病后，患病动物症状表现相似。

二、内伤致病因素

(一) 饥

饥伤由饮食不够或缺乏营养引起的。动物如果长期饥而不食、渴而不饮，或饲喂营养不全面或缺乏营养的饲料，则气血生化乏源，最终引起气血不足，表现为体瘦毛焦，精神倦怠，生产性能下降，抗病能力降低。

(二) 饱

饱伤是由饮喂过多引起的。若饮喂太过或暴饮暴食，超过了胃肠的承受限度，就会损伤胃肠，表现为肚腹臌胀，嗳气酸臭，气促喘粗等。

(三) 劳

劳伤是由劳役过度或使役不当引起的。长期使役或突然重役均可引起气血亏耗，精神不济，四肢倦怠等症。另外，种用动物因频繁配种而致形体消瘦，甚至滑精、早泄、阳痿、不育等。

(四) 逸

逸伤是由于长期不使役或运动不够引起的。若长期停止使役或运动量少，可使机体气血蓄滞不行，或影响脾胃的消化功能，表现为食欲下降、体力不足、抗病力弱等逸伤之证。雄性动物缺乏运动，可使精子质量下降而不育；雌性动物则引起肥胖不孕。

三、其他致病因素

(一) 外伤

常见的外伤性致病因素有创伤、挫伤、烫火伤及虫兽伤等。

创伤是由锋利的或尖锐的异物切割或刺破所致。挫伤是由钝力所伤，没有可见伤口的损伤，如跌扑、撞击、角斗、蹴踢等。创伤和挫伤皆可引起不同程度的肌肤出血、瘀血、肿胀，甚至骨折或脱臼等。如果损伤到内脏、头部或大血管，则会出现大失血、昏迷，甚至死亡。

烫火伤有烫伤和烧伤，可直接损伤或烧伤皮肤、肌肤等，并伴有疼痛、肿胀，严重者则引发昏迷甚至死亡。

虫兽伤指虫兽咬伤或螫伤，如狂犬咬伤，毒蛇咬伤，蜂、虻、蝎子的咬蜇等。

（二）寄生虫

有内寄生虫与外寄生虫。内寄生虫包括绦虫、吸虫、线虫、原虫，主要寄生于动物体的脏腑组织中，不仅夺取动物营养，损伤脏腑组织器官，并且可以引起抗病力减弱等病症。除引起相应的病证外，有时还可因虫体缠绕成团而导致肠梗阻、胆道阻塞等症。

外寄生虫包括虱、蜱、螨等，寄生于动物体表，不仅可引起动物皮肤瘙痒、溃烂、结痂，还可吸吮营养，使得动物形体消瘦衰弱，甚至泄泻、水肿等。

（三）中毒

中毒指毒物侵入动物体内，引起脏腑功能失调及组织损伤。毒物指引起中毒的物质。常见的毒物有有毒植物，如节节草、玉米幼苗、夹竹桃等；有毒饲料，如酒糟、尿素、茶籽饼等；农药等。

（四）痰饮

痰和饮是因脏腑功能失调，致使体内津液凝聚形成的水湿。其中，清稀如水者为饮，黏浊而稠者为痰。痰饮又分为有形痰饮和无形痰饮。有形痰饮，视有其形，闻有其声，如咳嗽之痰、胸水、腹水等。无形痰饮，视其不见，闻其无声，但通过辨证论治，究其因仍可确定为痰饮，如痰滞经络所致肢体麻木，痰迷心窍所致神昏等。

1. 痰

痰不仅指呼吸道所分泌的痰，还包括了瘰疬、痰核以及停滞在脏腑经络等组织中的痰。痰的形成，主要是由于脾、肺、肾等内脏的水液代谢功能失调，不能正常运化和输布水液，或邪热郁火煎熬津液引起的。由于脾运化失常，水液停滞成痰，肺中痰液聚集成痰。痰所致病症广泛，如痰滞于肺，则咳嗽气喘；痰滞于胃，则口吐黏涎；痰留于皮肤经络，则生瘰疬。

2. 饮

多由脾、肾阳虚所致。如饮在肌肤为水肿；饮在胸中为胸水；饮在腹中为腹水；水饮积于胃肠，则肠鸣腹泻。

（五）瘀血

瘀血指全身血液运行不畅，或局部血液停滞，或体内存在离经之血。瘀血既是病理性产物，又可引起一系列的病理变化，成为致病因素。

根据发生部位不同，瘀血分为有形瘀血和无形瘀血。有形瘀血指局部存在离经之血，表现为局部肿块、疼痛或瘀斑，严重者口色青紫、脉细涩等。无形瘀血指全身或局部瘀血，并伴有色、脉、形等全身性症状。如肺脏瘀血，出现咳喘、咳血；心脏瘀血出现心悸、气短、口色青紫、脉细涩或结代；肝脏瘀血，出现腹胀食少、胁肋按痛、口色青紫或有痞块等。

任务实施

步骤一：根据本任务内容，通过查阅图书或网络资源，收集相关资料及在中兽医临床上的应用案例资料，并整理分析，列出大纲。

步骤二：根据个人理解，将主要内容进行总结，并绘制思维导图；思维导图应包括四个方面的内容，即外感致病因素、内伤致病因素、其他致病因素，以及病因病机在临床上的应用。

步骤三：将个人绘制好的思维导图通过软件上传或在班级群中进行展示，供其他同学参阅，并提出优缺点。

步骤四：根据其他同学的意见或建议进一步完善思维导图，进一步理解课堂内容。

任务检测

请扫描二维码 1-6-1 进入在线测试，可反复多次答题，直到获得满意的结果。

二维码 1-6-1　项目一任务六检测

任务评价

根据本任务表现及思维导图绘制情况进行评价，具体评价见表 1-6-1。

表 1-6-1　任务完成过程评价

<table>
<tr><td colspan="2">班级：</td><td>组别：</td><td colspan="2">姓名：</td></tr>
<tr><td>任务</td><td>评分标准</td><td>自我评价</td><td>小组评价</td><td>教师评价</td></tr>
<tr><td rowspan="3">形式方面</td><td>整体布局合理，核心主题明确（20 分）</td><td></td><td></td><td></td></tr>
<tr><td>颜色对比明显，分支颜色有所区别（10 分）</td><td></td><td></td><td></td></tr>
<tr><td>部分内容有相应图片展示（20 分）</td><td></td><td></td><td></td></tr>
<tr><td rowspan="3">内容方面</td><td>内容正确，包括概念和关系的准确性（10 分）</td><td></td><td></td><td></td></tr>
<tr><td>内容知识点完整，主次分明（20 分）</td><td></td><td></td><td></td></tr>
<tr><td>内容简洁扼要，层次清晰（20 分）</td><td></td><td></td><td></td></tr>
<tr><td colspan="2">合计</td><td></td><td></td><td></td></tr>
<tr><td>自我评价与总结</td><td colspan="4"></td></tr>
<tr><td>教师点评</td><td colspan="4"></td></tr>
</table>

项目二 中药与方剂的基本知识

项目导读

中药指在中兽医学理论指导下，用于防治动物疾病的药物。中药有动物药、植物药、矿物药三种。临床上，中药须制成方剂方能治疗疾病。方剂是由一味或多味药物按照配伍原则，并确定剂量及用法而制成的药方。

知识目标

1. 掌握中药采集、加工和贮存的基本知识。
2. 掌握中药炮制的方法。
3. 掌握中药配伍和配伍禁忌的概念和基本知识。
4. 掌握中药的性能的概念和基本知识。
5. 掌握方剂的基本知识。

技能目标

1. 能够熟悉中药采集、加工和贮存的方法。
2. 学会中药炮制的方法和注意事项。
3. 学会运用中药配伍和配伍禁忌的原则。
4. 能够将中药性能的基本知识运用于兽医临床。
5. 能够将方剂的基本知识运用于兽医临床。

素质目标

培养学生相互帮助、协同合作的团队精神。

思政目标

1. 观看生态保护宣传片，理解绿水青山就是金山银山的理念，培养学生保护生态、爱护环境的意识。

2. 观看中医故事，培养学生医者仁心、大爱无疆的意识。

3. 培养学生爱护动物、珍爱生命的意识。

任务一 中药的采集、加工和贮存

学习情境

中药材采集是指对中药的药用部分进行采摘、挖掘和收集。采集后，药物经过加工处理，存放备用。生态环境、生长阶段、贮存条件不同，都会影响药物的药效及药用价值。因此，必须掌握中药材的生长环境和生长规律，以及采收、加工、贮存的方法。

学生通过查阅图书或网络资源，查找与中药采集、加工和贮存相关的资料，及兽医临床案例，整理分析，并制作思维导图。

任务准备

一、中药采集

（一）植物药的采集

药用植物合适的采收时间关系着药材品质，故有“三月茵陈五月蒿，六月之后当柴烧”的说法。

1. 全草类

此类药用植物多在植株充分生长，茎叶繁茂或含苞未放时采收。如荆芥、益母草等茎叶粗或较高的植物割取地上部分；夏枯草、紫花地丁、蒲公英等茎叶细或较矮的连根拔起；薄荷、青蒿等在未开花前采收；茵陈等必须在初春采其幼苗。

2. 根和根茎类

多在初春或秋末采集。初春时，在刚发芽或露苗时采收。秋末时，在地上部分未枯到土地封冻之前采收。但是冬麻则是在冬季至来年清明前茎苗未出时采收，半夏、延胡索等要在夏天采收。

3. 树皮和根皮类

树皮一般在春季或初夏，即清明至夏至采集。此时，植物枝叶繁茂，皮内养料丰富，易剥离，且伤口易愈合，如杜仲、黄柏、厚柏等。

4. 叶类

在即将开花或盛开时采收。此时枝叶健壮，药用成分含量高，药力雄厚，如大青叶、枇杷叶、苏子叶等。荷叶在荷花含苞待放时或者盛开时采收。而如霜桑叶等个别叶类中药，须在深秋或初冬经霜后采集。

5. 花类

一般在花未开放或刚开放时采收。过早香气不足，过晚花瓣脱落、变色、气味飘散，均影响药物质量。如金银花、槐花、辛夷等在含苞欲放时采收。月季花等在刚开放时采收。红花在花冠由黄变红时采收。蒲黄等以花粉入药的，则在花盛开时采收。

6. 果实和种子类

一般在果实成熟后或即将成熟时采收，如瓜蒌、枸杞、马兜铃等。而乌梅、青皮、枳实等在未成熟时采收。车前子、牛蒡子等种子类植物，多在种子完全成熟时采收。枸杞子等容易变质的浆果，在略熟时于清晨或傍晚采收较好。

7. 树脂类

如乳香、没药等，一般选择在干燥季节采收。

8. 菌、藻、孢粉类

药物不同，采收时间各异。如茯苓在立秋后采收，马勃、银耳在子实体刚成熟时采收，海金沙在孢子成熟后采收。

（二）动物药的采集

动物药材因品种不同，采收时间不同，根据动物发育阶段而定。桑螵蛸在 3 月中旬前采收；鹿茸在清明后 45～60 d 截取；驴皮应在冬至后剥取；蚯蚓、蜈蚣等，潜藏在地下的虫类可在夏、秋季活动期捕捉；有翅昆虫在清晨露水未干时捕捉。兽皮、骨、脏器等可随时采收。

（三）矿物药的采集

矿物类药材可随时采收，也可结合开矿进行，但应注意保护资源。

二、加工与贮存

中药采集后，进行简单的加工和干燥处理，及时除去药材中的大量水分，避免发霉、变质，防止有效成分被分解和破坏，以保证药材的质量，便于贮藏。

（一）加工

1. 挑选

除去非药用部分、泥沙和杂质。如全草类药材除去非入药的根和根茎，根和根茎类药材除去残留茎基，花类药材除去霉烂花等。

2. 洗切

经挑选、刷洗过的较大茎枝及根茎类药材，切片、切段或切块，以便干燥保存。

3. 蒸烫

富含淀粉、浆汁或糖的药材经蒸烫，容易干燥；花类药材经蒸后可散瓣；桑螵蛸、五倍子等含有虫卵的药材经蒸后可杀死虫卵。

（二）干燥

1. 晒干

不怕光的皮类、根和根茎类药材，如白术、黄芩等直接置于阳光下暴晒即可。

2. 阴干

芳香性的花、叶和全草类药材放于遮阳棚下或通风室内，使水分自然蒸发干燥。

3. 烘干

药材有效成分不同，烘干温度各有差异。如枸杞等多汁的浆果和如黄精等根茎，温度要求在70~90℃使药物迅速干燥；芳香类药材、油性的果实、种子等和一些动物药，如川芎、乌梢蛇，需要在低温下缓慢烘干，温度为25~30℃。

（三）贮藏

在药材贮藏过程中，通过干燥、通风、阴凉、避光、防虫蛀及防鼠等措施，避免出现发霉、变质、虫蛀、变色、泛油、变味等现象。若是剧毒药材，须贴上“剧毒药”标签，并根据国家规定，妥善保管。

任务实施

步骤一：根据本任务内容，通过查阅图书或网络资源，收集相关资料及在中兽医临床上的应用案例资料，并整理分析，列出大纲。

步骤二：根据个人理解，将主要内容进行总结，并绘制思维导图；思维导图应包括三个方面的内容，即中药的采集、加工和贮存。

步骤三：将个人绘制好的思维导图通过软件上传或在班级群中进行展示，供其他同学参阅，并提出优缺点。

步骤四：根据其他同学的意见或建议进一步完善思维导图，进一步理解课堂内容。

任务检测

请扫描二维码2-1-1进入在线测试，可反复多次答题，直到获得满意的结果。

二维码2-1-1　项目二任务一检测

任务评价

根据本任务表现及思维导图绘制情况进行评价，具体评价见表2-1-1。

表 2-1-1　任务完成过程评价

<table>
<tr><td colspan="2">班级：</td><td>组别：</td><td colspan="3">姓名：</td></tr>
<tr><td>任务</td><td>评分标准</td><td>自我评价</td><td>小组评价</td><td>教师评价</td></tr>
<tr><td rowspan="3">形式方面</td><td>整体布局合理，核心主题明确（20 分）</td><td></td><td></td><td></td></tr>
<tr><td>颜色对比明显，分支颜色有所区别（10 分）</td><td></td><td></td><td></td></tr>
<tr><td>部分内容有相应图片展示（20 分）</td><td></td><td></td><td></td></tr>
<tr><td rowspan="3">内容方面</td><td>内容正确，包括概念和关系的准确性（10 分）</td><td></td><td></td><td></td></tr>
<tr><td>内容知识点完整，主次分明（20 分）</td><td></td><td></td><td></td></tr>
<tr><td>内容简洁扼要，层次清晰（20 分）</td><td></td><td></td><td></td></tr>
<tr><td colspan="2">合计</td><td></td><td></td><td></td></tr>
<tr><td>自我评价与总结</td><td colspan="4"></td></tr>
<tr><td>教师点评</td><td colspan="4"></td></tr>
</table>

技能一　中药采集

- **活动目的**

1. 理解常用中药的生长环境及采收时机。
2. 掌握中药采集的方法及活动要求。
3. 能够识别常用中药的形态特征，明确入药部位。

- **活动材料**

药锄、剪枝剪等；标本架、草纸、麻绳、塑料袋等若干；资料单、技能单人手 1 份，笔记本人手 1 本。

- **活动方法**

结合本地情况，教师带领学生在野外采集药用植物，每人 1 种，标注植物名称和性能。

- **活动要求**

1. 采集之前，根据当地药用植物的分布情况，拟定采集计划，制作资料单、技能单，选择最佳采集时机。
2. 采集过程中，做好安全防范工作。

- **活动实施**

根据表 2-1-2 的操作环节开展活动。

表 2-1-2 活动实施环节

环节	操作
环节一	学生提前查阅资料，学习中药采集的方法和活动要求
环节二	教师发布学习任务，对学生进行分组
环节三	1. 学生进一步熟悉实验步骤和实训要求 2. 由小组组长进行分工
环节四	各小组根据小组任务采集中药，采集植物后按压土壤，保护植被

- **课后作业**

根据技能活动情况完成实训报告。

- **活动评价**

活动结束过程中，根据活动情况进行评价，具体评价如表 2-1-3 所示。

表 2-1-3 工作活动完成过程评价

班级：		组别：		姓名：
项目	评分标准	自我评价	小组评价	教师评价
小组操作（70 分）	小组预习中药采集的方法（10 分）			
	小组分工协作采集中药（40 分）			
	小组成员保护植被情况（20 分）			
作品效果（30 分）	优秀为 26~30 分 良好为 21~25 分 一般为 15~20 分			
合计				
自我评价与总结				
教师点评				

技能二 熟悉腊叶标本制作的方法

- **活动目标**

掌握腊叶标本的制作方法。

- **活动素材**

胶水、记录纸、标签、铅笔、标本签、草纸、标本台纸等。

- **活动方法**

1. 初步整理

去除植物上多余的枝叶、花果及根部的泥土。某些肉质植物如肉质茎、块根、块茎等不易压干，可先放入开水中温烫 30 s 后再压制，或切成两半后再压制。

2. 压制过程

（1）将标本夹放平，上置 3~4 层草纸（若含水量多则置 7~8 层草纸）。继而将标本平整地放于草纸上，切不可重叠覆盖。正、反面的叶子各压一些。体积小的标本，不宜折叠；若超过草纸面积，可适当折叠成“V”形或“N”形。标本放好后，再置 3~4 层草纸。继续放置标本，放 3~4 层草纸，如此反复。当标本压到一定高度后，再盖上另一块标本夹。用绳带捆扎，松紧适宜。

（2）一般新鲜植物，由于含水量较大，易发霉变质，因此，必须每日更换草纸 1~2 次，之后视标本的干燥情况，每 1~2 d 换 1 次，待标本的水分慢慢吸干后，可将标本逐步捆紧一些，并可置于阳光下照晒，加快水分蒸发，一般经 7~10 d 就不需要再换纸。如果是水生的或肉质多浆的植物，应勤换干草纸，压制时间也要更长一些。

（3）在换纸过程中，若有叶、花、果脱落时，应随时将脱落部分装入纸袋内，并记上采集号，附于该份标本，切勿丢弃。

3. 上台纸

（1）标本平放于台纸中央，较大或较长的标本可以倾斜放置，并注意在右下角和左上角留出适当空间，以便粘贴标签。

（2）在标本反面涂上一层胶水，将它粘贴于台纸的适当位置上。

（3）将标本的根、枝、果用棉线钉牢。标本掉落果实、种子等部分，放入种子袋，钉在台纸上。

（4）台纸的左上角贴上标本标签，包括采集地点、时间、采集人，药物名称、入药部位、功效、主治等。

- **活动实施**

根据表 2-1-4 的操作环节开展活动。

表2-1-4　活动实施环节

环节	操作
环节一	教师发布任务
环节二	学生观看视频，熟悉实训步骤
环节三	教师根据学生情况进行分组
环节四	学生根据每组的药用植物进行分工协作，完成药用植物标本的制作
环节五	学生互评，教师点评

- **课后作业**

根据技能活动情况完成实训报告。

- **活动评价**

活动结束过程中，根据活动情况进行评价，具体评价如表 2-1-5 所示。

表 2-1-5 工作活动完成过程评价

班级：	组别：		姓名：	
项目	评分标准	自我评价	小组评价	教师评价
小组操作（60 分）	小组讨论总结（20 分）			
	小组分工操作（40 分）			
作品效果（40 分）	优秀为 36~40 分 良好为 31~35 分 一般为 25~30 分			
合计				
自我评价与总结				
教师点评				

任务二 中药的炮制

学习情境

中药炮制，指根据药物性质、用药需要及制剂要求，将中药经过加工处理，制成一定规格的饮片，又称炮制、修治。中药经过炮制，去除杂质和非药用部分，使药物纯净，便于保存和制剂，减轻药物异味、副作用和毒性，达到增强疗效的目的。

学生通过查阅图书或网络资源，查找与中药炮制相关的资料，及兽医临床案例，整理分析，并制作思维导图。

任务准备

一、炮制的目的

（一）去除杂质和非药用部分

为了使药材纯净，保证用药剂量的准确性，就必须去除杂质和非药用部分。如植物根茎类药材需洗去泥沙、刮去粗皮，枇杷叶需去毛，杏仁需去皮，远志需去心等。矿物类药需去除杂质等。

（二）增强药物的功效及改变药物的性能

中药经炮制后，药用成分更易煎出，疗效增强。如矿物及贝壳类药物经炮制后易于粉碎；苦参、常山、延胡索、车前子等经酒、醋、盐等炮制后，药用成分更易煎出。冬花、紫菀经蜜炙后，增强了止咳润肺的功效；淫羊藿经羊脂炒后可增强补肾壮阳的功效。

另外，一些药物经炮制后可改变药物性能。如生地黄可清热凉血，而熟地黄可滋阴补血；生何首乌可润肠通便，制何首乌可补肝肾、益精血、壮精骨。

（三）降低或消除副作用及异味

具有毒性、烈性或者副作用的药物，经炮制后，可降低甚至消除毒性、烈性。如经甘草或黑豆的煮或蒸制，可除乌头毒性；经甘草或生姜与白矾共煮，可除半夏毒性；巴豆压油取霜，可缓和泻下作用；醋制甘遂、大戟，酒制常山，能降低毒副作用。

具有腥臭味的药物，经炮制后，可起到矫味和矫臭的作用。如酒制乌梢蛇，醋炒五灵脂，醋制乳香、没药，麸炒白僵蚕等。

（四）便于制剂、贮存及服用

植物类药材浸润后，易于切成片、段、块；矿物类药材经煅、粹后，易于粉碎。药物经切片、粉碎后不仅方便制剂、贮存，又便于服用。

二、炮制的方法

中药炮制方法一般分为修制法、水制法、火制法、水火共制法和其他制法。

（一）净制法

1. 净制

运用挑、剪、切、刮、刷、筛、撞、捻等方法，去除杂质及非药用部分。

2. 粉碎

药材经捣、研、碾、磨、挫等方法，粉碎至所要求的程度。

3. 切制法

将个体较大、粗长的药材，切成片、段、块、丝等，以便于有效成分煎出，进一步炮制、调配、制剂等，有利于干燥与贮存、称量。如天麻、槟榔应切成薄片；黄芪、鸡血藤应切成斜片；泽泻、白术应切成厚片；陈皮、桑白皮应切丝等。

（二）水制法

通过水制法，可清洁药物，去除杂质及非药用部位，降低药物毒性，软化药物，以方便切制等。

1. 洗法

将药物置于清水中，迅速洗后取出。适用于质地松软、易渗入水分的药材。如桑白皮、羌活等。

2. 漂法

将药材置于清水或流水中，浸泡、换水、漂洗多次，直至去除药材中的毒性、盐性、腥味。如漂去半夏、天南星的毒性，昆布、海藻的盐分，紫河车的腥味等。

3. 泡法

将质地坚硬的药材置于清水中，使其软化。若药材质轻，其上压重物，使其完全浸于水中，如防风、枳壳。若药材体粗质硬，需配合润法，使药物达到软化的目的，如大黄、何首乌等。

4. 浸法

将质地较坚硬的药材置于清水或液体辅料中，使之稍微软化即可。

【注意事项】

浸法用水时，要求水温为常温，水量充足，浸泡时间长。泡法用水时，水温为沸水或刚煮好的药汁，水量少，浸泡时间短。

5. 闷润

将浸湿的药材置于容器或润药台上，使药物缓慢软化即可。药物不同，闷润方法不同，如淋润、浸润、晾润、露润、洗润等。如淋润荆芥、泡润槟榔、姜汁浸润厚朴、酒洗润当归等。

6. 水飞

将不溶于水的药材粉碎成末，利用粗细粉末悬浮性不同的原理来获取细粉。

（三）火制法

为了使药物干燥、松脆、焦黄、碳化等，方便药物使用和贮藏，将药物直接或者间接用火加热处理的方法。常用的有炒、炙、烘、焙、煨、煅等方法。

1. 炒法

炒法可分为清炒和加辅料炒两种。

（1）清炒。将药物放在锅内不断翻炒，至一定程度取出。分为炒黄、炒焦、炒炭。

炒黄：用文火将药物炒至表面微黄即可。种子类药材多以炒黄为度，有些药物以炒响为度，如炒莱菔子、王不留行等。

炒焦：用中火将药材炒至表面焦黄，断面淡黄，达到健脾助消化的目的。如焦山楂、白术。

炒炭：用武火将药物炒至表面焦黑，内部焦黄，并保留药物原有的气味，以达到缓和药性，或增强收敛止血的作用。如地榆炭、杜仲炭、姜炭等。

（2）加辅料炒。将土、麸、米、沙、蛤粉、滑石粉等辅料加入药材中共同拌炒。如麸炒枳壳，土炒白术、山药，米炒斑蝥、党参，沙炒穿山甲，滑石粉炒水蛭等。

2. 炙法

用液体辅料拌炒，并逐渐渗入药物内部。常用的炙法有酒炙、醋炙、盐炙、蜜炙等。如酒炙川芎、丹参等；醋炙柴胡、香附、三棱、元胡、甘遂等；盐炙杜仲、巴戟天等；姜炙天南星、半夏；蜜炙桑叶、百部、黄芪、甘草等。

3. 煨法

用面糊或湿纸包裹生药，埋在热灰、热的滑石粉或热麦麸中，直接煨熟。如煨肉豆蔻、诃子、木香等。

4. 煅

把生药直接置于没烟的炉火上煅烧，或将生药放在耐火的容器内，再置于没烟的炉火上煅烧的方法。直接煅烧的中药有坚硬的矿类、贝壳类：如磁石、代赭石、自然铜、海哈壳、石膏、石决明等，煅烧至透红即可。质地疏松的药物多密封在耐火的容器中间接煅烧，如棕榈炭、血余炭，煅烧至容器底部透红即可。

5. 烘焙法

烘是将生药置近火处、烘箱或者烘房内，使水分缓慢蒸发。焙是将生药置于金属网或者锅内，用文火加热至颜色加深，质地变脆即可。如烘焙蜈蚣、水蛭、地龙等。

（四）水火共制法

把药物通过水火共同加热炮制，使中药原来的性质和形态得以改变，称为水火共制法。常用的方法有蒸、煮、淬法。

1. 蒸法

将药物加酒、醋等辅料或不加辅料蒸熟的方法。清蒸，如山萸肉、女贞子。加辅料蒸，如酒蒸山萸肉、大黄等。

2. 煮法

把生药直接放在锅内或与其他辅料同时放在锅内同煮，至溶液吸干，或内部无白色。如醋煮芫花、水煮天南星。

3. 淬法

药物经煅烧红透后，迅速放入冷水、醋或者其他液体辅料中，骤然冷却，使其松脆的方法。多用于金石类、贝壳类等煅烧仍不能松脆的较硬药材，如醋淬自然铜、鳖甲，黄连煮汁淬炉甘石等。

（五）其他方法

1. 制霜法

适用于含油脂成分较多的果实、种子等。将药材压榨后去油除去大部分油脂，得到的制品称为霜，这种方法称为制霜法。如巴豆霜、西瓜霜、鹿角霜等。

2. 发酵

把药物置丁适宜温度和湿度下，经发酵，改变药物原有的性质，增强消食和胃的作用。如六神曲、淡豆豉等。

3. 发芽

本法适用于成熟的果实及种子类药物。将药物置于适宜的温度和湿度下，使其萌发幼芽的方法。发芽会使药物产生新功效，如麦芽、谷芽等。

4. 复制

在净选后的药物中，加入一种或多种辅料，按规定程序反复炮制的方法，又称法制。如天南星、半夏、白附子等。

任务实施

步骤一：根据本任务内容，通过查阅图书或网络资源，收集相关资料及在中兽医临床上的应用案例资料，并整理分析，列出大纲。

步骤二：根据个人理解，将主要内容进行总结，并绘制思维导图；思维导图应包括两个方面的内容，即炮制的目的、炮制的方法。

步骤三：将个人绘制好的思维导图通过软件上传或在班级群中进行展示，供其他同学参阅，并提出优缺点。

步骤四：根据其他同学的意见或建议进一步完善思维导图，进一步理解课堂内容。

任务检测

请扫描二维码 2-2-1 进入在线测试，可反复多次答题，直到获得满意的结果。

二维码 2-2-1 项目二任务二检测

任务评价

根据本任务表现及思维导图绘制情况进行评价，具体评价见表 2-2-1。

表 2-2-1 任务完成过程评价

班级：		组别：	姓名：	
任务	评分标准	自我评价	小组评价	教师评价
形式方面	整体布局合理，核心主题明确（20 分）			
	颜色对比明显，分支颜色有所区别（10 分）			
	部分内容有相应图片展示（20 分）			
内容方面	内容正确，包括概念和关系的准确性（10 分）			
	内容知识点完整，主次分明（20 分）			
	内容简洁扼要，层次清晰（20 分）			
合计				
自我评价与总结				
教师点评				

技能　中药炮制的方法

● 活动目标

理解中药炮制的意义；掌握炒、炙、炮、煨、水飞、煅、煅淬及制霜等常用炮制方法。

● 活动材料

1. 药材

莱菔子 200 g，地榆 200 g，白术 600 g，山楂 200 g，阿胶 20 g，鸡内金 200 g，黄柏 200 g，净草果仁 200 g，香附 200 g，甘草 200 g，干姜 300 g，诃子 300 g，炉甘石 200 g，自然铜 200 g，生石膏 600 g，巴豆 200 g。

2. 固体辅料

麦麸 3 kg，大米 1 kg，灶心土 2 kg，河沙 2 kg，滑石粉 1 kg，食盐 1 kg，黄酒 1 kg，生姜 1 kg，植物油 1 kg，面粉 1 kg，食醋 1 kg，萝卜 0.5 kg。

3. 用具

火炉 4 个，木炭 10 kg，铁锅及锅铲 4 套，铁网药筛 4 只，带盖瓷量杯 8 只，脸盆 4 个，量杯 4 只，天平 4 台，棕刷子 4 把，火钳 4 把，乳钵人手 1 本，技能单人手 1 份。

● 活动方法

教师讲解后，将学生分为若干小组，按照下述方法依次进行操作，操作过程中注意用火安全，防止自身烧伤或发生火灾。

1. 清炒

（1）炒黄。将莱菔子置于热锅中用文火加热，不断翻动，炒至微鼓，并有爆裂声和香气时取出，放凉，用时捣碎。

（2）炒焦。将白术片置于热锅中，用中火加热，不断翻动，炒至表面焦黄色，内部微黄，取出放凉。将山楂置于热锅中，用中火炒至外表焦褐色，内部焦黄色，放凉。

（3）炒黑。取干姜片或丁块，置锅内，炒至发泡，外表焦黑色取出放凉；地榆炭：取地榆片入锅，炒成焦黑为止。

2. 加辅料炒

（1）麸炒。先将锅烧热，加入麦麸，待冒烟时投入白术片，不断翻动，炒至白术呈黄褐色取出，筛去麦麸。

（2）土炒。取灶心土置于热锅内，加热至松活状态，放入白术片不断翻炒，至透出土香气取出，筛去土放凉。

（3）沙炒。取中粗河沙并置锅内加热，用中火加热翻炒至干，加入 1%～2%的植物油，武火加热，拌炒至河沙色泽均匀、滑利、易于翻动，倾入鸡内金，分散投入沙中，翻炒至发泡蜷曲取出，筛去沙放凉。

3. 炙

（1）酒炙。先取黄芩片 50 g 与 10 mL 黄酒拌匀，放置闷透，置于锅内用文火加热，炒干或炒至棕褐色取出，或将药物炒至一定程度，再喷洒定量的黄酒，炒干，取出。

（2）醋炙。将 50 g 香附片 与 10 mL 醋拌匀至闷透，置锅内用文火炒至颜色变深时取出，晾干。

（3）盐炙。取黄柏丝或片 50 g 与盐水拌匀闷透，待盐被药物吸尽后，置锅内用文火炒干取出放凉。也可将药材放锅内，边拌炒边加者水。盐炙法火力宜小，要控制恰当火力，以免水分迅速蒸发，造成食盐黏附在锅上，而达不到盐炙的目的。

（4）姜汁炙。先取生姜 5 g，切片捣碎，取清水适量压榨取汁，残渣再加水共捣取汁，反复 2~3 次，合并姜汁约 5 mL；再取草果仁 50 g 加入姜汁拌匀，置锅内用文火炒干至深黄色，取出，晾干。

（5）蜜炙。先将 13 g 炼蜜置沸水中稀释后，加入 50 g 甘草拌匀闷透，用文火炒至深黄色不粘手时取出，放凉后贮存。

4. 煅

将 100 g 生石膏置于无烟的炉火上或置适宜的容器内，煅至酥脆或红透时取出放凉，碾碎。含有结晶水的盐类药物，使结晶水蒸发尽或全部成蜂窝状固体。

5. 制霜

将巴豆曝晒去壳，碾碎成泥，锡纸包裹后置于炉上烘热，压榨去油。如此反复多次。

6. 水飞

取碾碎的炉甘石置于钵内，加适量水，研成糊状，继续加水搅拌，待粗粉下沉时，倾出上层混悬液，下沉的粗粉继续研磨、沉淀、倾出，如此反复多次，至研细为止。混悬液合并静置，待完全沉淀后，倒去上清液。待沉淀干燥后，研为极细末。

- **活动实施**

根据表 2-2-2 操作环节开展活动。

表 2-2-2 活动实施环节

环节	操作
环节一	学生查找资料学习中药炮制的方法和活动要求
环节二	教师发布学习任务
环节三	教师根据学生情况进行分组
环节四	学生根据小组任务分工协作
环节五	学生互评，教师点评

- **课后作业**

根据技能活动情况完成实训报告。

- **活动评价**

活动过程中，根据活动情况进行评价，具体评价如表 2-2-3 所示。

表 2-2-3　工作活动完成过程评价

<table>
<tr><td colspan="2">班级：</td><td colspan="2">组别：</td><td colspan="2">姓名：</td></tr>
<tr><td>项目</td><td>评分标准</td><td>自我评价</td><td>小组评价</td><td>教师评价</td></tr>
<tr><td rowspan="2">小组操作（60 分）</td><td>小组讨论总结（20 分）</td><td></td><td></td><td></td></tr>
<tr><td>小组分工操作（40 分）</td><td></td><td></td><td></td></tr>
<tr><td>作品效果（40 分）</td><td>优秀为 36~40 分
良好为 31~35 分
一般为 25~30 分</td><td></td><td></td><td></td></tr>
<tr><td colspan="2">合计</td><td></td><td></td><td></td></tr>
<tr><td>自我评价与总结</td><td colspan="4"></td></tr>
<tr><td>教师点评</td><td colspan="4"></td></tr>
</table>

任务三　中药的性能

学习情境

中药的性能指药物的性味和功效，是数千年不断医疗实践总结的用药规律，并在长期的临床实践中不断完善总结。而中药的性能是中兽医学的重要组成部分，也是学习、运用、研究中药所必须掌握的基础理论知识。

学生通过查阅图书或网络资源，查找与中药性能相关的资料，及兽医临床案例，并制作思维导图。

任务准备

中药性能，简称药性，指和中药疗效有关的性味、效能。

一、四气

四气又称四性，指中药具有寒、热、温、凉四种不同的药性。寒与凉，温与热性质相同，程度不同。另外，有一些药物药性不太显著、作用平缓，称为平性。然而它们或偏凉，或偏温，仍属四气范围，依旧称为四气。

药性的寒、热、温、凉是根据药物对动物体的反应和治疗效果而言的，它与疾病的寒、热性质是相对的。也就是说，寒性或者凉性的药物治疗热性疾病；热性或者温性药物能够治疗寒性疾病。

二、五味

五味指中药具有酸、苦、甘、辛、咸五种不同的味道。不同的味道具有不同的功效，具体为“酸能收涩、甘能补养、苦能燥泻、辛能散行、咸能软下”。

（1）酸味。能收、涩，有收敛、固涩作用。多用于虚汗、泄泻等证，如山茱萸、五味子涩精敛汗，五倍子涩肠止泻。

（2）苦味。能泄、燥，具有泄降、燥湿、坚阴的作用。如大黄通泄，适用于热结便秘；杏仁降泄，适用于肺气上逆的咳喘；栀子清泄，适用于清三焦热盛证。燥湿则多用于湿证。

（3）甘味。能补、和、缓，有益气、和中、缓急止痛等作用，用于治疗虚证，如人参补气；缓和拘急疼痛，或调和药性的，如甘草、大枣等。

（4）辛味。能散、行，有发散、行气、行血的作用。如用于治疗表证的麻黄、薄荷；治疗气血阻滞的木香、红花等。

（5）咸味。能软、下，有软坚、散结和泻下的作用，多用于热结便秘、瘰核、痞块等证。如芒硝能泻下通便，昆布能软坚散结。

药物性味相同，功能基本相似。如紫苏、生姜、荆芥、川芎等，辛温，则功能为解表祛风、温里散寒。反之，药物性味不同，则功能不同。如石膏辛寒除热，薄荷辛凉解表，砂仁辛温行气，附子辛热助阳。

若同一中药兼有数味者，其功效相应扩大。如当归辛甘温，补血活血，行气散寒；天冬甘苦寒，滋阴清火。因此，不能将性与味分开来看。只有掌握药物的所有性能，及性味相同药物共性及差异，才能准确且全面地了解和使用药材。

三、升降浮沉

升降沉浮指药物进入机体后的作用趋向，是与疾病表现的趋向相对而言的。升是上升，降是下降，浮是上行发散，沉是下行泻痢。升与浮、降与沉的趋向类似，程度上有差别，故通常以升浮、沉降合称。

由于各种疾病在发病机理和证候上，常有向上（如呕吐、咳喘）、向下（如泻痢、脱肛），或向外（自汗、盗汗等）、向内（表证未解）等病势趋向的不同，以及在上、在下、在表、在里等病位的差异。因而，对病情有改善、消除作用的药物，也就分别有升降沉浮的不同作用。药物的这种性能，对脏腑气机的调整是有帮助的，能使其较为平顺，或因势利诱，祛邪除病。

升浮药主上行、向外，有升阳、发表、祛邪、散寒、催吐、开窍等作用，属阳；沉降药主下行、向内，有潜阳、息风、降逆、止吐、清热、渗湿、利尿、泻下、止咳、平喘等功效，属阴。另外，个别药物有双向性，如麻黄既能发汗，又可平喘利水。

凡是病变部位在上、在表的宜升浮，不宜沉降；在下、在里的宜沉降，不宜升浮。病势上逆的宜降不宜升；病势下陷的宜升不宜降。

升降沉浮与药物的气味、质地、药用部分、炮制、配伍等均有关系。以药物四气为例，温热主升浮，寒凉主沉降；以五味为例，辛、甘、淡主升浮，酸、苦、咸主沉降。

以质地、药用部分为例，质地轻而疏松的药物，如植物的叶、花、空心的根、茎，多数具有升浮的作用。质地坚实的药物，如植物的籽实、根茎、贝壳类药物，大多数具有沉降的作用。但是这些不是绝对的，如“诸花皆升，旋覆独降”“诸子皆降，荆子独升”等。

以药物炮制为例，生用主升，熟用主降；酒制能升，姜制能散，醋制能收，盐水炒能下行。以药物配伍为例，如将升浮药物配于大堆沉降药物之中，也能随之下降；而沉降药物配于大堆升浮药物之中，也能随之上升。

此外有一些药物可以载药上升或下降。如桔梗能载药上升，牛膝能引药下行。

四、归经

归经指药物对机体某部位的选择性作用。某药对某经（脏腑及其经络）或某几经具有明显的疗效，而对其他经则作用较小或没有作用。如均为清热药，黄连偏于清心热，黄芩偏于清肺火，龙胆草偏于清肝热。

中药归经，是以脏腑、经络理论为基础，根据所治的具体病症，把药物的疗效和脏腑、经络联系起来，以此说明药物和归经之间的关系。如桔梗治咳喘，归肺经；朱砂安神，归心经；麦芽消食，归脾胃经等。一味药可以归数经，对数经的病变都有治疗作用。如石膏归肺经、胃经，能清肺火、胃火。

中药归经理论对于中药的应用具有重要的指导意义。一是根据动物脏腑经络的病变“按经选药”。如肺热咳喘，选用入肺经的黄芩、桑白皮。二是根据脏腑经络病变的相互影响和传变规律选择用药，即选用相应的入经药物配合治疗。如肺气虚而见脾虚者，选择入肺经药的同时，选择用入脾经的补脾药来补脾益肺（培土生金），使肺脏有所养而逐渐恢复。总之，既要全面掌握中药性能，又要熟悉脏腑、经络之间的相互关系，才能更好地为临诊用药提供指导。

五、毒性

（一）毒性的概念

毒性是中药对动物机体产生的毒害作用。毒性不同于副作用，毒性对动物体的危害性较大，甚至可能危及生命。为了保证用药安全，必须认识到中药具有毒性，了解毒性产生的原因，掌握中药中毒的解救方法和预防措施。

药物常标有“无毒”“小毒”“有毒”“大毒”或“剧毒”，这是掌握药性必须注意的问题。

无毒：指所标示的药物服用后产生的副作用很小，使用安全。

小毒：指药物使用较为安全，虽可出现一些副作用，但一般不会引起严重后果。

有毒、大毒：指药物容易使动物中毒，使用时必须谨慎。

剧毒：指药物毒性强烈，临诊多供外用，或极小量入丸散内服，并要严格掌握炮制、剂量、服法、宜忌等。

（二）注意事项

在使用有毒药物时，为保证用药安全，必须注意以下几点。

（1）严格控制剂量。有毒药物的毒副作用与药物剂量呈正相关。因而，使用有毒药物时，必须严格控制剂量，中病即止，以防过量或蓄积性中毒。

（2）注意正确使用。了解药物的用法，区分每类药物。有的宜用丸剂，不宜煎服；有的只能外用，不能内服；有的入汤剂需要长时间煎煮等。临诊应用常因用法不当而引起中毒，如乌头、附子中毒，多因煎煮时间过短所致。

（3）遵守炮制工艺。降低或者消除药物的毒副作用，是药物炮制的目的之一。因而，严格的炮制工艺，科学的质量标准，是安全用药的重要保证。

（三）注意用量

此外，用药时应有合理的配伍，应当特别注意避免配伍禁忌。下列 23 种中药是有毒药物，使用时应当注意用法用量。

砒霜、生马钱、蟾酥、生川乌、生草乌、红粉、水银、斑蝥、生巴豆、红娘虫、生千金子、青娘虫、轻粉、雄黄、雪山一枝蒿、生毒狼、生天仙子、生藤黄、洋金花、闹阳花、红升丹、白降丹、砒石（红砒、白砒）。

任务实施

步骤一：根据本任务内容，通过查阅图书或网络资源，收集相关资料及在中兽医临床上的应用案例资料，并整理分析，列出大纲。

步骤二：根据个人理解，将主要内容进行总结，并绘制思维导图；思维导图应包括四个方面的内容，即四气、五味、升降浮沉、归经。

步骤三：将个人绘制好的思维导图通过软件上传或在班级群中进行展示，供其他同学参阅，并提出优缺点。

步骤四：根据其他同学的意见或建议进一步完善思维导图，进一步理解课堂内容。

任务检测

请扫描二维码 2-3-1 进入在线测试，可反复多次答题，直到获得满意的结果。

二维码 2-3-1　项目二任务三检测

任务评价

根据本任务表现及绘制思维导图情况进行评价，具体评价见表 2-3-1。

表 2-3-1　任务完成过程评价

班级：		组别：		姓名：
任务	评分标准	自我评价	小组评价	教师评价
形式方面	整体布局合理，核心主题明确（20 分）			
	颜色对比明显，分支颜色有所区别（10 分）			
	部分内容有相应图片展示（20 分）			
内容方面	内容正确，包括概念和关系的准确性（10 分）			
	内容知识点完整，主次分明（20 分）			
	内容简洁扼要，层次清晰（20 分）			
合计				
自我评价与总结				
教师点评				

任务四　中药的配伍与方剂的组成

学习情境

从神农尝百草到方剂的演变已有千百年的历史，反映了方剂的发展由药到方、由简单到复杂的发展过程。早在《黄帝内经》中记载了十三方，及酒剂、丸剂等不同剂型，并提出辨证论治的思想和“君、臣、佐、使”的组成原则。在后期兽医不断医疗实践中，逐步完善与成熟方剂配伍与组方原则，并沿用至今。

学生通过查阅图书或网络资源，查找与中药配伍及方剂组成相关的资料，及兽医临床案例，整理分析，并制作思维导图。

任务准备

一、中药的配伍

（一）中药的配伍

配伍指依据病情需要及中药性能，按照一定原则，将两种及两种以上的药物配合使用。临床上将单味药的应用和中药的配伍关系总结为七个方面，称为药物七情。

1. 单行

单行指使用一味中药治疗疾病。本法适用于单纯的病情，如用一味青蒿治疗球虫病；用一味人参治疗气虚证，如独参汤。

2. 相须

相须指用性能功效相似的同类药物配合治疗疾病，以达到药效协同作用，增强药效。如石膏与知母配合应用能明显地增强清热泻火的作用；麻黄与桂枝配合使用，增强发汗解表的作用。

3. 相使

相使指性能功效有某种共性的不同类药物配合应用，一种药物作为主药，另一种药作为辅药，从而提高主药的功效。如黄芪与茯苓配合应用，黄芪的补气利水功效会增强；黄连配木香治湿热泄泻，腹痛里急，以黄连清热燥湿、解毒止痢为主，木香调中宣滞、行气止痛，可以增强黄连的治疗效果。

4. 相畏

相畏指一种药物的毒性或副作用，可以被另一种药物减轻或者消除。如生半夏的毒性能被生姜减轻和消除，即生半夏畏生姜；又如牡丹皮畏大黄、贝母。

5. 相杀

相杀指一种药物能减轻或消除另一种药物的毒性或副作用。如防风能解砒霜毒、绿豆能减轻巴豆的毒性，即防风杀砒霜毒、绿豆杀巴豆毒。可见，相畏、相杀实际上是同一配伍关系的不同说法。

6. 相恶

相恶指两种药物配合应用，能相互牵制降低或丧失药效。黄芩能降低生姜的温性；莱菔子能削弱人参或党参的补气功能，即生姜恶黄芩、人参恶莱菔子。

7. 相反

相反指两种药物配合应用，能产生毒性反应或出现副作用。如甘草反大戟、乌头反半夏。

综上所述，药物七情除单行外，相须、相使是协同增进疗效，要充分应用；相畏、相杀是拮抗降低毒性，多用于毒性较大的药物；相恶是拮抗而降低功效，需要注意；相反是协同增强毒性反应，属于配伍禁忌，应当避免。

（二）配伍禁忌

临床用药时，为了安全，有些药物应当慎用、禁用。古人在长期的医疗实践中，积累了许多有关配伍禁忌的经验，主要有十八反、十九畏。

1. 十八反

据文献记载，配伍应用可能对动物产生毒害作用的药物共 18 种，称为十八反。即：甘草反甘遂、大戟、海藻、芫花；乌头反贝母、瓜蒌、半夏、白蔹、白及；藜芦反沙参、丹参、玄参、细辛、芍药。

2. 十九畏

药物配合应用时，能够降低疗效或增强毒性的药物有 19 种，称为十九畏，即硫黄畏朴硝，水银畏砒霜，狼毒畏密陀僧，巴豆畏牵牛子，丁香畏郁金、川乌，草乌畏犀角，牙硝畏荆三棱，官桂畏赤石脂，人参畏五灵脂。

（三）妊娠禁忌

在动物妊娠期间，为了保证胎儿的健康，应当禁用或慎用具有堕胎作用或对胎儿有损害的药物。

毒性较大或药性峻烈的药物属于禁用药物，如巴豆、水银、大戟、芫花、商路、牵牛子、斑蝥、三棱、莪术、水蛭、蜈蚣、麝香等。

祛痰通经、行气破滞以及辛热滑利等方面的中药属于慎用的药物，如红花、桃仁、瞿麦、牛膝、丹皮、附子、乌头、干姜、肉桂、芒硝、天南星等。

对于涉及妊娠禁忌的药物，一般应避免使用。如必须使用，应注意用药的剂量、方法、时间、配伍、炮制等，尽量避免或减轻用药的危害，做到安全有效。

二、方剂的组成

（一）方剂的概念

方剂指将单味或多味药物，在辨证立法基础上，根据一定的配伍原则和调剂方法制成的药剂。方剂中的药物，能相互协调，增强疗效，更好地适应复杂病情，并能减少或缓和某些药物的毒性和烈性，消除其不利作用。

（二）方剂的组成

组成方剂的基本结构为主、辅、佐、使，又称君、臣、佐、使，它概括了方剂的结构和药物配伍的主从关系。

1. 主药

主药是对病因或主证起主要治疗作用的药物。

2. 辅药

辅药有两个作用，一是辅助主药，增强主药的治疗效果；二是针对兼病或兼证起主要治疗作用。

3. 佐药

佐药有三个方面的作用：一是可以治疗兼证和次要证候；二是制约主药的毒性或者烈性；三是反佐，用于病势拒药须加以从治者，如在寒凉剂中加入少量温热药，或者在温热药中加入少量寒凉药，以消除病势拒药，即格拒不纳的现象。

4. 使药

使药具有两方面的作用：一是引经药，即能引导药物直达病所；二是调和药，即调和方剂中诸药的性能，协调、缓和药性。

如麻黄汤主治风寒表实证，方中麻黄辛温解表散寒，为主药；桂枝辛温通阳，辅助麻黄发汗、解表、散寒，为辅药；杏仁降泄肺气，辅助麻黄止咳平喘，为佐药；甘草能调和诸药，作为使药。

方剂中主、辅、佐、使的药味划分，是为了在组方时注意药物的配伍和主次关系。如有些方剂，药味少，君药或者臣药已具有佐使的作用，所以不需要另配辅佐药。有些方剂，只需有主次药即可，不用按照君、臣、佐、使结构排列。如二炒散（苍术、黄柏）只有两味药，独参汤只有一味药。

（三）方剂的变化

方剂虽然有一定的组成原则，但是在临床应用时，应根据病情轻重缓急、动物种类、体质，灵活化裁，以达到治疗目的和效果。方剂的组成变化概括为以下几种形式：

1. 药味增减的变化

主证不变，兼证有变的情况下，可在主药不变的前提下，适当地增添或减去一些次要的药味，称为随证加减。如郁金散是治疗马肠黄的基础方，若热甚，应减去诃子，以避免湿热滞留，加金银花、连翘来增强清热解毒的功效；若腹痛甚，加乳香、没药、延胡索，来活血止痛。

2. 药物配伍的变化

指主药不变，而改变与之相配伍的药物，其功能和主治也相应发生变化。以麻黄为例，与桂枝配伍，成麻黄汤，能发汗解表，主治风寒表实证；与石膏相配伍，成麻杏石甘汤，解表清里，主治肺热气喘证。

3. 药量增减的变化

指方剂中不改变药物，只增减药量，可以改变药力或治疗范围，甚至可以改变功能和主治。如麻杏石甘汤，治疗肺热咳喘之证。若用小剂量麻黄和大剂量石膏时，主治清泄肺中郁热，宜用于身热有汗者；若用大剂量麻黄和小剂量石膏时，主治发汗解表之证，宜用于身热无汗者。

4. 数方合并

当病情复杂，主、兼证均有其代表方剂时，可将两个及以上的方剂合并使用，以扩大治疗范围，增强疗效。如四君子汤益气健脾，四物汤补血调血，两方合并成八珍汤，则气血双补；平胃散燥湿运脾，五苓散健脾利水，两方合并成胃苓汤，可健脾燥湿、利水止泻，治疗泄泻之证。

5. 剂型的变化

同一方剂，剂型不同，功效亦有变化。一般注射剂、汤剂、散剂作用较快，药力较强，用于病情较重或较急者；丸剂作用较慢，药力较缓，用于病情较轻、较缓者。

以上变化可单用，也可合并应用。组方既有严格的原则性，又有极大的灵活性。只有掌握这些特点，才能制裁随心、用利除弊，更好地服务于临床实践。

任务实施

步骤一：根据本任务内容，通过查阅图书或网络资源，收集相关资料及在中兽医临床上的应用案例资料，并整理分析，列出大纲。

步骤二：根据个人理解，将主要内容进行总结，并绘制思维导图；思维导图应包括两个方面的内容，即中药的配伍、方剂的组成。

步骤三：将个人绘制好的思维导图通过软件上传或在班级群中进行展示，供其他同学参阅，并提出优缺点。

步骤四：根据其他同学的意见或建议进一步完善思维导图，进一步理解课堂内容。

任务检测

请扫描二维码 2-4-1 进入在线测试，可反复多次答题，直到获得满意的结果。

二维码 2-4-1　项目二任务四检测

任务评价

根据本任务表现及思维导图绘制情况进行评价，具体评价见表 2-4-1。

表 2-4-1　任务完成过程评价

班级：	组别：		姓名：	
任务	评分标准	自我评价	小组评价	教师评价
形式方面	整体布局合理，核心主题明确（20 分）			
	颜色对比明显，分支颜色有所区别（10 分）			
	部分内容有相应图片展示（20 分）			

续表

班级：		组别：		姓名：	
任务	评分标准		自我评价	小组评价	教师评价
内容方面	内容正确，包括概念和关系的准确性（10 分）				
	内容知识点完整，主次分明（20 分）				
	内容简洁扼要，层次清晰（20 分）				
合计					
自我评价与总结					
教师点评					

任务五　中药的剂型、剂量及用法

学习情境

方剂用量及组成方剂的各个单味药用量均会不同程度地影响方剂的药效发挥。剂量问题，不仅与方剂中各药的剂量大小有关，还与方剂中各药的搭配比例有关，药物剂量稍有变化，方剂的功用主治亦迥然有别。

在兽医临床上，剂型对方剂功效的影响也不容忽视。剂型可以影响机体对药物的吸收、分布、代谢与排泄。如果剂型选择得当，则有助于药效的发挥；反之，如剂型选择不当，则可能造成各种不良后果。

学生通过查阅图书或网络资源，查找与中药剂型、剂量及用法相关的资料，及兽医临床案例，整理分析，并制作思维导图。

任务准备

一、剂型

根据病情需要及配伍关系，将中药配伍成方药，并制成适宜的使用形式称为剂型。剂型是根据方药的性质、病情需要、用药方法、动物采食特性来确定。如汤剂、散剂、丸剂、片剂、注射剂、口服液等。病情不同，所需剂型亦不同。如病急则用汤剂，病缓则用丸剂，疮疡湿则用贴剂，干枯则涂膏剂等。在用法上，用于灌服时，采用散剂或者汤剂；直肠给药用汤剂或栓剂等。动物不同，其采食特性不同，剂型亦不同。现将常用的剂型介绍如下。

1. 汤剂

指中药饮片加水煎煮，去药渣，留药汁供内服或外用的液体剂型。当灌服困难时，可用灌肠的方法给药。汤剂的优点：吸收快、变化灵活，适用于急症或重症。缺点：容积较大、气味较浓、保存过程中易变质、不宜大量加工或异地加工。

2. 散剂

指中药方剂经粉碎、混合均匀成粉末制剂。散剂分为内服散剂和外用散剂。优点：易配制，较易吸收，见效较快，便于包装、运输和贮存。

3. 注射剂

指中药材经提取、纯化、灭菌等过程制成的供注射用的溶液或粉末状无菌制剂。优点：注射剂可直接吸收，起效迅速；容积小，用药精确，方便携带运输等。缺点：加工工艺复杂、生产成本较高、群体注射用药较为消耗人力。

4. 口服液

指将药材用水或其他溶剂，提取、纯化、浓缩后得到的内服液体制剂。优点：便于运输、贮存、群体用药。缺点：加工工艺复杂，成本较高。

5. 片剂

指药材提取物、药材粉末与适宜辅料混合均匀，压制而成的片状制剂。优点：宜大量生产，便于包装、运输、贮存、应用。缺点：群体用药较耗费人力，自然采食和拌料时用量不易掌握。

6. 颗粒剂

指药材提取物、适宜的辅料或者药材粉末制成的颗粒制剂。有可溶颗粒、泡腾颗粒、混悬颗粒。

7. 胶剂

指将动物皮、骨、甲或角等，经水煮、取胶、浓缩、干燥，制成的固体块状制剂。

8. 软膏剂

指将药材粉末、药材提取物、适宜基质混合均匀，制成的半固体外用制剂。常见基质有油脂性、水溶性和乳剂型基质。其中，将乳剂型基质制成的为乳膏剂。

9. 流浸膏剂与浸膏剂

指将药材用适宜的溶剂提取，除去部分或者全部溶剂，制成一定浓度规格的制剂。

10. 灌注剂

指药材提取物、药物及适宜的溶剂，制成的无菌液体制剂。多用于子宫、乳房等灌注。

除此之外，还有丸剂、丹剂、霜剂、搽剂、糖浆剂、油剂、气雾剂、熏烟剂、栓剂、海绵剂，以及用于禽类的药砂，用于鱼类的药饵等。另外，还有合剂，即两种或两种以上的剂型混合使用，如散剂和汤剂混合。

二、剂量

剂量，即每种药物常用的治疗量。剂量的大小，直接影响药物的疗效及毒性反应。一般来说，中药的安全度较大，但是个别有毒的药物仍须注意。药物毒性和剂量一般呈正相关。若剂量超过一定的范围，其功效也会随之改变。如大黄，少量可健胃，大量则泻下。因而，对待中药剂量必须有严谨的态度。确定剂量的一般原则如下。

1. 根据中药的性能

凡有毒、峻烈药物，剂量宜小，应从小量开始，逐渐增加，中病即止，谨防中毒。药物质地较重或不宜煎出者，剂量稍大；质地较轻、易煎出者，剂量较小；新鲜者，剂量可大些。

2. 根据配伍与剂型

方剂中，主药剂量要大些。药物在复方中比在单方中剂量要小。在汤剂、酒剂中的用量宜小，散剂、丸剂中的用量宜大。

3. 根据方剂的组成

处分中药物剂量不同，功能和主治随之发生改变。方剂中药味多，则剂量要少；药味少，则剂量宜增多。

4. 根据病情及其轻重

一般来说，病情轻时用量少，病情较重时用量应适当增加。另外，病证不同，药量也有所不同。

5. 根据动物种类及体型大小

动物种类及体型大小不同，剂量大小相差很大。不同种类动物、不同年龄的用药剂量分别见表 2-5-1 和表 2-5-2。

表 2-5-1　不同种类动物用药剂量比例

动物种类	剂量比例
马（体重 300 kg 左右）	1
黄牛（体重 300 kg 左右）	1～1.25
水牛（体重 500 kg 左右）	1～1.5
驴（体重 150 kg 左右）	1/3～1/2
羊（体重 40 kg 左右）	1/6～1/5
猪（体重 60 kg 左右）	1/8～1/5
犬（体重 15 kg 左右）	1/16～1/10
猫（体重 4 kg 左右）	1/32～1/20

表 2-5-2　不同年龄动物用药剂量比例

动物种类	年龄	用药剂量比例
马	2～19 岁 19 岁以上 1～2 岁 1 岁以下	1 1/2～3/4 1/8～1/2 1/16～1/8

续表

动物种类	年龄	用药剂量比例
牛	2~14 岁 14 岁以上 1~2 岁 1 岁以下	1 1/2~3/4 1/8~1/2 1/16~1/8
猪	10 个月以上 6~10 个月 3~6 个月 1~3 个月	1 3/4~1 1/4~1/3 1/8~1/4
羊	1 岁以上 6~12 个月 1~6 个月	1 1/4~1 1/10~1/4

三、用法

一般根据用药目的、疾病性质、药物特点、药物剂型等来确定用药途径。主要有经口用药和非经口用药两种途径。

（一）经口给药

经口给药又称为内服、灌服（流体状制剂）或投服（丸剂、片剂等）及舐服等。药物是通过胃肠道或经胃肠吸收后发挥治疗作用。用导管插入食道或喂投灌药也属于经口给药。经口给药的剂型有汤剂、散剂、丸剂、片剂、口服液、胶囊剂等。

（二）非经口给药

非经口给药指除经口给药之外的其他给药方式，如注射和注入、敷散、喷涂、吸入、包埋纳置（如耳卡、肛门或阴道纳栓）、药浴、点眼、吹鼻、灌肠、笼舍蒸熏等。非经口给药的剂型有外用汤剂、外用散剂、软膏剂、栓剂、灌肠剂、注射剂等。

任务实施

步骤一：根据本任务内容，通过查阅图书或网络资源，收集相关资料及在中兽医临床上的应用案例资料，并整理分析，列出大纲。

步骤二：根据个人理解，将主要内容进行总结，并绘制思维导图；思维导图应包括三个方面的内容：中药的剂型、剂量及用法。

步骤三：将个人绘制好的思维导图通过软件上传或在班级群中进行展示，供其他同学参阅，并提出优缺点。

步骤四：根据其他同学的意见或建议进一步完善思维导图，进一步理解课堂内容。

任务检测

请扫描二维码 2-5-1 进入在线测试，可反复多次答题，直到获得满意的结果。

二维码 2-5-1 项目二任务五检测

任务评价

根据本任务表现及思维导图绘制情况进行评价，具体评价见表 2-5-3。

表 2-5-3 任务完成过程评价

班级：		组别：		姓名：
任务	评分标准	自我评价	小组评价	教师评价
形式方面	整体布局合理，核心主题明确（20 分）			
	颜色对比明显，分支颜色有所区别（10 分）			
	部分内容有相应图片展示（20 分）			
内容方面	内容正确，包括概念和关系的准确性（10 分）			
	内容知识点完整，主次分明（20 分）			
	内容简洁扼要，层次清晰（20 分）			
合计				
自我评价与总结				
教师点评				

技能 方剂验证

请扫描二维码 2-5-2 进行“技能 方剂验证”训练。

二维码 2-5-2 技能 方剂验证

项目三 中药及方剂

项目导读

从最早的神农尝百草到明代李时珍的《本草纲目》，直到现在，中药已经发展为一门成熟学科，并还在不断地发展。中医药学独特的诊疗方法和效果，在中华民族的繁衍生息过程中发挥了巨大作用，并为世界医学文明发展作出了突出贡献。

知识目标

1. 掌握各类中药的分类、常用药物、适应证及活动要求。
2. 掌握常用中药的性能。
3. 掌握常用方剂的组方、功效和主治。

技能目标

1. 能够识别常用中药饮片。
2. 能够识别常用药用植物。
3. 能够将中药及方剂灵活运用于临床实践。

素质目标

1. 培养学生敏锐的鉴别力及精益求精的意识。
2. 培养学生的质疑精神，以及举一反三、反复验证结论的意识。

思政目标

1. 培养学生传承精华、守正创新的意识。
2. 增强学生的民族认同感，培养学生的文化自信。
3. 培养学生的工匠精神、大局意识。

任务一　解表药及方剂

学习情境

解表药指凡具有发散表邪、解除表证作用的方药。根据解表药的性能，将其分为辛温解表药和辛凉解表药两类。

辛温解表药：多辛温，用于风寒表证。药物有麻黄、桂枝、防风、荆芥等。

辛凉解表药：多辛凉，用于风热表证。药物有柴胡、薄荷、蝉蜕等。

学生通过查阅图书或网络资源，查找与解表药相关的资料，及兽医临床案例，整理分析，并制作思维导图。

【注意事项】

发汗不宜过度，以免耗伤津液，导致亡阳或亡阴。炎热季节，动物体腠理疏松，容易出汗，用量宜轻，而在寒冷季节，用量应加大。体弱的动物应慎用或宜配合补药以扶正祛邪。本类药物不宜久煎，以免气味挥发，降低疗效。

任务准备

一、解表药

（一）辛温解表药

1. 麻黄

麻黄茎枝入药，生用或炙用。

（1）性味、归经。辛、微苦，温。入肺、膀胱经。

（2）功效。发汗散寒，宣肺平喘，利水消肿。

（3）主治。外感风寒，咳喘，水肿。

（4）应用。用于风寒所致的恶寒、发热无汗等，为发汗的主药，常与桂枝相配伍。有较强的平喘作用，用于风寒所致的咳嗽、气喘等，常与杏仁、甘草等配伍。用于水肿兼表证等，常与生姜、白术等同用。

（5）用量。马、牛 15~30 g；猪、羊 3~10 g；犬 3~5 g。

2. 桂枝

桂枝嫩枝入药。切片生用。

（1）性味、归经。辛、甘，温。入心、肺、膀胱经。

（2）功效。发汗解肌，温通经脉，助阳化气。

（3）主治。感受风寒，关节痹痛，水湿内停。

（4）应用。用于感受风寒无汗，与麻黄等配伍；若感受风寒兼表虚自汗，与芍药、生姜等配伍。用于风寒湿痹，尤其是前肢关节疼痛等，为前肢引经药。用于脾阳不振、水湿内停等，与茯苓、白术等配伍；用于尿不利，则与猪苓、泽泻等配伍。

（5）用量。马、牛 15~45 g；猪、羊 3~10 g；犬 3~5 g；兔、禽 0.5~1.5 g。

3. 荆芥

全草或花穗入药。切段生用、炒黄或炒炭用。主产于江苏、浙江、江西等地。

（1）性味、归经。辛，温。入肺、肝经。

（2）功效。祛风解表，止血。

（3）主治。风热、风寒表证，风疹，湿疹，出血。

（4）应用。具有发汗解表，祛风的作用，用于风寒、风热证。用于感受风寒，与防风、羌活等配伍；若感受风热，则与薄荷、连翘等配伍。炒炭与其他止血药配伍，用于衄血、便血、尿血、子宫出血等症。

（5）用量。马、牛 15~60 g；猪、羊 5~10 g；犬 3~5 g；兔、禽 3~5 g。

4. 防风

防风根部入药。切片生用或炒用。

（1）性味、归经。辛、甘，微温。入膀胱、肝、脾经。

（2）功效。祛风解表，祛风胜湿，解痉。

（3）主治。表证，风寒湿证，破伤风。

（4）应用。用于外感风寒，常与荆芥、羌活等配伍。用于风湿痹痛，与羌活、独活、附子等配伍。用于破伤风，与天南星、白附子、天麻等配伍。

（5）用量。马、牛 15~60 g；猪、羊 5~15 g；犬 3~8 g；兔、禽 3~5 g。

5. 白芷（香白芷）

白芷根入药。生用。

（1）性味、归经。辛，温。入肺、胃经。

（2）功效。祛风除湿，消肿排脓，通窍止痛。

（3）主治。风寒感冒，风湿，疮黄肿痛。

（4）应用。用于感受风寒，与羌活、防风等配伍；用于风湿痹痛，与独活、桑枝等配伍。用于乳痈初起，与瓜蒌、贝母、蒲公英等配伍；用于脓成却不溃破者，与金银花、天花粉等配伍。用于鼻窍不通等，与辛夷、苍耳子、薄荷等配伍。

（5）用量。马、牛 15~30 g；骆驼 25~45 g；猪、羊 5~10 g；犬、猫 3~5 g。

6. 苍耳（苍耳子）

苍耳果实入药。生用或炙用。

（1）性味、归经。甘、苦，温；有毒。入肺经。

（2）功效。散风通窍，散风祛湿，解疮毒。

（3）主治。风寒感冒，脑颡鼻脓。

（4）应用。用于感受风寒、鼻塞流涕、脑颡流鼻等症，与辛夷、白芷、薄荷等配伍。用于风湿痹痛等，与威灵仙、苍术、羌活等配伍。用于皮肤湿疹痛痒等症。

（5）用量。马、牛 15~45 g；猪、羊 3~15 g；兔、禽 1~2 g。

（二）辛凉解表药

1. 薄荷

薄荷的全草入药。生用。

（1）性味、归经。辛，凉。入肝、肺经。

（2）功效。疏风散热、透疹，清利头目、利咽。

（3）主治。风热感冒，目赤肿痛，咽喉肿痛。

（4）应用。用于风热或温病初起，与荆芥、金银花等配伍。用于风热上犯所引起的目赤等症，与桑叶、菊花配伍；若治疗咽喉肿痛，与桔梗、牛蒡子等配伍。

（5）用量。马、牛 15~45 g；猪、羊 5~10 g；犬 3~5 g；兔、禽 0.5~1.5 g。

2. 柴胡

柴胡根茎入药。生用或醋炒用。柴胡有南柴胡和北柴胡两种。

（1）性味、归经。辛、苦，微寒。入肝、胆、心包、三焦经。

（2）功效。发表和里，疏肝理气，升举阳气。

（3）主治。外感风热，寒热往来，久泻脱肛，子宫脱垂。

（4）应用。具有和解退热的作用，为少阳经之要药，与黄芩、半夏、甘草等配伍。用于肝气郁结等症，与香附、白芍等配伍。长于升举肝胆阳气，用于脱肛、子宫脱垂等症，与黄芪、党参、升麻等配伍。

（5）用量。马、牛 15~45 g；猪、羊 5~10 g；犬 3~5 g；兔、禽 1~3 g。

3. 升麻

升麻根茎入药。生用或炙用。

（1）性味、归经。微甘、辛，微寒。入肺、脾、胃、大肠经。

（2）功效。发表透疹，清热解毒，升举阳气。

（3）主治。风热感冒，咽痛，久泻脱肛，子宫脱垂，痘疹。

（4）应用。用于表证发热，与葛根、薄荷等配伍；用于痘疹透发不畅，与葛根、金银花、连翘等配伍。用于胃火所引起的口疮、咽喉痛，与石膏、黄连等配伍。善于升举脾胃阳气。用于脱肛、子宫脱垂等症，与黄芪、党参、柴胡等配伍。

（5）用量。马、牛 15~30 g；猪、羊 3~10 g；禽 1~3 g。

4. 菊花（杭菊、贡菊）

菊的头状花序入药。烘干或蒸后晒干入药。

（1）性味、归经。甘、苦，微寒。入肺、肝经。

（2）功效。疏风清热，清肝明目，解毒。

（3）主治。风热感冒、目赤肿痛、疮黄肿毒。

（4）应用。用于感受风热，与桑叶、薄荷等配伍。用于目赤肿痛等症，与桑叶、夏枯草等配伍。用于疮黄肿毒，内服、外敷均可，与金银花、甘草等配。

（5）用量。马、牛 15~60 g；猪、羊 5~15 g；犬 3~8 g；兔、禽 3~5 g。

5. 葛根

葛根根部入药。生用或煨用。

（1）性味、归经。甘、辛，凉。入脾、胃经。

（2）功效。发表解肌，升阳止泻，生津止渴。

（3）主治。表证，项背强直，脾虚泄泻，热病口渴。

（4）应用。用于感受风热，与柴胡、黄芩等配伍；用于感受风寒，与麻黄、桂枝等配伍。用于脾虚泄泻，与党参、白术等配伍。用于热病伤津等，与天花粉、麦冬等配伍。

（5）用量。马、牛 20~60 g；猪、羊 5~15 g；犬 3~5 g；兔、禽 1.3~5 g。

二、解表方

1. 麻黄汤

（出自《伤寒论》）

（1）处方。麻黄 45 g，桂枝 45 g，杏仁 60 g，炙甘草 20 g。

（2）用法。水煎服，或为细末，稍煎灌服。

（3）功效。发汗解表，宣肺平喘。

（4）主治。外感风寒表实证。症见恶寒，发热。无汗，咳喘，苔薄白，脉浮紧，见于感冒、流感和急性气管炎等。

（5）方解。麻黄（主药）辛温，发汗解表以散风寒，宣利肺气以平喘止咳；桂枝（辅药）发汗解肌，温经通络，助麻黄发表，能解除肢体疼痛；杏仁（佐药）宣降肺气，帮助麻黄止咳平喘；甘草（使药）协调诸药。

（6）方歌。麻黄汤中用桂枝，杏仁甘草四般使，发热恶寒流清涕，风寒无汗服之宜。

2. 桂枝汤

（出自《伤寒论》）

（1）处方。桂枝 45 g，白芍 45 g，炙甘草 45 g，生姜 45 g，大枣 45 g。

（2）用法。水煎服，或为细末，稍煎灌服。

（3）功效。解肌发表，调和卫营。

（4）主治。外感风寒表虚证。症见恶寒、发热、出汗、鼻流清涕、苔薄白、脉浮缓。

（5）方解。桂枝（主药）解肌发表；白芍（辅药）敛阴和营，助桂枝辛散风寒又不致伤阴，桂枝、白芍二药配伍，一散一收，调和营卫，表邪得解；生姜（佐药）助桂枝散风寒；大枣（佐药）助白芍和营卫，甘草（使药）调和诸药。

（6）方歌。风寒表虚桂枝汤，调和营卫用此方，桂枝白芍同甘草，再加大枣与生姜。

3. 银翘散

（出自《温病条辩》）

（1）处方。金银花 60 g，连翘 45 g，薄荷 30 g，荆芥 30 g，淡豆豉 30 g，牛蒡子 45 g，桔梗 25 g，淡竹叶 20 g，甘草 20 g，芦根 30 g。

（2）用法。为末，开水冲调，候温灌服，或煎汤灌服。

（3）功效。辛凉解表，清热解毒。

（4）主治。外感风热或温病初起。症见发热无汗或微汗，微恶风寒，口渴咽痛，咳嗽，苔薄白或薄黄，脉浮数。

（5）方解。金银花、连翘（主药）清热解毒，辛凉透表；薄荷、荆芥、淡豆豉（辅药）发散表邪助主药透热外出；牛蒡子、桔梗、甘草（佐使药）合用宣肺祛痰、利咽止咳，芦根、竹叶（佐使药）清热生津止渴，治疗兼证。

（6）方歌。银翘散主煎疴，竹叶荆牛豉薄荷，甘桔芦根凉解法，风温初感此方卓。

任务实施

步骤一：根据本任务内容，通过查阅图书或网络资源，收集相关资料及在中兽医临床上的应用案例资料，并整理分析，列出大纲。

步骤二：根据个人理解，将主要内容进行总结，并绘制思维导图；思维导图应包括三个方面的内容，即概述、解表药和解表方。

步骤三：将个人绘制好的思维导图通过软件上传或在班级群中进行展示，供其他同学参阅，并提出优缺点。

步骤四：根据其他同学的意见或建议进一步完善思维导图，进一步理解课堂内容。

任务检测

请扫描二维码 3-1-1 进入在线测试，可反复多次答题，直到获得满意的结果。

二维码 3-1-1　项目三任务一检测

任务评价

根据本任务表现及思维导图绘制情况进行评价，具体评价见表 3-1-1。

表 3-1-1　任务完成过程评价

班级：		组别：		姓名：
任务	评分标准	自我评价	小组评价	教师评价
形式方面	整体布局合理，核心主题明确（20 分）			
	颜色对比明显，分支颜色有所区别（10 分）			
	部分内容有相应图片展示（20 分）			
内容方面	内容正确，包括概念和关系的准确性（10 分）			
	内容知识点完整，主次分明（20 分）			
	内容简洁扼要，层次清晰（20 分）			
合计				

续表

班级：		组别：	姓名：
自我评价与总结			
教师点评			

技能一　解表药饮片的识别

- **活动目的**

1. 掌握识别解表药饮片的方法。
2. 能识别常用的解表药，为临床正确遣药司药打好基础。

- **活动材料**

常用解表药饮片标本、技能单、课本。

- **活动方法**

1. 教师讲解

教师讲解解表药性状鉴别的要点、特征指标及其常用鉴别方法的操作和应用。

2. 学生鉴别

通过教师指导，通过眼观、闻、尝、摸等方法，仔细鉴别解表药的形、色、气、味、表面特征、质地、断面等特征。

3. 做好记录

记录药物的鉴别方法和鉴别特征，并填报观察记录；在表 3-1-2 上记录观察到的各类药材特征。

表 3-1-2　解表药饮片观察记录

药物名称	来源（植物、动物、矿物）	观察特征	气	味	手感	其他特征	易混淆药材	功效主治

- **活动要求**

1. 注意保护解表药标本资源。
2. 尝药时只用舌尖舔尝，不应吞服，尝药后应用水漱口。对有毒、有害、过期、变质的药物不可舔尝。

- **活动实施**

根据表 3-1-3 的操作环节开展活动。

表 3-1-3 活动实施环节

环节	操作
环节一	学生分析讨论识别解表药饮片的方法和活动要求
环节二	学生分组识别解表药饮片
环节三	教师指导，查找不足
环节四	学生互评，教师点评

- **课后作业**

根据技能活动情况完成实训报告。

- **活动评价**

活动过程中，根据活动情况进行评价，具体评价如表 3-1-4 所示。

表 3-1-4 工作活动完成过程评价

<table>
<tr><td colspan="2">班级：</td><td colspan="2">组别：</td><td>姓名：</td></tr>
<tr><td>项目</td><td>评分标准</td><td>自我评价</td><td>小组评价</td><td>教师评价</td></tr>
<tr><td rowspan="2">小组操作
（60 分）</td><td>分析讨论解表药饮片识别的方法（20 分）</td><td></td><td></td><td></td></tr>
<tr><td>学生分组识别解表药饮片（40 分）</td><td></td><td></td><td></td></tr>
<tr><td>识别解表药饮片
（40 分）</td><td>优秀为 36~40 分
良好为 31~35 分
一般为 25~30 分</td><td></td><td></td><td></td></tr>
<tr><td colspan="2">合计</td><td></td><td></td><td></td></tr>
<tr><td>自我评价与总结</td><td colspan="4"></td></tr>
<tr><td>教师点评</td><td colspan="4"></td></tr>
</table>

技能二 解表药植物形态识别

请扫描二维码 3-1-2 进行“技能二 解表药植物形态识别”训练。

二维码 3-1-2 技能二 解表药植物形态识别

任务二 清热药及方剂

学习情境

清热药根据药物的性能，将其分为清热泻火药、清热凉血药、清热燥湿药、清热解毒药和清热解暑药五类。

清热泻火药：具有清热泻火的作用，用于高热出汗、喜饮、舌红苔黄、尿短赤、脉洪数等症。药物有石膏、知母、栀子、夏枯草等。

清热凉血药：具有清热凉血的作用，用于血热妄行所致的斑疹、出血、神昏等症。药物有生地、牡丹皮、白头翁等。

清热燥湿药：具有清热燥湿的作用，用于胃肠湿热、肝胆湿热、下焦湿热等症。药物有黄连、黄芩、黄柏等。

清热解毒药：具有清热解毒的作用，用于瘟疫、疮毒、痢疾等症。药物有金银花、蒲公英、板蓝根等。

清热解暑药：具有清热解暑的作用，用于暑热、暑湿症。药物有青蒿、香薷。

学生通过查阅图书或网络资源，查找与清热药相关的资料，及兽医临床案例，整理分析，并制作思维导图。

【注意事项】

表证已解热已入里者，或里热炽盛者使用。清热药性寒凉，易导致脾胃受损，对阳虚、食少、泄泻者要慎用。清热燥湿药性多燥，易伤津液，要与滋阴药配伍。对于真寒假热证禁用。

任务准备

一、清热药

（一）清热泻火药

1. 石膏（白虎）

为硫酸盐类矿物入药。生用或煅用。

（1）性味、归经。辛、甘，大寒。入肺、胃经。

（2）功效。清热泻火，收敛生肌。

（3）主治。气分实热证，肺热咳喘，咽痛，湿疹，火伤。

（4）应用。用于肺胃实热，与知母配伍；若有咳嗽、气喘、贪饮等肺部实热证，与麻黄、杏仁等配伍；用于胃火亢盛，与知母、生地等配伍。用于溃疡不敛、湿疹、烫伤、外伤流血等，煅后与黄柏、青黛等配伍。

（5）用量。马、牛 30~120 g；猪、羊 15~30 g；犬、猫 3~5 g；兔、禽 1~3 g。

2. 知母（肥知母）

知母根茎入药。生用，盐炒或酒炒用。

（1）性味、归经。苦，寒。入肺、胃、肾经。

（2）功效。清热泻火，滋阴润肺。

（3）主治。热病口渴，肺热咳嗽，肠燥便秘。

（4）应用。用于肺胃实热，与石膏配伍；若治疗肺热痰稠，与瓜蒌、贝母等配伍。用于阴虚潮热，与黄柏等配伍；若治疗肺热咳嗽，与瓜蒌、贝母等配伍；用于热病贪饮，与天花粉、麦冬等配伍。

（5）用量。马、牛 20~60 g；猪、羊 5~15 g；犬 3~8 g；兔、禽 1~2 g。

3. 栀子（山栀、枝子）

栀子成熟果实入药。生用、炒用或炒炭用。

（1）性味、归经。苦，寒。入心、肺、三焦经。

（2）功效。清热泻火，凉血解毒。

（3）主治。热病，湿热黄疸，热淋尿血。

（4）应用。可清泻三焦实火。用于目赤肿痛，则与黄连等配伍；用于肝胆湿热，则与茵陈、大黄等配伍。用于血热妄行所致出血，与生地、白茅根等配伍。

（5）用量。马、牛 15~60 g；猪、羊 5~10 g；犬 3~6 g；兔、禽 1~2 g。

（二）清热凉血药

1. 生地黄（生地）

生地黄块根入药。生用。

（1）性味、归经。甘、苦，寒。入心、肝、肾经。

（2）功效。清热凉血，滋阴生津。

（3）主治。阴虚发热，津亏便秘，尿血，衄血。

（4）应用。用于热入营血证，与玄参、水牛角等配伍；用于各种出血症，与侧柏、茜草等配伍；若治疗阴虚内热，与青蒿、地骨皮等配伍。用于伤津等，与玄参、麦冬等配伍；若治疗热伤津液，与麦冬、沙参等配伍。

（5）用量。马、牛 30~60 g；猪、羊 5~15 g；犬 3~6 g；兔、禽 1~2 g。

2. 牡丹皮（丹皮）

干燥根皮入药。切片生用或炒用。主产于安徽、山东、湖南、四川、贵州等地。

（1）性味、归经。辛、苦，微寒。入心、肝、肾经。

（2）功效。清热凉血，活血散瘀。

（3）主治。血热出血，瘀血疼痛肿胀。

（4）应用。用于热入血分所引起的便血、斑疹等症，与生地、玄参等配伍。若治疗瘀血阻滞，与乳香、没药等配伍；若治疗跌打损伤，与桃仁、当归等配伍。

（5）用量。马、牛 20~45 g；猪、羊 6~12 g；犬 3~6 g；兔、禽 1~2 g。

3. 白头翁

白头翁干燥根入药。生用。

（1）性味、归经。苦，寒。入胃、大肠经。

（2）功效。肠黄、泄泻，脓血便痢。

（3）主治。清热解毒，凉血止痢。

（4）应用。为治痢的要药。用于肠黄腹痛、脓血便痢、里急后重等症，与黄连、黄柏、秦皮等配伍。用于疮痈肿毒等症，与蒲公英、连翘等配伍。

（5）用量。马、牛 15~60 g；猪、羊 6~15 g；犬、猫 1~5 g；兔、禽 1.3~5 g。

4. 玄参

玄参根入药。生用。

（1）性味、归经。甘、苦、咸，寒。入肺、胃、肾经。

（2）功效。清热养阴，泻火解毒。

（3）主治。阴虚内热，咽痛，阴虚便秘。

（4）应用。若治疗阴虚内热，与生地、麦冬、金银花等配伍。若治疗咽喉肿痛，与生地、麦冬等配伍。

（5）用量。马、牛 15~45 g；猪、羊 5~15 g；犬、猫 2~5 g；兔、禽 1~3 g。

（三）清热燥湿药

1. 黄连

黄连根茎入药。生用，姜汁或酒炒用。

（1）性味、归经。苦，寒。入心、肝、胃、大肠经。

（2）功效。清热燥湿，泻火解毒。

（3）主治。湿热泻痢，目赤肿痛，口疮，热毒痈肿。

（4）应用。为治疗湿热诸证的要药。如肠黄、湿热痢疾等。可与郁金、诃子、白芍等配伍。若治疗心火炽盛所致口舌生疮等症，与黄芩、黄柏、栀子等配伍。若治疗三焦火热炽盛，与栀子、茯神相配伍。

（5）用量。马、牛 15~30 g；猪、羊 5~10 g；犬 3~8 g；兔、禽 0.5~1 g。

2. 黄芩

黄芩根入药。生用或酒炒用。

（1）性味、归经。苦，寒。入肺、胆、大肠经。

（2）功效。清热燥湿，泻火解毒，安胎。

（3）主治。肺热咳嗽，湿热泻痢，疮黄肿毒，黄疸，胎动不安。

（4）应用。湿热泻痢，与大枣、白芍等配伍；若治疗湿热黄疸，多与栀子、茵陈等配伍；若治疗湿热淋证，与木通、生地等配伍。清泻上焦热，尤于清肺火。若治疗肺热咳嗽，与知母、桑白皮等配伍；若治疗风热犯肺，与杏仁、桔梗、连翘等配伍。若治疗胎动不安，与白术配伍。

（5）用量。马、牛 20~60 g；猪、羊 5~15 g；犬 3~5 g；兔、禽 1.5~2.5 g。

3. 黄柏

黄柏树皮入药。生用或盐水炒用。

（1）性味、归经。苦，寒。入肾、膀胱、大肠经。

（2）功效。清热燥湿，泻火，解毒，退虚热。

（3）主治。湿热泻痢，阴虚发热，疮黄肿毒，黄疸。

（4）应用。善除下焦湿热。若治疗湿热痢疾，与白头翁、黄连配伍。若治疗阴虚发热，与知母、地黄等配伍。

（5）用量。马、牛 10~45 g；猪、羊 5~10 g；犬 5~6 g；兔、禽 0.5~2 g。

4. 龙胆草

龙胆草根及根茎入药。生用。

（1）性味、归经。苦，寒。入肝、胆、膀胱经。

（2）功效。清湿热，泻肝胆火。

（3）主治。湿热黄疸，湿疹，目赤肿痛。

（4）应用。若治疗黄疸，与茵陈、栀子等配伍；若治疗湿疹，与黄柏、苦参等配伍。为泻肝胆火的要药。若治疗肝经风热，与栀子、柴胡等配伍；若治疗肝经热盛引起的痉挛抽搐，与钩藤、牛黄、黄连等配伍。

（5）用量。马、牛 15~45 g；猪、羊 6~15 g；犬、猫 1~5 g；兔、禽 1.3~5 g。

5. 苦参

苦参根入药。生用。

（1）性味、归经。苦，寒。入心、肝、胃、大肠、膀胱经。

（2）功效。黄疸，湿热泻痢，疥癣，皮肤瘙痒。

（3）主治。清热燥湿，祛风杀虫，利尿。

（4）应用。若治疗湿热黄疸，与栀子、龙胆等同用；若治疗痢疾，与木香、甘草等配伍。若治疗湿疹、疥癣等，与防风、蛇床子等配伍。

（5）用量。马、牛 15~60 g；猪、羊 6~15 g；犬 3~8 g；兔、禽 0.3~1.5 g。

（四）清热解毒药

1. 金银花

金银花花蕾入药。生用或炙用。

（1）性味、归经。甘，寒。入肺、胃、大肠经。

（2）功效。清热解毒。

（3）主治。外感风热，疮痈肿毒，热毒血痢。

（4）应用。若治疗热毒痈肿，与天花粉、乳香、穿山甲等配伍。若治疗风热感冒或温病初起，与连翘、荆芥等配伍。若治热毒痢疾，与黄芩、白芍等配伍。

（5）用量。马、牛 15~60 g；猪、羊 5~10 g；犬、猫 3~5 g；兔、禽 1~3 g。

2. 连翘

连翘成熟果实入药。生用。

（1）性味、归经。苦，微寒。入心、肺、胆经。

（2）功效。外感风热，疮黄肿毒。

（3）主治。清热解毒，消肿散结。

（4）应用。若治疗多种热毒、外感风热或温病初起，与金银花配伍。若治疗疮黄肿毒等，与金银花、蒲公英等配伍。

（5）用量。马、牛 20~30 g；猪、羊 10~15 g；犬 3~6 g；兔、禽 1~2 g。

3. 蒲公英

蒲公英全草入药。生用。

（1）性味、归经。苦、甘，寒。入肝、胃经。

（2）功效。清热解毒，散结消肿。

（3）主治。乳痈、疮黄，黄疸，尿血。

（4）应用。若治疗痈疽疔毒，与金银花、野菊花、紫花地丁等配伍；若治疗肠痈，与赤芍、紫花地丁等配伍；若治疗乳痈，与金银花、连翘等配伍。若治疗湿热黄疸，则与茵陈、栀子配伍。

（5）用量。马、牛 30~90 g；猪、羊 15~30 g；犬、猫 3~6 g；兔、禽 1.3~5 g。

4. 板蓝根（板兰根、大青根）

板蓝根根部入药。生用。

（1）性味、归经。苦，寒。入心、肺经。

（2）功效。清热解毒，凉血，利咽。

（3）主治。热毒、瘟疫、疮痈肿毒、咽痛、口疮等。

（4）应用。若治疗热毒、疮黄肿毒，与黄芩、连翘等配伍。若治疗斑疹、肠黄、血痢等，与黄连、栀子、赤芍等配伍。若治疗咽喉肿痛、口舌生疮，与金银花、桔梗等配伍。

（5）用量。马、牛 30~100 g；猪、羊 15~30 g；犬、猫 3~5 g；兔、鸡 1~2 g。

5. 黄药子（黄药）

黄药子根部入药。生用。

（1）性味、归经。苦，平。有小毒。入心、肺、脾经。

（2）功效。清热凉血，解毒消肿。

（3）主治。肺热咳喘、咽喉肿痛，疮黄肿毒。

（4）应用。若治疗疮黄肿毒，则与栀子、黄连等配伍；若治疗咽喉疼痛，与山豆根、牛蒡子等配伍；若治疗衄血，与栀子、生地等同用；若治疗毒蛇咬伤，与半边莲等配伍。

（5）用量。马、牛 15~60 g；骆驼 20~80 g；猪、羊 5~15 g；犬 3~8 g；兔、禽 1~3 g。

6. 白药子（白药）

白药子根部入药。生用。

（1）性味、归经。苦，寒。入肺、心、脾经。

（2）功效。清热解毒，凉血止血，散瘀消肿。

（3）主治。咽喉肿痛，肺热咳嗽，疮黄肿毒。

（4）应用。若治疗肺热咳嗽、咽喉肿痛及疮黄肿毒等症，与黄药子配伍。

（5）用量。马、牛 30~60 g；猪、羊 5~15 g；犬 3~8 g；兔、禽 1~3 g。

（五）清热解暑药

1. 香薷

香薷全草入药。生用。

（1）性味、归经。辛，微温。入肺、胃经。

（2）功效。祛暑解表，利湿行水。

（3）主治。外感暑湿，水肿，尿不利。

（4）应用。若治疗伤暑，与黄芩、天花粉等配伍；若治疗暑湿，与扁豆、厚朴等配伍。若治疗水肿、尿不利，与白术、茯苓等配伍。

（5）用量。马、牛 15~45 g；猪、羊 3~10 g；犬 2~4 g；兔、禽 1~2 g。

2. 青蒿

青蒿全草入药。生用。

（1）性味、归经。苦，寒。入肝、胆经。

（2）功效。清热解暑，退虚热，杀虫。

（3）主治。外感暑热，阴虚发热，鸡、兔球虫病。

（4）应用。若治疗外感暑热，与藿香、佩兰等配伍；若治疗温热病，与黄芩、竹茹等配伍。若治疗阴虚发热，与生地、鳖甲、知母配伍。若治疗疟原虫病、血吸虫病、球虫病和焦虫病等，单用或配伍其他杀虫药。

（5）用量。马、牛 20~45 g；猪、羊 6~12 g；犬 3~5 g。

二、清热方

1. 白虎汤

（出自《伤寒论》）

（1）处方。石膏（打碎先煎）250 g，知母 60 g，甘草 45 g，粳米 100 g。

（2）用法。水煎至米熟，去渣用汤灌服。

（3）功效。清热生津。

（4）主治。气分实热证。症见高热，大汗，大渴贪饮，舌红苔黄，脉象洪大而有力。还可用于治疗乙型脑炎、肺炎和中暑等热性病症。

（5）方解。石膏（主药）辛甘大寒，清阳明气分实热而除烦；知母（辅药）苦寒质润，清热润燥；甘草、粳米（佐使药）益胃养阴，又缓和石膏、知母寒凉伤胃的缺点。

（6）方歌。石膏知母白虎汤，再加甘草粳米良，热蒸汗出兼烦渴，大热大汗功效强。

2. 黄连解毒汤

（出自《外台秘要》）

（1）处方。黄连 30 g，黄芩 60 g，黄柏 60 g，栀子 45 g。

（2）用法。水煎服，或为细末，开水冲调，候温灌服。

（3）功效。泻火解毒。

（4）主治。三焦火毒证。症见火热烦躁，发狂，或见鼻衄，发斑，疮疡肿毒等。

（5）方解。黄连（主药）泻心火，兼泻中焦之火；黄芩泻上焦之火，黄柏泻下焦之火，栀子通泻三焦之火，且导热嘉兴从膀胱而出，共为辅佐药。

（6）方歌。黄连解毒汤四味，黄柏黄芩栀子配，三焦热炽阴未伤，火热疮黄此方先。

3. 清肺散

（出自《元亨疗马集》）

（1）处方。板蓝根 90 g，葶苈子 50 g，甘草 25 g，浙贝母 50 g，桔梗 30 g。

（2）用法。为细末，开水冲调，加蜂蜜 120 g，候温灌服。

（3）功效。清肺平喘，化痰止咳。

（4）主治。肺热咳喘，咽喉肿痛。症见气喘咳嗽，口干舌红等。可治疗支气管炎、肺炎等。

（5）方解。贝母、葶苈子（主药）清热止咳；桔梗（辅药）开宣肺气而祛痰，使升降调和而咳喘消失；板蓝根、甘草（佐使药）清热解毒，蜂蜜润肺止咳，降燥解毒。

（6）方歌。清肺散用板蓝根贝，葶苈桔梗甘草随，蜂蜜为引同调灌，肺热喘粗此方贵。

4. 郁金散

（出自《元亨疗马集》）

（1）处方。郁金 30 g，黄连 30 g，黄芩 30 g，黄柏 30 g，栀子 30 g，大黄 60 g，白芍 15 g，诃子 15 g。

（2）用法。为细末，开水冲调，候温灌服。

（3）功效。清热解毒，涩肠止泻。

（4）主治。肠黄。症见泄泻腹痛，荡泻如水，泻粪腥黄，舌红苔黄，渴欲饮水，脉数。用于治疗急性肠炎等。

（5）方解。郁金（主药）清热凉血，行气散瘀；黄连、黄芩、黄柏、栀子（辅药）清三焦郁火兼化湿热；白芍、诃子（佐药）敛阴涩肠止泻，更以大黄清血热、下积滞。

（6）方歌。郁金黄连解毒汤，芍药诃子与大黄。

任务实施

步骤一：根据本任务内容，通过查阅图书或网络资源，收集相关资料及在中兽医临床上的应用案例资料，并整理分析，列出大纲。

步骤二：根据个人理解，将主要内容进行总结，并绘制思维导图；思维导图应包括三个方面的内容，即概述、清热药和清热方。

步骤三：将个人绘制好的思维导图通过软件上传或在班级群中进行展示，供其他同学参阅，并提出优缺点。

步骤四：根据其他同学的意见或建议进一步完善思维导图，进一步理解课堂内容。

任务检测

请扫描二维码 3-2-1 进入在线测试，可反复多次答题，直到获得满意的结果。

二维码 3-2-1　项目三任务二检测

任务评价

根据本任务表现及思维导图绘制情况进行评价，具体评价见表 3-2-1。

表 3-2-1　任务完成过程评价

班级：		组别：		姓名：	
任务	评分标准	自我评价	小组评价	教师评价	
形式方面	整体布局合理，核心主题明确（20 分）				
	颜色对比明显，分支颜色有所区别（10 分）				
	部分内容有相应图片展示（20 分）				
内容方面	内容正确，包括概念和关系的准确性（10 分）				
	内容知识点完整，主次分明（20 分）				
	内容简洁扼要，层次清晰（20 分）				
合计					
自我评价与总结					
教师点评					

技能一　清热药饮片的识别

- **活动目的**

1. 掌握识别清热药饮片的方法。
2. 能识别常用的清热药，为临床正确遣药司药打好基础。

- **活动材料**

常用清热药饮片标本、技能单、课本。

- **活动方法**

1. 教师讲解

教师讲解清热药性状鉴别的要点、特征指标及其常用鉴别方法的操作和应用。

2. 学生鉴别

通过教师指导，通过观察、闻气味、尝味道、手摸等方法，仔细鉴别清热药的形、色、气、味、表面特征、质地、断面等特征。

3. 做好记录

记录药物的鉴别特征和鉴别方法，并填报观察记录，在表 3-2-2 中记录观察到的各类药材特征。

表 3-2-2 清热药饮片识别观察记录

药物名称	来源（植物、动物、矿物）	观察特征	气	味	手感	其他特征	易混淆药材	功效主治

- **活动要求**

1. 注意保护清热药标本资源。

2. 尝药时只用舌尖舔尝，不应吞服，尝药后应用水漱口。对有毒、有害、过期、变质的药物不可舔尝。

- **活动实施**

根据表 3-2-3 操作环节开展活动。

表 3-2-3 活动实施环节

环节	操作
环节一	学生分析讨论识别清热药饮片的方法和活动要求
环节二	学生分组识别清热药饮片
环节三	教师指导，查找不足
环节四	学生互评，教师点评

- **课后作业**

写实训报告，描述出几种药物的形态、质地、色泽。

- **活动评价**

活动过程中，根据活动情况进行评价，具体评价如表 3-2-4 所示。

表 3-2-4　工作活动完成过程评价

班级：	组别：		姓名：	
项目	评分标准	自我评价	小组评价	教师评价
小组操作（60 分）	分析讨论清热药饮片识别的方法（20 分）			
	学生分组识别清热药饮片（40 分）			
识别消热药饮片（40 分）	优秀为 36~40 分 良好为 31~35 分 一般为 25~30 分			
合计				
自我评价与总结				
教师点评				

技能二　清热药植物形态识别

请扫描二维码 3-2-2 进行“技能二　清热药植物形态识别”训练。

二维码 3-2-2　技能二　清热药植物形态识别

任务三　泻下药及方剂

学习情境

泻下药指凡能润肠通便或引起腹泻，及祛除体内水湿、消除水肿的药物。泻下方是指凡能润肠通便或引起腹泻，或祛除体内水湿消除水肿的方剂。

根据泻下药的作用及使用范围差异，分为攻下药、润下药和峻下逐水药三类。

攻下药：常用于食积、便秘等实热证。药物有大黄、芒硝、巴豆、番泻叶等。

润下药：常用于老弱动物或产后动物的津液亏虚所致的便秘。药物有火麻仁、郁李仁等。

峻下逐水药：常用于水肿、胸腹积水等证。药物有牵牛子、大戟等。

本次任务的目标是理解泻下药和方剂的基本知识，学生通过查阅图书或网络资源，查找与泻下药相关的资料，及兽医临床案例，并制作思维导图。

【注意事项】

(1) 若表邪未解、里实未成，则不可用泻下药；若表邪未解而里实已成，则可表里双解。

(2) 攻下药、峻下逐水药攻逐力较猛，易伤正气，凡老弱体虚动物、怀孕动物，应慎用；若有必要，可攻补兼施，或先攻后补。用药时，应得效即止，并依病注意剂量和配伍。

(3) 攻下、峻下逐水药多有毒性，用药时需注意剂量，以防中毒。

任务准备

一、泻下药

(一) 攻下药

1. 大黄

大黄根及根茎入药。生用，或炒用。

(1) 性味、归经。苦，寒。入脾、胃、大肠、肝、心包经。

(2) 功效。攻积导滞，泻火凉血，活血祛瘀。

(3) 主治。热结便秘、目赤肿痛、热毒疮肿、湿热黄疸、烧烫伤等。

(4) 应用。若治疗热结便秘、腹胀腹痛等，与芒硝、枳实等配伍。若治疗出血症，以及目赤目痛、咽喉肿痛等症，与黄芩、黄连等配伍。若治疗瘀血肿痛，与黄连、丹皮等配伍。若治疗跌打损伤，与桃仁、红花等配伍。若治湿热黄疸，与茵陈、栀子配伍。若治烧烫伤，与地榆、黄柏等配伍；或与陈石灰同炒至桃红色后去大黄，研末撒布伤口即可。

(5) 用量。马、牛 20~90 g；猪、羊 6~12 g；犬、猫 3~5 g；兔、禽 1.3~5 g。

2. 芒硝

为硫酸盐类矿物入药。主产于河北、河南、山东、江西、江苏及安徽等地。

(1) 性味、归经。苦、咸，大寒。入胃、大肠经。

(2) 功效。软坚泻下，清热泻火。

(3) 主治。实热便秘、粪便干燥、热毒疮肿。

(4) 应用。若治疗湿热便秘，腹胀腹痛，与大黄配伍；若治疗目赤目痛、口腔糜烂，疮肿，则用玄明粉配硼砂、冰片配伍，外用。

(5) 用量。马 200~500 g；牛 300~800 g；羊 40~100 g；猪 25~50 g；犬、猫 5~15 g；兔、禽 2~4 g。

3. 巴豆

巴豆种仁入药。制霜用。

(1) 性味、归经。辛，热。有大毒。入胃、大肠、肺经。

（2）功效。泻下寒积，逐水退肿，祛痰，蚀疮。

（3）主治。寒积腹痛、水肿、疮痈等。

（4）应用。若治疗寒积的便秘，腹痛，与干姜、大黄等配伍。若治疗水肿，与杏仁、甘遂等配伍。若治疗疮疡未溃破，与乳香、没药等配伍外用。

（5）用量。马、牛 10~15 g；猪、羊 1.3~5 g；犬 0.2~0.5 g。

（二）润下药

1. 火麻仁（麻仁子、大麻仁）

火麻仁种仁入药。生用。

（1）性味、归经。甘，平。入脾、胃、大肠经。

（2）功效。润肠通便，滋养益津。

（3）主治。肠燥便秘，血虚便秘。

（4）应用。若治疗津枯肠燥所引起的便秘，与大黄、杏仁、白芍等配伍；若治疗津亏及血虚所引起的便秘，与当归、生地等配伍。

（5）用量。马、牛 120~180 g；猪、羊 10~30 g；犬、猫 2~6 g。

2. 郁李仁（李仁）

郁李仁种子入药，生用。

（1）性味、归经。辛、甘，平。入大肠、小肠经。

（2）功效。润肠通便，利水消肿。

（3）主治。肠燥便秘，尿不利，水肿。

（4）应用。若治疗老弱动物之肠燥便秘，与火麻仁、瓜蒌仁等配伍。若治疗四肢浮肿、尿不利等症，与薏苡仁、茯苓等配伍。

（5）用量。马、牛 20~60 g，猪、羊 5~10 g；犬 3~6 g；兔、禽 1~2 g。

3. 蜂蜜（蜜糖）

（1）性味、归经。甘，平。入肺、脾、大肠经。

（2）功效。润肺，滑肠，解毒，补中。

（3）主治。肠燥便秘，肺燥咳嗽，烫火伤，虚劳。

（4）应用。用于治疗体虚动物的肠燥便秘。若治疗干咳、久咳等，与款冬花、紫菀配伍。有解毒作用，可用于缓解乌头、附子等的毒性。甘而滋润，益气补中，为炮制药物的辅料。

（5）用量。马、牛 120~240 g，猪、羊 30~90 g；犬 5~15 g；兔、禽 3~10 g。

（三）峻下逐水药

1. 牵牛子

牵牛子成熟种子入药，又称二丑或黑白丑，生用。

（1）性味、归经。苦，寒。有毒。入肺、肾、大肠经。

（2）功效。泻下去积，逐水消肿。

（3）主治。二便不通，水肿，虫积，腹痛。

（4）应用。若治疗大肠实热所致便秘，与大黄、厚朴、枳实等配伍。若治疗水肿，与甘遂、大戟、大黄等配伍。若治疗寄生虫病，与槟榔等配伍。

（5）用量。马、牛 15~35 g；猪、羊 3~10 g；犬 2~4 g；兔、禽 0.5~1.5 g。

2. 大戟

大戟根入药。生用、醋炒用。

（1）性味、归经。苦，寒。有毒。入肺、大肠、肾经。

（2）功效。泻水逐饮，消肿散结。

（3）主治。逐水化饮、水肿喘满、疮痈肿毒。

（4）应用。若治疗水肿，胸腹积水，与甘遂、牵牛子等配伍。若治疗疮黄肿毒，单用或与雄黄、慈姑同用。

（5）用量。马、牛 10~15 g；猪、羊 2~6 g；犬 1~3 g。

二、泻下方

1. 大承气汤

（出自《伤寒论》）

（1）处方。大黄 60 g，厚朴 30 g，枳实 30 g，芒硝 180 g。

（2）用法。水煎取汁，或为细末，开水冲调，候温灌服。

（3）功效。攻下泻热，破结通肠。

（4）主治。结症。症见粪便闭结，腹部胀满，二便不通，口干舌燥，苔厚，脉象沉实。

（5）方解。大黄（主药）苦寒，泻热通便；芒硝（辅药）咸寒，软兼润燥泻下，加速积食排泄；枳实（佐药）消积导滞；厚朴（使药）行气除满。四药通用能通结泻热，软坚而存阴。本方为攻下的基础方，能峻下热结，治疗动物便秘。

（6）方歌。大承气中用芒硝，枳实厚朴共成方，结症起卧需急下，加入槟榔力更强。

2. 当归从蓉汤

（出自《中兽医治疗学》）

（1）处方。当归（油炒）180 g，肉苁蓉（酒炒）90 g，番泻叶 60 g，厚朴 30 g，广香木 15 g，炒枳壳 30 g，香附（醋制）30 g，瞿麦 15 g，通草 10 g，六曲 60 g。

（2）用法。水煎取汁，候温加入麻油 250~500 g 冲调灌服。

（3）功效。润燥滑肠，理气通便。

（4）主治。老弱、久病、体质虚弱和胎产的动物便秘。症见不时拱腰努责，体虚无力，排粪困难，精神短少，四肢无力，舌色淡白，脉象虚弱。

（5）方解。当归（主药）补血润肠，肉苁蓉（主药）补肾润肠；番泻叶泻热通便，麻油润肠通下，六曲消积化食，木香、香附、厚朴、枳壳通气行滞，助主药理气通便，共为辅药；瞿麦、通草利尿以清燥粪所化之热，共为佐药。气虚加黄芪、党参；怀孕去瞿麦、通草，加白芍；津亏加麦冬、生地；血虚加制首乌。

（6）方歌。当归苁蓉曲木香，泻叶枳朴瞿麦尝，通草香附和麻油，大肠燥结功效良。

任务实施

步骤一：根据本任务内容，通过查阅图书或网络资源，收集相关资料及在中兽医临床上的应用案例资料，并整理分析，列出大纲。

步骤二：根据个人理解，将主要内容进行总结，并绘制思维导图；思维导图应包括三个方面的内容，即概述、泻下药和泻下方。

步骤三：将个人绘制好的思维导图通过软件上传或在班级群中进行展示，供其他同学参阅，并提出优缺点。

步骤四：根据其他同学的意见或建议进一步完善思维导图，进一步理解课堂内容。

任务检测

请扫描二维码 3-3-1 进入在线测试，可反复多次答题，直到获得满意的结果。

二维码 3-3-1　项目三任务三检测

任务评价

根据本任务表现及思维导图绘制情况进行评价，具体评价见表 3-3-1。

表 3-3-1　任务完成过程评价

班级：	组别：		姓名：	
任务	评分标准	自我评价	小组评价	教师评价
形式方面	整体布局合理，核心主题明确（20 分）			
	颜色对比明显，分支颜色有所区别（10 分）			
	部分内容有相应图片展示（20 分）			
内容方面	内容正确，包括概念和关系的准确性（10 分）			
	内容知识点完整，主次分明（20 分）			
	内容简洁扼要，层次清晰（20 分）			
合计				
自我评价与总结				
教师点评				

技能一　泻下药饮片的识别

请扫描二维码 3-3-2 进行“技能一　泻下药饮片的识别”训练。

二维码 3-3-2　技能一　泻下药饮片的识别

技能二　泻下药植物形态识别

请扫描二维码 3-3-3 进行“技能二　泻下药植物形态识别”训练。

二维码 3-3-3　技能二　泻下药植物形态识别

任务四　消导药及方剂

学习情境

消导药指能够健运脾胃，帮助消化的药物。消导药是指能够健运脾胃，帮助消化的方剂。药物有山楂、麦芽、神曲等。

学生通过查阅图书或网络资源，查找与消导药相关的资料，及兽医临床案例，并制作思维导图。

【注意事项】

（1）临床上应根据病情配伍其他药物，对症下药，不可盲目单用消导药。

（2）消导药过度使用也可造成气血亏耗，体质虚弱动物、孕畜用药要谨慎或与补养气血的药物相配伍。

任务准备

一、消导药

1. 山楂（红果子、酸楂）

成熟果实入药，生用或炒用。

（1）性味、归经。酸、甘，微温。入脾、胃、肝经。

（2）功效。健胃消食，活血化瘀。

（3）主治。伤食腹满、消化不良、产后瘀血、恶露等。

（4）应用。消食健胃，尤以消化肉食积滞见长，若治疗食积、肚胀等，与木香、青皮、枳实等配伍。若治疗伤食，与神曲、莱菔子、半夏、茯苓等配伍，如保和丸。若治疗产后瘀血、恶露等，与当归、益母草等配伍。

（5）用量。马、牛 20~45 g；猪、羊 10~15 g；犬、猫 3~6 g；兔、禽 1~2 g。

2. 神曲（六曲、建曲）

面粉与其他药物混合发酵制品入药，生用或炒焦用。

（1）性味、归经。甘、辛，温。入脾、胃经。

（2）功效。消食化积，健胃和中。

（3）主治。草料积滞、食少腹胀、消化不良、脾虚泄泻。

（4）应用。用于治草料积滞、食少腹胀、消化不良、脾虚泄泻等，与山楂、麦芽等配伍，如曲蘖散。

（5）用量。马、牛 20~60 g，猪、羊 10~15 g；犬 5~8 g。

3. 麦芽

大麦经发芽干燥入药。生用或炒用。

（1）性味、归经。甘，平。入脾、胃经。

（2）功效。消食和中，回乳。

（3）主治。食积不化、回乳。

（4）应用。治食积不化，与山楂、陈皮等配伍；治脾胃虚弱，与白术、砂仁、甘草等配伍。回乳，用于乳汁郁积所致的乳房肿胀；断乳。

（5）用量。马、牛 20~60 g；猪、羊 10~15 g；犬 5~8 g；兔、禽 1.5~5 g。

4. 鸡内金

鸡的砂囊内壁入药，生用或炒用。

（1）性味、归经。甘，平。入脾、胃、小肠、膀胱经。

（2）功效。健脾消食，化石通淋。

（3）主治。草料停滞，脾虚泄泻，石淋。

（4）应用。若治疗食积、肚胀，与山楂、麦芽等配伍；若治疗脾虚腹泻，常与白术、干姜等配伍。若治疗砂淋、石淋等，与金钱草、海金沙、牛膝等配伍。

（5）用量。马、牛 15~30 g；猪、羊 3~9 g；兔、禽 1~2 g。

二、消导方

曲麦散

（出自《元亨疗马集》）

（1）处方。六曲 60 g，麦芽 45 g，山楂 45 g，厚朴 30 g，枳壳 30 g，陈皮 30 g，青皮 30 g，苍术 30 g，甘草 15 g。

（2）用法。为细末，开水冲调，候温加生油 60 g、白萝卜一个同调灌服。

(3) 功效。消积化食，理气宽肠。

(4) 主治。料伤。症见水谷草料停滞，精神倦怠，肚腹胀满，口色鲜红，脉象洪大。

(5) 方解。六曲、山楂、麦芽（主药）消食化谷；青皮、厚朴、枳壳、白萝卜宽肠理气，生油滑肠润燥，助主药消胀，为辅药；陈皮、苍术（佐药）理气健脾，使胃气能降、脾气得升，运化正常；甘草（使药）和中，调和诸药。

(6) 方歌。曲麦散中有曲芽，二皮苍朴枳草楂；生油萝卜同调灌，马牛料伤服之佳。

任务实施

步骤 ：根据本任务内容，通过查阅图书或网络资源，收集相关资料及在中兽医临床上的应用案例资料，并整理分析，列出大纲。

步骤二：根据个人理解，将主要内容进行总结，并绘制思维导图；思维导图应包括三个方面的内容，即概述、消导药和消导方。

步骤三：将个人绘制好的思维导图通过软件上传或在班级群中进行展示，供其他同学参阅，并提出优缺点。

步骤四：根据其他同学的意见或建议进一步完善思维导图，进一步理解课堂内容。

任务检测

请扫描二维码 3-4-1 进入在线测试，可反复多次答题，直到获得满意的结果。

二维码 3-4-1　项目三任务四检测

任务评价

根据本任务表现及思维导图绘制情况进行评价，具体评价见表 3-4-1。

表 3-4-1　任务完成过程评价

班级：		组别：		姓名：
任务	评分标准	自我评价	小组评价	教师评价
形式方面	整体布局合理，核心主题明确（20 分）			
	颜色对比明显，分支颜色有所区别（10 分）			
	部分内容有相应图片展示（20 分）			

续表

班级：	组别：			姓名：	
任务	评分标准	自我评价	小组评价	教师评价	
内容方面	内容正确，包括概念和关系的准确性（10分）				
	内容知识点完整，主次分明（20分）				
	内容简洁扼要，层次清晰（20分）				
合计					
自我评价与总结					
教师点评					

技能一　消导药饮片的识别

● 活动目的

1. 掌握识别消导药饮片的方法。
2. 能识别常用的消导药，为临床正确遣药司药打好基础。

● 活动材料

常用消导药饮片标本、技能单、课本。

● 活动方法

1. 教师讲解

教师讲解消导药性状鉴别的要点、特征指标及其常用鉴别方法的操作和应用。

2. 学生鉴别

通过教师指导，通过眼观、闻、尝、摸等方法，仔细鉴别消导药的形、色、气、味、表面特征、质地、断面等特征。

3. 做好记录

记录药物的鉴别特征和鉴别方法的应用，并填报观察记录，在表3-4-2上记录观察到的各类药材特征。

表3-4-2　消导药饮片观察记录

药物名称	来源（植物、动物、矿物）	观察特征	气	味	手感	其他特征	功效主治

- **活动要求**

1. 注意保护消导药标本资源。

2. 尝药时只用舌尖舔尝，不应吞服，尝药后应用水漱口。对于有毒有害、过期、变质的药物不可舔尝。

- **活动实施**

根据表 3-4-3 的操作环节开展活动。

表 3-4-3　活动实施环节

环节	操作
环节一	学生分析讨论识别消导药饮片的方法和注意事项
环节二	学生分组识别消导药饮片
环节三	教师指导，查找不足
环节四	学生互评，教师点评

- **课后作业**

写实训报告，描述出几种药物的形态、质地、色泽。

- **活动评价**

活动过程中，根据活动情况进行评价，具体评价如表 3-4-4 所示。

表 3-4-4　工作活动完成过程评价

<table>
<tr><td colspan="2">班级：</td><td colspan="2">组别：</td><td>姓名：</td></tr>
<tr><td>项目</td><td>评分标准</td><td>自我评价</td><td>小组评价</td><td>教师评价</td></tr>
<tr><td rowspan="2">小组操作
（60 分）</td><td>分析讨论消导药饮片识别的方法（20 分）</td><td></td><td></td><td></td></tr>
<tr><td>学生分组识别消导药饮片（40 分）</td><td></td><td></td><td></td></tr>
<tr><td>识别消导药饮片
（40 分）</td><td>优秀为 36~40 分
良好为 31~35 分
一般为 25~30 分</td><td></td><td></td><td></td></tr>
<tr><td colspan="2">合计</td><td></td><td></td><td></td></tr>
<tr><td>自我评价与总结</td><td colspan="4"></td></tr>
<tr><td>教师点评</td><td colspan="4"></td></tr>
</table>

技能二　消导药植物形态识别

请扫描二维码 3-4-2 进行“技能二　消导药植物形态识别”训练。

二维码 3-4-2　技能二　消导药植物形态识别

任务五　止咳化痰平喘药及方剂

学习情境

止咳化痰平喘药指能够消除痰涎、减轻或制止咳嗽和气喘的方药。依据止咳化痰平喘药的性味功效不同，将其分为温化寒痰药、清化热痰药和止咳平喘药三类。

温化寒痰药：性温燥，具有温肺祛寒、燥湿化痰的作用，多用于寒痰、湿痰证。药物有半夏、天南星等。

清化热痰药：性寒凉，具有清热化痰的作用，多用于热痰郁结于肺所致的咳嗽气喘等症。药物有贝母、瓜蒌、天花粉等。

止咳平喘药：具有止咳平喘的作用，由于咳喘有寒热虚实之分，用药也有温清补泻之别。药物有枇杷叶、杏仁、款冬花等。

学生通过查阅图书或网络资源，查找与止咳化痰平喘药相关的资料，及兽医临床案例，并制作思维导图。

【注意事项】

（1）若脾不健运致痰者，应燥湿化痰；火热内郁致痰者，应清热化痰；肺燥阴虚成痰者，应润肺化痰；肺寒留饮者，应温阳化痰。

（2）治疗咳嗽时，应根据病情配伍不同的药物。如外感风寒所致咳嗽，与辛温解表药配伍；外感风热所致咳嗽，与辛凉解表药配伍等。

任务准备

一、止咳化痰平喘药

（一）温化寒痰药

1. 半夏

半夏的块茎入药。

（1）性味、归经。辛，温。有毒。入脾、胃经。

（2）功效。降逆止呕，燥湿祛痰，下气散结。

（3）主治。咳嗽气逆，胃寒呕吐，肺寒吐沫等。

（4）应用。若治疗胃寒呕吐，与茴香、生姜、丁香等配伍；若治疗胃热呕吐，与黄连、竹茹等配伍。若治疗湿痰咳嗽，与陈皮、茯苓等配伍，如二陈汤。若治疗肚胀，与黄芩、黄连、干姜等配伍。若治疗疮黄肿毒，可生用研末调敷或鲜品捣敷。

（5）用量。马、牛 15~45 g；骆驼 30~60 g；猪、羊 3~10 g；犬、猫 1~5 g。

2. 天南星

天南星的块茎入药。生用或炙用。主产于四川、河南、河北、云南、辽宁、江西、浙江、江苏、山东等地。

（1）性味、归经。苦、辛，温。有毒。入肺、肝、脾经。

（2）功效。燥湿祛痰，祛风解痉，消肿毒。

（3）主治。风痰咳嗽，痰湿壅滞，癫痫、破伤风等。

（4）应用。若治寒痰、湿痰，与陈皮、半夏等配伍。若治中风、破伤风、抽搐等，与半夏、白附子等配伍。外敷疮肿，可消肿定痛。

（5）用量。马、牛 15~25 g；猪、羊 3~10 g；犬、猫 1~2 g。

（二）清化热痰药

1. 贝母

贝母的干燥鳞茎入药，又称大贝或尖贝，生用。

（1）性味、归经。川贝：苦、甘，微寒。浙贝：苦，寒。均入心、肺经。

（2）功效。止咳化痰，清热散结。

（3）主治。咳嗽痰多，疮痈肿毒。

（4）应用。若治疗肺热咳嗽，用浙贝，与栀子、桔梗、杏仁等配伍；若治疗肺痈，用浙贝，与百合、大黄、天花粉等配伍；若治疗肺虚久咳，用川贝，与沙参、麦冬、天冬等配伍。若治疗疮痈肿毒，用浙贝，与连翘、蒲公英等配伍。

（5）用量。马、牛 15~30 g；猪、羊 3~10 g；犬、猫 1~2 g；兔、禽 0.5~1 g。

2. 瓜蒌

瓜蒌的成熟果实入药。

（1）性味、归经。甘，寒。入肺、胃、大肠经。

（2）功效。清热化痰，宽中散结。

（3）主治。肺热咳嗽，肠燥便秘，乳痈初起。

（4）应用。瓜蒌入药部位不同，作用各异。

若治疗肺热咳嗽，痰液黏稠等，瓜蒌皮与贝母、桔梗、杏仁等配伍。若治疗粪便燥结，瓜蒌仁与火麻仁、郁李仁等配伍。若治疗乳痈、肺痈等，全瓜蒌与蒲公英、乳香、没药等配伍。瓜蒌根为天花粉，可生津止渴。

（5）用量。马、牛 30~60 g；猪、羊 10~20 g；犬 6~8 g；兔、禽 0.5~1.5 g。

3. 桔梗

桔梗的根入药。生用。

（1）性味、归经。苦、辛，寒。入肺经。

（2）功效。宣肺祛痰，排脓消肿。

（3）主治。痰多咳嗽，咽喉肿痛。

（4）应用。若治疗风热咳嗽，与桑叶，菊花等配伍；若治疗风寒咳嗽，与紫苏、香仁、陈皮等配伍；若治疗肺热咳喘，与板蓝根、贝母等配伍。若治疗肺痈，与鱼腥草等配伍。本药可升提肺气，载药上行，因此常用作引药。

（5）用量。马、牛 15~45 g；猪、羊 3~10 g；犬 2~5 g；兔、禽 1~1.5 g。

（三）止咳平喘药

1. 杏仁

杏的种仁入药。生用或炒用。

（1）性味、归经。苦，温。有小毒。入肺、大肠经。

（2）功效。止咳平喘，润肠通便。

（3）主治。咳逆，肠燥便秘。

（4）应用。若治疗风寒所致的咳嗽，与麻黄、紫苏等配伍；若治疗风热所致咳嗽，与桑叶、枇杷叶等配伍；用治疗肺热气喘，与麻黄、石膏、甘草等配伍。若治疗老弱和患病动物肠燥便秘和产后便秘，与桃仁、火麻仁、当归、生地、枳壳等配伍。

（5）用量。马、牛 25~45 g；猪、羊 5~15 g；犬 3~8 g。

2. 紫菀

紫菀的根及根茎入药。生用或蜜炙用。

（1）性味、归经。辛、苦，温。入肺经。

（2）功效。化痰止咳，下气。

（3）主治。本药具有下气化痰止咳的功效，为止咳的要药，用于治疗多种咳嗽等。

（4）应用。若治疗风寒咳嗽，与款冬花、苏子、麻黄等配伍；若治疗肺热咳嗽，与栀子、黄芩、葶苈子、天花粉等配伍。若治疗肺虚久咳，与知母、贝母、桔梗等配伍。

（5）用量。马、牛 15~45 g；骆驼 24~60 g；猪、羊 3~6 g；犬 2~5 g。

3. 款冬花

款冬的花蕾入药。生用或蜜炙用。

（1）性味、归经。辛，温。入肺经。

（2）功效。润肺下气，止咳化痰。

（3）主治。咳嗽气喘、痰多。

（4）应用。若治疗肺燥咳嗽，与黄药子、僵蚕、郁金等配伍，如款冬花散。若治疗肺虚所致咳喘，与炙紫菀、百合等配伍。

（5）用量。马、牛 15~45 g；猪、羊 3~10 g；犬 2~5 g；兔、禽 0.5~1.5 g。

4. 百部

百部的块根入药。生用或蜜炙用。

（1）性味、归经。甘、苦，微温。有小毒。入肺经。

（2）功效。润肺止咳，杀虫灭虱。

（3）主治。风寒咳喘，蛲虫感染。

（4）应用。若治疗风寒所致咳喘，与麻黄、杏仁等配伍；若治疗风热所致咳嗽，与菊花、桑叶配伍；若治疗劳伤久咳，与百合、补骨脂、沙参、地骨皮等配伍。将百部制成20%的醇浸液，或50%的水浸液外用，可杀虫灭虱。

（5）用量。马、牛 15~30 g；猪、羊 6~12 g；犬、猫 3~5 g。

5. 枇杷叶

枇杷的叶入药，刷去绒毛生用或蜜炙用。

（1）性味、归经。苦，平。入肺、胃经。

（2）功效。化痰止咳，和胃降逆。

（3）主治。肺热咳喘，胃热口渴、呕逆等。

（4）应用。若治疗肺燥咳嗽，与桑白皮、杏仁配伍；若治疗肺虚久咳，与党参、黄芪配伍。若治疗胃热呕逆，多与沙参、石斛、玉竹、竹茹等配伍。

（5）用量。马、牛 30~60 g；猪、羊 10~20 g；兔、禽 1~2 g。

二、止咳化痰平喘方

1. 二陈汤

（出自《和剂局方》）

（1）处方。制半夏 45 g，陈皮 45 g，茯苓 30 g，炙甘草 15 g。

（2）用法。水煎服，或为细末，开水冲调灌服。

（3）功效。燥湿化痰，湿痰咳嗽，理气和中。

（4）主治。湿痰咳嗽，呕吐。症见咳嗽且痰涕色白而多，苔白滑，精神倦怠，听诊有水泡音，口津滑利，脉滑。常见于慢性支气管炎。

（5）方解。半夏（主药）化痰燥湿，降逆止呕；陈皮（辅药）使气顺而痰降，气化痰消；茯苓（佐药）健脾利湿，则湿可化，湿去则痰消；甘草（使药）和中健脾，调和诸药。

（6）方歌。二陈汤用半夏陈，益以茯苓甘草成；利气祛痰兼去湿，诸病痰饮此方珍。

2. 麻杏石甘汤

（出自《伤寒论》）

（1）处方。麻黄 30 g，杏仁 30 g，石膏（打碎先煎）150 g，炙甘草 30 g。

（2）用法。水煎服，或为末，开水冲调，候温灌服。

（3）功效。清热，宣肺，平喘。

（4）主治。外感风热，肺热气喘。见于高热，喘重于咳，鼻流脓涕，脉象洪数有力。凡患急性支气管炎、肺炎属于肺热炽盛，喘粗气促者，均可加减应用。

（5）方解。麻黄（主药）辛苦，宣肺解表平喘；石膏（辅药）辛凉宣泄，发散肺经郁热而平喘，消泻肺胃以生津；杏仁（佐药）味苦可宣降肺气，助麻黄止咳平喘；甘草（使药）和中健脾，调和诸药。

（6）方歌。喘咳麻杏石甘汤，四药组方有擅长。

任务实施

步骤一：根据本任务内容，通过查阅图书或网络资源，收集相关资料及在中兽医临床上的应用案例资料，并整理分析，列出大纲。

步骤二：根据个人理解，将主要内容进行总结，并绘制思维导图；思维导图应包括三个方面的内容，即概述、止咳化痰平喘药和止咳化痰平喘方。

步骤三：将个人绘制好的思维导图通过软件上传或在班级群中进行展示，供其他同学参阅，并提出优缺点。

步骤四：根据其他同学的意见或建议进一步完善思维导图，进一步理解课堂内容。

任务检测

请扫描二维码 3-5-1 进入在线测试，可反复多次答题，直到获得满意的结果。

二维码 3-5-1 项目三任务五检测

任务评价

根据本任务表现及思维导图绘制情况进行评价，具体评价见表 3-5-1。

表 3-5-1 任务完成过程评价

班级：	组别：		姓名：	
任务	评分标准	自我评价	小组评价	教师评价
形式方面	整体布局合理，核心主题明确（20 分）			
	颜色对比明显，分支颜色有所区别（10 分）			
	部分内容有相应图片展示（20 分）			
内容方面	内容正确，包括概念和关系的准确性（10 分）			
	内容知识点完整，主次分明（20 分）			
	内容简洁扼要，层次清晰（20 分）			
合计				
自我评价与总结				
教师点评				

技能一　止咳化痰平喘药饮片的识别

请扫描二维码 3-5-2 进行“技能一　止咳化痰平喘药饮片的识别”训练。

二维码 3-5-2　技能一　止咳化痰平喘药饮片的识别

技能二　止咳化痰平喘药植物形态识别

请扫描二维码 3-5-3 进行“技能二　止咳化痰平喘药植物形态识别”训练。

二维码 3-5-3　技能二　止咳化痰平喘药植物形态识别

任务六　温里药及方剂

学习情境

温里方药指药性温热，能祛除寒邪，治疗里寒证的中药和方剂。药物有附子、干姜、肉桂、小茴香、艾叶等。温里方是指药性温热，能祛除寒邪，治疗里寒证的方剂。

本类药多辛热，有温中散寒，回阳救逆之效。多用于肠鸣泄泻、肚腹冷痛、耳鼻冰凉、四肢厥冷、脉象微弱欲绝等证。

学生通过查阅图书或网络资源，查找与温里药相关的资料，及兽医临床案例，整理分析，并制作思维导图。

【注意事项】

(1) 温里药性多辛温燥烈，易伤津耗液，故需明辨清寒热之真假，对真热假寒证禁用。

(2) 温里药味辛、性温，易伤阴液，故阴虚动物应忌用或少用。

任务准备

一、温里药

1. 附子

乌头的子根入药。

（1）性味、归经。大辛，大热。有毒。入心、脾、肾经。

（2）功效。温中散寒，回阳救逆，除湿止痛。

（3）主治。大汗亡阴、四肢厥冷、脉象微弱欲绝、冷痛、风寒湿痹等。

（4）应用。若治疗肾阳不足所致四肢厥冷、脉微欲绝等，与肉桂、党参等配伍。若治疗脾阳不足所引起的脾虚不运、伤冷痛、冷泻、食少等，与干姜、党参、白术等配伍。若治疗风寒湿痹、下元虚冷等，常与桂枝、生姜、大枣、甘草等同用。

（5）用量。马、牛 15~30 g；猪、羊 3~10 g；犬、猫 1~3 g；兔、禽 0.5~1 g。

2. 干姜

姜的根状茎入药。生用，炒黑后称炮姜。

（1）性味、归经。辛，温。入心、脾、胃、肾、肺、大肠经。

（2）功效。温中散寒，回阳通脉。

（3）主治。脾虚胃寒、冷痛腹泻、四肢厥冷等。

（4）应用。若治疗脾胃虚寒所致的食少、泄泻、冷痛，与党参、白术、甘草配伍；若治疗胃冷吐涎等，与桂心、白术等配伍。若治疗阳虚欲脱之证，与附子、人参等配伍。

（5）用量。马、牛 15~30 g；猪、羊 3~10 g；犬、猫 1~3 g；兔、禽 0.3~1 g。

3. 肉桂（桂心、桂皮）

肉桂的树皮入药。生用。桂心是肉桂的中层，官桂是肉桂的细枝干皮，肉桂的细枝称为桂枝。

（1）性味、归经。辛、甘，大热。入脾、肾、肝经。

（2）功效。补火壮阳，温中除寒，活血止痛。

（3）主治。脾肾虚寒、风寒湿痹、产后寒痛等。

（4）应用。若治疗肾阳不足，命门火衰之证，与熟地、山茱萸等配伍。若治疗下焦命门火不足、脾胃虚寒、冷痛、冷肠泄泻等，与附子、茯苓、白术、干姜等配伍。若治疗风湿痹痛、产后寒痛等，与高良姜、当归配伍。

（5）用量。马、牛 25~30 g；猪、羊 5~10 g；犬 2~5 g；兔、禽 1~2 g。

4. 小茴香

茴香的果实入药。生用或盐水炒用。

（1）性味、归经。辛，温。入肺、肾、脾、胃经。

（2）功效。祛寒止痛，暖腰肾，理气和胃，温中散寒。

（3）主治。子宫虚寒、寒伤腰胯、胃寒慢草等。

（4）应用。若治疗子宫虚寒、冷痛、肚腹胀满，与干姜、木香等配伍。若治疗寒伤腰胯，与肉桂、槟榔、白术、巴戟天、白附子等，如茴香散。

（5）用量。马、牛 15~60 g；猪、羊 10~15 g；犬、猫 1~3 g；兔、禽 5~2 g。

5. 吴茱萸

吴茱萸的未成熟果实入药。生用或炙用。

（1）性味、归经。辛、苦，温。有小毒。入肝、肾、脾、胃经。

（2）功效。温中止痛，理气止呕。

（3）主治。脾虚慢草、寒湿冷痛腹泻、呕吐等。

（4）应用。若治疗脾虚慢草、伤水冷痛、胃寒不食等，常与干姜、肉桂等配伍；若治疗脾虚泄泻，与五味子、肉豆蔻、补骨脂等配伍；若治疗畏寒呕吐，与生姜、半夏等配伍；若治疗寒凝肝经腹痛，与木香、川楝子等配伍。

（5）用量。马、牛 10~30 g；猪、羊 3~10 g；犬 2~5 g。

6. 高良姜

高良姜的根茎入药。切片生用。

（1）性味、归经。辛，温。入脾、胃经。

（2）功效。散寒止痛，温中止呕。

（3）主治。胃寒食少、冷肠泄泻、反胃呕吐等。

（4）应用。若治疗胃寒食少、冷肠泄泻、反胃呕吐等，与香附、半夏、厚朴、生姜等配伍。

（5）用量。马、牛 15~30 g；猪、羊 3~10 g；兔、禽 0. 3~1 g。

二、温里方

1. 理中汤

（出自《伤寒论》）

（1）处方。党参 90 g，白术 45 g，干姜 45 g，炙甘草 30 g。

（2）用法。水煎服，或为细末，开水冲调，候温灌服。

（3）功效。温中散寒，补益脾胃。

（4）主治。脾胃虚寒证。症见慢草不食、完谷不化，舌苔淡白，腹痛泻下，脉象沉细或沉迟，精神倦怠，体瘦毛焦。

（5）方解。本方为温中散寒的代表方。方中干姜（主药）辛热，温中散寒；党参甘温，益气健脾，助干姜振脾胃之升降；白术（佐药）苦温，燥湿健脾；炙甘草（使药）益气和中，调和诸药。

（6）方歌：温中散寒理中汤，参草白术并干姜，腹痛泄泻阴寒盛，再加附子可扶阳。

【注意事项】

本方中加入附子，即为“附子理中汤”，适用于脾胃阳虚之阴寒种证；再加肉桂名为“附桂理中汤”，更增加回阳祛寒之效。

2. 茴香散

（出自《元亨疗马集》）

（1）处方。茴香 30 g，肉桂 20 g，槟榔 10 g，白术 25g，巴戟天 25 g，当归 30 g，牵牛子 10 g，藁本 25 g，白附子 15 g，川楝子 25 g，肉豆蔻 15 g，荜澄茄 20 g，木通 20 g。

（2）用法。共为细末，开水冲调，候温盐炒，醋调灌服。

（3）功效。温肾散寒，理气行血止痛。

（4）主治。风寒湿邪引起的腰胯疼痛。症见腰胯紧硬，卧地难起。

（5）方解。方中茴香（主药）辛温，暖腰肾祛寒；肉桂、肉豆蔻、巴戟天、荜澄茄（辅药）助茴香温肾祛寒；白术、牵牛子、槟榔、川楝子利水行气健脾，白附子、藁本祛风，当归行血止痛，共为佐药；盐、醋（使药）引药归经。诸药合用，温肾散寒，祛风除湿，理气活血止痛。

（6）方歌。茴香散用桂附楝，槟榔澄茄醋与盐，归术牵牛加藁本，巴戟木通豆蔻全。

3. 四逆汤

（出自《伤寒论》）

（1）处方。熟附子 45 g，干姜 45 g，炙甘草 30 g。

（2）用法。水煎服，或共为细末，开水冲调，候温灌服。

（3）功效。回阳救逆，益气，救脱。

（4）主治。元气大伤，阳气暴脱。症见汗出，四肢厥冷，呼吸微弱，脉象弱等。

（5）方解。本方为回阳救逆的代表方剂。方中附子（主药）大辛大热，祛除寒邪，救命门火衰；干姜（辅药）温脾散寒，助主药回阳救逆；炙甘草（使药）益气和中，并缓和姜、附子燥烈之性。

（6）方歌。四逆汤中附草姜，四肢厥冷急煎尝，腹痛吐泻脉微细，急投此方可回阳。

任务实施

步骤一：根据本任务内容，通过查阅图书或网络资源，收集相关资料及在中兽医临床上的应用案例资料，并整理分析，列出大纲。

步骤二：根据个人理解，将主要内容进行总结，并绘制思维导图；思维导图应包括三个方面的内容，即概述、温里药和温里方。

步骤三：将个人绘制好的思维导图通过软件上传或在班级群中进行展示，供其他同学参阅，并提出优缺点。

步骤四：根据其他同学的意见或建议进一步完善思维导图，进一步理解课堂内容。

任务检测

请扫描二维码 3－6－1 进入在线测试，可反复多次答题，直到获得满意的结果。

二维码 3－6－1 项目三任务六检测

任务评价

根据本任务表现及思维导图绘制情况进行评价，具体评价见表 3-6-1。

表 3-6-1　任务完成过程评价

班级：		组别：	姓名：	
任务	评分标准	自我评价	小组评价	教师评价
形式方面	整体布局合理，核心主题明确（20 分）			
	颜色对比明显，分支颜色有所区别（10 分）			
	部分内容有相应图片展示（20 分）			
内容方面	内容正确，包括概念和关系的准确性（10 分）			
	内容知识点完整，主次分明（20 分）			
	内容简洁扼要，层次清晰（20 分）			
合计				
自我评价与总结				
教师点评				

技能一　温里药饮片的识别

● 活动目的

1. 进一步掌握识别温里药饮片的方法。
2. 能识别常用的温里药，为临床正确遣药司药打好基础。

● 活动材料

常用温里药饮片标本、技能单、课本。

● 活动方法

1. 教师讲解

教师讲解温里药性状鉴别的要点、特征指标及其常用鉴别方法的操作和应用。

2. 学生鉴别

通过教师指导，通过观察、闻气味、尝味道、手摸等方法，仔细鉴别温里药的形、色、气、味、表面特征、质地、断面等特征。

3. 做好记录

记录药物的鉴别特征和鉴别方法的应用，并填报观察记录：在表 3-6-2 中记录观察到的各类药材特征。

表 3-6-2 温里药饮片观察记录

药物名称	来源（植物、动物、矿物）	观察特征	气	味	手感	其他特征	功效主治

- **活动要求**

1. 注意保护温里药标本资源。
2. 尝药时只用舌尖舔尝，不应吞服，尝药后应用水漱口。

- **活动实施**

学生根据表 3-6-3 操作环节开展活动。

表 3-6-3 活动实施环节

环节	操作
环节一	学生分析讨论识别温里药饮片的方法和注意事项
环节二	学生分组识别温里药饮片
环节三	教师指导，查找不足
环节四	学生互评，教师点评

- **课后作业**

写实训报告，描述出几种药物的形态、质地、色泽。

- **活动评价**

活动过程中，根据活动情况进行评价，具体评价如表 3-6-4 所示。

表 3-6-4 工作活动完成过程评价

班级：		组别：		姓名：
项目	评分标准	自我评价	小组评价	教师评价
小组操作（60 分）	分析讨论温里药饮片识别的方法（20 分）			
	学生分组识别温里药饮片（40 分）			
识别温里药饮片（40 分）	优秀为 36~40 分 良好为 31~35 分 一般为 25~30 分			
合计				

续表

班级：		组别：	姓名：
自我评价与总结			
教师点评			

技能二　温里药植物形态识别

请扫描二维码 3-6-2 进行“技能二　温里药植物形态识别”训练。

二维码 3-6-2　技能二　温里药植物形态识别

任务七　祛湿药及方剂

学习情境

祛湿方药指凡具有祛除湿邪，治疗水湿诸证的药物和方剂。临床上将祛湿药分为祛风胜湿药、渗湿利水药和芳香化湿药三类。

祛风胜湿药：本类药物多味辛性温，具有祛风湿、驱寒通气血、补肝肾、强筋骨等功效。常见的药物有羌活、独活、木瓜及威灵仙等。

渗湿利水药：本类药多味淡性平，具有利尿、除水湿、消水肿等功效，还可导热下行。常见的药物有茯苓、猪苓、车前子等。

芳香化湿药：本类药物多味辛性温，具有醒脾化湿的功效。常见的药物有藿香、苍术等。

学生通过查阅图书或网络资源，查找与祛湿药相关的资料，及兽医临床案例，整理分析，并制作思维导图。

【注意事项】

（1）首先辨别病位的上下内外和病情虚实。若在表在上，则微汗以解之；若在内在下，则健脾行水以利之；若湿从寒化，则温阳以利之；若湿从热化，则清热祛湿；若体虚湿热者，则祛湿兼扶正；若水湿壅盛脉证俱实者，则用逐水方。

（2）本类药物易致机体伤阴耗液，阴虚津亏者慎用；或与养阴药相配伍。

（3）湿邪黏腻，易阻遏气机，因此祛湿药常与理气药配伍，以求“气化则湿亦化”。

任务准备

一、祛湿药

（一）祛风胜湿药

1. 羌活

羌活的干燥根或根茎入药。生用。

（1）性味、归经。辛、苦，温。入膀胱、肾经。

（2）功效。发表散寒，祛风止痛。

（3）主治。外感风寒，风湿痹痛，关节肿痛。

（4）应用。用于风寒所致的感冒、发热恶寒等，多与桂枝、防风相配伍。用于风寒湿痹所致的项背强直、前肢风湿，为祛前肢风湿的主药，多与独活、防风等相配伍。

（5）用量。马、牛 15~45 g；猪、羊 3~10 g；犬 2~5 g；兔、禽 0.5~1.5 g。

2. 独活

独活的干燥根入药。生用。

（1）性味、归经。辛，温。入膀胱、肾经。

（2）功效。祛风胜湿，散寒止痛。

（3）主治。风寒湿痹，腰肢疼痛，关节疼痛。

（4）应用。用于风寒湿痹，尤其是腰胯疼痛、后肢痹痛等症，常与桑寄生、防风、细辛等相配伍。用于外感风寒又兼湿邪，四肢关节疼痛等症，常与羌活相配伍。

（5）用量。马、牛 30~45 g，猪、羊 3~10 g；犬 2~5 g；兔、禽 0.5~1.5 g。

3. 威灵仙

威灵仙的干燥根或根茎入药。生用。

（1）性味、归经。辛、咸，温。入膀胱经。

（2）功效。祛风湿、通经络，消肿止痛。

（3）主治。风湿痹痛，跌打损伤。

（4）应用。威灵仙善通经络，祛除风寒湿邪，用于四肢拘挛疼痛等症，与羌活、独活、秦艽相配伍。用于跌打损伤，常与桃仁、红花相配伍。

（5）用量。马、牛 15~60 g；猪、羊 3~10 g；犬、猫 3~5 g；兔、禽 0.5~1.5 g。

4. 木瓜

木瓜的干燥成熟果实入药，蒸煮后切片用或炒用。

（1）性味、归经。酸，温。入肝、脾、胃经。

（2）功效。和胃化湿，舒筋活络。

（3）主治。风湿痹痛，关节疼痛，腰胯无力，泄泻。

（4）应用。用于湿困脾胃所致腹痛、泄泻等症，与吴茱萸、小茴香、生姜等相配伍。用于腰胯疼痛、后躯风湿等症，与牛膝、威灵仙等相配伍。

（5）用量。马、牛 15~30 g；猪、羊 6~12 g；犬、猫 2~5 g；兔、禽 1~2 g。

5. 桑寄生

桑寄生干燥带叶茎枝入药。生用。

（1）性味、归经。苦，平。入肝、肾经。

（2）功效。补肝肾、强筋骨、除风湿，养血安胎。

（3）主治。风湿痹痛，腰胯无力，胎动不安。

（4）应用。用于血虚、肝肾不足兼有风湿所致病症，常与杜仲、当归相配伍。用于肝肾亏虚所致胎动不安的病症，常与阿胶、艾叶等相配伍。

（5）用量。马、牛 30~60 g；猪、羊 5~15 g；犬 3~6 g。

6. 秦艽

秦艽干燥根入药。生用。

（1）性味、归经。苦、辛，平。入胃、肝、胆、大肠经。

（2）功效。祛风湿，退虚热。

（3）主治。阴虚发热，风湿痹痛。

（4）应用。用于风湿痹痛等症，常与羌活、独活等相配伍。用于阴虚发热等症，常与知母、地骨皮等相配伍。

（5）用量。马、牛 15~45 g；猪、羊 3~10 g；犬 2~6 g；兔、禽 1~1.5 g。

7. 五加皮

五加的干燥根皮入药。切片生用或炒用。

（1）性味、归经。辛、苦，温。入肝、肾经。

（2）功效。除风湿、壮筋骨，利水除湿。

（3）主治。风寒湿痹，腰肢痿软，水肿。

（4）应用。用于风湿所致腰肢痹痛、关节疼痛等症，常与木瓜等相配伍。用于水肿、尿不利等症，常与茯苓皮、大腹皮等相配伍，如五皮饮。

（5）用量。马、牛 15~45 g；猪、羊 6~12 g；犬、猫 2~5 g；兔、禽 1.3~5 g。

（二）渗湿利水药

1. 茯苓

茯苓的干燥菌核入药。生用。

（1）性味、归经。甘、淡，平。入心、肺、脾、胃、肾经。

（2）功效。渗湿利水，健脾补中，宁心安神。

（3）主治。脾虚泄泻，水肿，尿不利，躁动不安。

（4）应用。用于水肿、尿不利等症，常与猪苓、白术、泽泻等相配伍。用于脾虚泄泻或慢草不化等症，常与党参、白术等相配伍。与朱砂拌用，可宁心安神。

（5）用量。马、牛 20~60 g；猪、羊 5~10 g；犬 3~6 g；兔、禽 1.3~5 g。

2. 猪苓

猪苓的干燥菌核入药。生用。

（1）性味、归经。甘、淡，平。入肾、膀胱经。

（2）功效。祛寒止泻、利水通淋、消水肿。

（3）主治。泄泻，水肿，尿不利。

（4）应用。用于脾虚泄泻等症，常与泽泻、当归等相配伍。用于水湿停滞，尿不利、水肿胀满、泄泻等症，常与茯苓、白术、泽泻相配伍。

（5）用量。马、牛 25~60 g；猪、羊 10~20 g；犬 3~6 g。

3. 泽泻

泽泻的干燥块茎入药。生用。

（1）性味、归经。甘、淡，寒。入肾、膀胱经。

（2）功效。渗湿利水、泻肾火。

（3）主治。湿热淋浊，尿不利，泄泻，水肿。

（4）应用。用于水肿、泄泻等症，常与茯苓、猪苓等相配伍。用于膀胱湿热所致的尿血、尿痛等症，常与茯苓薏苡仁等相配伍。

（5）用量。马、牛 20~45 g；猪、羊 10~15 g；犬 5~8 g；兔、禽 0.5~1 g。

4. 车前子

车前子的干燥成熟种子入药。生用或炒用。

（1）性味、归经。甘、淡，寒。入肝、肾、小肠经。

（2）功效。利水通淋，清肝明目。

（3）主治。湿热淋浊，泄泻，尿不利，水肿，目赤肿痛。

（4）应用。用于水肿、尿血、尿痛等症，与滑石、木通等相配伍。用于水湿泄泻，与白术、茯苓等相配伍。用于目赤肿痛、翳障、黄疸等症，与菊花、夏枯草相配伍。

（5）用量。马、牛 20~30 g；猪、羊 10~15 g；犬、猫 3~6 g；兔、禽 1~3 g。

5. 滑石

硅酸盐类矿物滑石入药。打碎成小块，水飞或研细生用。

（1）性味、归经。甘，寒。入胃、膀胱经。

（2）功效。利水通淋，清热解暑，收湿敛疮。

（3）主治。暑热，泄泻，石淋，热淋，水肿，湿疹。

（4）应用。用于尿血、尿痛或尿闭等症，常与木通、车前相配伍。用于暑热烦渴、暑湿泄泻等症，常与黄芩、通草相配伍。外用治疗湿疮、湿疹，常与石膏、炉甘石配伍或与黄柏相配伍。

（5）用量。马、牛 25~45 g；猪、羊 10~20 g；犬 3~9 g；兔、禽 1.3~5 g。

6. 木通

马兜铃的藤茎入药。生用。

（1）性味、归经。苦，寒。入心、小肠、膀胱经。

（2）功效。清心火，清热利水，通利血脉，下乳通经。

(3) 主治。口舌生疮，小便不利，乳汁不通。

(4) 应用。用于心火上炎所致口舌生疮，常与生地、竹叶等相配伍。用于治尿少短赤疼痛等症，常与萹蓄、瞿麦相配伍。用于乳汁不通，与王不留行、穿山甲同用。用于通经，与牛膝、当归、红花等配伍。

(5) 用量。马、牛 25~40 g；猪、羊 3~6 g；犬 2~4 g。

7. 通草

通草的茎髓入药，生用。

(1) 性味、归经。甘、淡，寒。入肺、胃经。

(2) 功效。清热利水，下乳。

(3) 主治。膀胱湿热，乳汁不通。

(4) 应用。用于治水肿、尿不利、湿热淋痛等症，常与滑石相配伍。用于乳汁不通，常与木通、王不留行相配伍。

(5) 用量。马、牛 15~30 g；猪、羊 3~10 g；犬 2~5 g；兔、禽 0.5~2 g。

8. 茵陈

茵陈的幼嫩茎叶入药。生用。

(1) 性味、归经。苦，微寒。入脾、胃、肝、胆经。

(2) 功效。清湿热，利黄疸。

(3) 主治。黄疸，小便不利。

(4) 应用。若治疗湿热黄疸，与栀子、大黄等相配伍；若治疗湿热泄泻，与黄柏、车前子等相配伍。若治疗阳黄，则用单味内服即可；若治疗阴黄，则与温里药相配伍。

(5) 用量。马、牛 20~45 g；猪、羊 5~15 g；犬 3~6 g；兔、禽 1~2 g。

(三) 芳香化湿药

1. 藿香

藿香的干燥茎叶入药。生用。

(1) 性味、归经。辛，微温。入脾、胃、肺经。

(2) 功效。芳香化湿，和中止痛，解表。

(3) 主治。外感风寒，食少，呕吐，泄泻，肚胀。

(4) 应用。用于湿困脾胃，肚胀、粪便溏泄等症，常与苍术、厚朴、甘草等配伍。用于感冒兼湿邪所致病症，与白芷、厚朴相配伍。

(5) 用量。马、牛 25~45 g；猪、羊 5~10 g；犬 3~5 g；兔、禽 1~2 g。

2. 苍术

苍术的根茎入药。生用或炒用。

(1) 性味、归经。辛、苦，温。入脾、胃经。

(2) 功效。燥湿健脾，祛风散寒，明目。

(3) 主治。外感风寒，风寒湿痹，泄泻，夜盲。

(4) 应用。用于湿困脾胃、食少、腹痛泄泻等症，与厚朴、陈皮、甘草等相配伍。用于风湿痹痛，与独活、牛膝等相配伍。可治夜盲症。

（5）用量。马、牛 15~60 g；猪、羊 9~15 g；犬 5~8 g；兔、禽 1~3 g。

二、祛湿方

1. 独活寄生汤

（出自《备急千金要方》）

（1）处方。独活 30 g，防风 25 g，桑寄生 45 g，细辛 12 g，当归 30 g，白芍 25 g，桂心 20 g，杜仲 30 g，秦艽 30 g，川芎 15 g，熟地 35 g，牛膝 30 g，党参 30 g，茯苓 30 g，甘草 20 g，白酒 60 g。

（2）用法。水煎灌服。

（3）功效。益肝肾，补气血，疏风祛湿，止痹痛。

（4）主治。腰腿四肢疼痛，关节屈伸不利。症见腰胯疼痛，项背强直，四肢关节疼痛，肌肉震颤等。用于风寒湿痹，肝肾亏虚，气血不足等症。风重者加白芷、千年健；寒重者加麻黄、乌头；湿重者，加苍术、黄柏。

（5）方解。本方适用于感受风、寒、湿日久，肝肾气血两虚之证。方中独活、防风疏风祛湿，活络通经，为主药；当归、白芍、川芎养血活血，熟地、杜仲、牛膝补肝肾，强筋骨，党参、茯苓、甘草益气健脾，为辅药；细辛、桂心疏风散寒，防风、秦艽除风寒湿痹，为佐药。

（6）方歌。独活寄生艽防辛，四物桂心加茯苓，杜仲牛膝党参草，冷风顽痹曲能伸。

2. 五苓散

（出自《伤寒论》）

（1）处方。猪苓 30 g，茯苓 30 g，泽泻 45 g，白术 30 g，桂枝 25 g。

（2）用法。共为细末，开水冲调，候温灌服，或煎汤服。

（3）功效。渗湿利水，温阳化气，和胃止呕。

（4）主治。外有表证，内停水湿。证见发热恶寒，口渴贪饮，小便不利，舌苔白，脉浮。用于利尿消肿。凡脾虚不运，水湿内停、小便不利、水肿、泄泻等，均可用本方加减治疗。若无表证，本方中桂枝改为肉桂。本方合平胃散（陈皮、苍术、厚朴、甘草）名胃苓汤，治疗寒湿泄泻，水肿，小便不利；加茵陈，为茵陈五苓散，治疗湿热性黄疸。

（5）方解。方中泽泻（主药），甘淡性寒，渗湿利水；茯苓、猪苓（辅药）助主药渗湿利水；白术（佐药）健脾燥湿；桂枝通阳化气，疏散表邪为使药。

（6）方歌。五苓散是治水方，泽泻白术猪茯苓，通阳化气加桂枝，除湿利水此方行。

3. 八正散

（出自《和剂局方》）

（1）处方。木通 30 g，瞿麦 30 g，车前子 45 g，萹蓄 30 g，滑石 10 g，栀子 25 g，大黄 25 g，灯芯草 10 g，甘草梢 25 g。

（2）研末灌服。

（3）功效。清热泻火，利水通淋。

（4）主治。热淋、石淋、血淋。证见尿频、尿痛或闭而不通，口干舌红，苔黄腻，脉数。本方为治疗热淋的方剂。若治血淋，加小蓟、白茅根以凉血止血；若治石淋，加金钱草、海金沙、石苇以化石通淋；若治小便混浊（膏淋），加萆薢、菖蒲以分清化浊；内热，加蒲公英、金银花等，以清热解毒。临床上，本方用于治疗泌尿系感染、结石、急性肾炎等症。

（5）方解。方中木通、瞿麦、车前子、萹蓄、滑石（主辅药）清热利湿，利水通淋；栀子、大黄（佐药）泄热降火，导热下行；灯心草清心利水；甘草梢调和诸药，为使药。诸药合用，起清热通淋的作用。

（6）方歌。八正车前和木通，大黄栀滑加萹蓄，瞿麦草梢灯心草，热淋血淋病能祛。

4. 藿香正气散

（出自《和剂局方》）

（1）处方。藿香 90 g，紫苏 30 g，茯苓 30 g，白芷 30 g，大腹皮 30 g，白术 60 g，半夏曲 60 g，厚朴（姜汁炙）60 g，桔梗 60 g，炙甘草 75 g。

（2）用法。研末，生姜、大枣煎水冲服，或水煎灌服。

（3）功效。解表化湿，理气和中。

（4）主治。外感风寒，内伤湿滞，中暑。证见发热恶寒，肚胀疼痛，呕吐，泄泻，苔白腻。治内伤湿滞为主，兼有外感风寒的方剂。

（5）方解。方中藿香（主药）辛散风寒，芳香化浊，和中止呕；紫苏、白芷（辅药）发散风寒；半夏曲、陈皮燥湿和胃，降逆止呕；茯苓、白术健脾运湿，和中止泻；厚朴、大腹皮行气化湿；桔梗（佐药）宣肺利膈；生姜、大枣、甘草调和诸药为使药。

（6）方歌。藿香正气陈甘桔，腹皮苓术加厚朴，白芷紫苏加姜枣，风寒暑湿皆能除。

任务实施

步骤一：根据本任务内容，通过查阅图书或网络资源，收集相关资料及在中兽医临床上的应用案例资料，并整理分析，列出大纲。

步骤二：根据个人理解，将主要内容进行总结，并绘制思维导图；思维导图应包括三个方面的内容，即概述、祛湿药和祛湿方。

步骤三：将个人绘制好的思维导图通过软件上传或在班级群中进行展示，供其他同学参阅，并提出优缺点。

步骤四：根据其他同学的意见或建议进一步完善思维导图，进一步理解课堂内容。

任务检测

请扫描二维码 3-7-1 进入在线测试，可反复多次答题，直到获得满意的结果。

二维码 3-7-1　项目三任务七检测

任务评价

根据本任务表现及思维导图绘制情况进行评价，具体评价见表 3-7-1。

表 3-7-1 任务完成过程评价

班级：		组别：		姓名：
任务	评分标准	自我评价	小组评价	教师评价
形式方面	整体布局合理，核心主题明确（20 分）			
	颜色对比明显，分支颜色有所区别（10 分）			
	部分内容有相应图片展示（20 分）			
内容方面	内容正确，包括概念和关系的准确性（10 分）			
	内容知识点完整，主次分明（20 分）			
	内容简洁扼要，层次清晰（20 分）			
合计				
自我评价与总结				
教师点评				

技能一　祛湿药饮片的识别

请扫描二维码 3-7-2 进行“技能一　祛湿药饮片的识别”训练。

二维码 3-7-2　技能一　祛湿药饮片的识别

技能二　祛湿药植物形态识别

请扫描二维码 3-7-3 进行“技能二　祛湿药植物形态识别”训练。

二维码 3-7-3　技能二　祛湿药植物形态识别

任务八　理气药及方剂

学习情境

理气方药指调畅气机，治疗气滞、气逆的药物和方剂。

气分病分为气滞、气逆、气虚三种。气滞应行气，气逆应降气，气虚应补气。则理气药分为行气药、降气药、补气药三种。常见的药物有陈皮、青皮、香附、木香、厚朴、乌药等。

学生通过查阅图书或网络资源，查找与理气药相关的资料，及兽医临床案例，整理分析，并制作思维导图。

【注意事项】

使用本类药物时，应根据病情需要及药物四性，选择合适的药物或方剂。若湿困脾胃并兼气滞者，同燥湿药、温里药相配伍。若脾胃气滞所致草料停积者，则同消食药或泻下药相配伍；若脾胃气滞所致运化无力者，则与健脾药、助消化药相配伍。若痰饮，瘀血兼气滞者，则与祛痰药或活血祛瘀药相配伍。

本类药多辛温香燥，治疗时应中病即止，防止伤阴耗气；必要时与补气、养阴药同用。

任务准备

一、理气药

1. 陈皮

橘的成熟果皮入药。生用或炒用。

(1) 性味、归经。辛、苦，温。入脾、肺经。

(2) 功效。理气健脾、燥湿化痰。

(3) 主治。肚胀，消化不良，泄泻，咳喘。

(4) 应用。用于中气不和所致的肚胀、食少、呕吐、腹泻等症，常与白术、木香等相配伍。用于痰湿滞塞所致气逆喘咳，与半夏、茯苓、甘草等相配伍。

(5) 用量。马、牛 30~60 g；猪、羊 5~10 g；犬、猫 2~5 g；兔、禽 1~3 g。

2. 青皮

橘的幼果或未成熟果实的果皮入药。生用或炒用。

(1) 性味、归经。苦、辛，温。入肝、胆经。

(2) 功效。疏肝止痛、破气消积。

(3) 主治。胸胁胀满，食积，乳痈。

(4) 应用。用于肝气郁结所致的肚胀肚痛，与郁金、香附等相配伍。若治食积胀痛，与山楂、麦芽等相配伍；若气滞血瘀，与枳实、三棱等相配伍。

（5）用量。马、牛 15~30 g，猪、羊 5~10 g；犬 3~5 g；兔、禽 1.3~5 g。

3. 香附

香附的根茎入药。生用，或醋制、酒制后用。

（1）性味、归经。辛、微苦，平。入肝、胆、脾经。

（2）功效。疏肝理气、散结止痛。

（3）主治。气滞血瘀，肚腹胀痛，产后腹痛。

（4）应用。若肝气郁结所导致的肚胀疼痛和食积，与柴胡、郁金相配伍；寒凝气滞所引起的肚腹疼痛，与高良姜、吴茱萸等相配伍；若产后腹痛，与艾叶、当归等相配伍。

（5）用量。马、牛 30~60 g；猪、羊 10~15 g；犬 4~8 g；兔、禽 1~3 g。

4. 厚朴

厚朴干皮、根皮或枝皮入药。生用或姜炒用。

（1）性味、归经。苦、辛，温。入脾、胃、大肠经。

（2）功效。行气燥湿、降逆平喘。

（3）主治。肚腹胀满，呕吐，便秘，咳喘。

（4）应用。若治疗湿困脾胃兼有气滞所致的肚胀、腹痛或呃逆等，与苍术、陈皮、甘草等相配伍；若治疗肚胀兼有实证便秘者，与枳实、大黄等相配伍。若治疗感受风寒兼有气逆咳喘者，与麻黄、半夏相配伍。

（5）用量。马、牛 15~45 g，猪、羊 5~15 g；犬 3~5 g；兔、禽 1.5~2 g。

5. 枳实

橙的幼果入药。生用、清炒、麸炒及酒炒用。

（1）性味、归经。苦，微寒。入脾、胃经。

（2）功效。破气消积、通便。

（3）主治。肚腹胀满，热结便秘。

（4）应用。用于肚胀、食积不化等症，与厚朴、白术等相配伍。用于热结便秘、肚胀疼痛者，与大黄、芒硝等相配伍。

（5）用量。马、牛 30~60 g；猪、羊 5~10 g；犬 4~6 g；兔、禽 1~3 g。

6. 槟榔

槟榔的成熟种子入药。生用或炒用。

（1）性味、归经。辛、苦，温。入胃、大肠经。

（2）功效。消积导滞、行气利水、杀虫。

（3）主治。食积气滞腹痛，便秘，水肿，寄生虫病。

（4）应用。用于多种肠内寄生虫病。用于食积气滞、腹胀、便秘、里急后重等，多与青皮、枳壳等相配伍。用于脾虚水肿，常与吴茱萸、木瓜、苏叶、陈皮等配伍。

（5）用量。马 5~15 g；牛 12~60 g；猪、羊 6~12 g；兔、禽 1~3 g。

二、理气方

1. 橘皮散

（出自《元亨疗马集》）

（1）处方。青皮 25 g，陈皮 30 g，厚朴 30 g，桂心 15 g，细辛 5 g，茴香 30 g，当归 25 g，白芷 15 g，槟榔 15 g。研末冲调，候温加葱白 3 支、炒盐 10 g、醋 120 mL。

（2）同调灌服。

（3）功效。理气散寒，和血止痛。

（4）主治。治疗马伤水起卧证。见腹痛、肠鸣、口色淡青等。治疗马属动物伤水冷痛证。治疗小便不利，加滑石、茵陈、木通；用于肠鸣如雷，加苍术；治疗气滞腹痛，加丁香、木香等。

（5）方解。方中青皮、陈皮、当归（主药）理气活血；桂心、茴香、厚朴、大葱（辅药）等辛温散寒；白芷、细辛、槟榔（佐药）等温经行水，以驱肠内积水；盐、醋（使药）引经。

（6）方歌。橘皮散中青陈朴，辛桂茴香归芷和，槟榔醋葱炒盐入，伤水腹痛此方卓。

2. 三香散

（出自《中华人民共和国兽药典·二部》2000 年版）

（1）处方。丁香 25 g，木香 45 g，藿香 45 g，青皮 45 g，陈皮 45 g，槟榔 15 g，炒牵牛子 45 g。

（2）用法。研末冲调灌服。

（3）功效。破气消胀，宽肠通便。

（4）主治。胃肠臌气。用于马属动物原发性肠臌气。

（5）方解。方中丁香温（主药）胃散寒，下气消胀；木香、藿香理气和中、止痛，青皮、陈皮理气解郁，疏肝健脾，为辅药；槟榔、牵牛子（佐使药）宽肠导滞。

（6）方歌。丁香木香和藿香，青陈二丑共槟榔，麻油调和通便使，气滞肚胀服之康。

3. 越鞠丸

（出自《丹溪心法》）

（1）处方。香附 30 g，苍术 30 g，川芎 30 g，六曲 30 g，栀子 30 g。

（2）用法。研末冲调灌服。

（3）功效。本方用于治疗胃肠神经功能症、胃及十二指肠溃疡、慢性胃炎及其他慢性胃肠病和消化不良等。

（4）主治。行气解郁，疏肝理脾。多见肚腹胀满、嗳气呕吐、水谷不消等实证。

（5）方解。方中香附（主药）行气解郁；川芎行气活血，苍术燥湿健脾，为辅药；六曲消食和胃，栀子清热泻火，同为辅佐药。

（6）方歌。越鞠丸治六般郁，食气血湿痰火郁，芎苍曲附并栀添，行气解郁病自痊。

任务实施

步骤一：根据本任务内容，通过查阅图书或网络资源，收集相关资料及在中兽医临床上的应用案例资料，并整理分析，列出大纲。

步骤二：根据个人理解，将主要内容进行总结，并绘制思维导图；思维导图应包括三个方面的内容，即概述、理血药和理血方。

步骤三：将个人绘制好的思维导图通过软件上传或在班级群中进行展示，供其他同学参阅，并提出优缺点。

步骤四：根据其他同学的意见或建议进一步完善思维导图，进一步理解课堂内容。

任务检测

请扫描二维码 3-8-1 进入在线测试，可反复多次答题，直到获得满意的结果。

二维码 3-8-1　项目三任务八检测

任务评价

根据本任务表现及思维导图绘制情况进行评价，具体评价见表 3-8-1。

表 3-8-1　任务完成过程评价

班级：		组别：	姓名：	
任务	评分标准	自我评价	小组评价	教师评价
形式方面	整体布局合理，核心主题明确（20 分）			
	颜色对比明显，分支颜色有所区别（10 分）			
	部分内容有相应图片展示（20 分）			
内容方面	内容正确，包括概念和关系的准确性（10 分）			
	内容知识点完整，主次分明（20 分）			
	内容简洁扼要，层次清晰（20 分）			
合计				

续表

班级：		组别：	姓名：
自我评价与总结			
教师点评			

技能一　理气药饮片的识别

请扫描二维码 3-8-2 进行“技能一　理气药饮片的识别”训练。

二维码 3-8-2　技能一　理气药饮片的识别

技能二　理气药植物形态识别

请扫描二维码 3-8-3 进行“技能二　理气药植物形态识别”训练。

二维码 3-8-3　技能二　理气药植物形态识别

任务九　理血药及方剂

学习情境

理血药及方剂指能调理并治疗血分证的药物和方剂。

血分病证一般分为血虚、血溢、血热和血瘀四种。血虚宜补血，血溢宜止血，血热宜凉血，血瘀宜活血。因此，理血药分为补血药、活血祛瘀药、清热凉血药和止血药四类。此处只介绍活血祛瘀药和止血药。

活血祛瘀药：具有活血化瘀、疏通血脉的作用，用于瘀血肿痛，跌打损伤，产后血瘀腹痛，以及胎衣不下等病症。常见的药物有川芎、丹参、红花、牛膝等。

止血药：具有制止机体内、外出血的作用，用于各种出血证，如咯血、便血、衄血、尿血、子宫出血及创伤出血等。常见的药物有白及、三七、大蓟等。

学生通过查阅图书或网络资源，查找与理血药相关的资料，及兽医临床案例，并制作思维导图。

【注意事项】

(1) 根据气与血的关系，理气药常与理血药同用。

(2) 活血化瘀药可催产下胎，对怀孕动物忌用或慎用。

(3) 在使用止血药时，应注意有无瘀血，以免留瘀之弊。

任务准备

一、理血药

(一) 活血祛瘀药

1. 川芎

川芎的根茎入药。生用或炒用。

(1) 性味、归经。辛，温。入肝、胆、心包经。

(2) 功效。活血行气，祛风止痛。

(3) 主治。气滞血瘀，风湿痹痛，跌打损伤。

(4) 应用。若治疗气血瘀滞引起难产、胎衣不下，与当归、赤芍、桃仁等相配伍；若跌打损伤，可与当归、红花、乳香等相配伍。若治疗外感风寒，与细辛、白芷等配伍；若治疗风湿痹痛，则与羌活、独活等配伍。

(5) 用量。马、牛 15～45 g；猪、羊 3～10 g；犬、猫 1～3 g；兔、禽 0.5～1.5 g。

2. 丹参

丹参的根及根茎入药。生用。

(1) 性味、归经。苦，微寒。入心、心包、肝经。

(2) 功效。活血祛瘀、凉血消痈、养血安神。

(3) 主治。气滞血瘀，跌打损伤，疮痈肿毒，躁动不安。

(4) 应用。若治疗产后恶露不尽，瘀滞腹痛等症，与桃仁、红花等配伍；若治疗跌打损伤，则与当归、红花、乳香等相配伍。若治疗疮痈肿毒，与金银花、乳香等配伍。若治疗热入营血、躁动不安等，与生地、黄连、麦冬等配伍。

(5) 用量。马、牛 15～45 g；骆驼 30～60 g；猪、羊 5～10 g；犬、猫 3～5 g；兔、禽 0.5～1.5 g。

3. 益母草

益母草的新鲜或干燥全草入药。生用。

(1) 性味、归经。辛、苦，微寒。入肝、心、膀胱经。

(2) 功效。活血祛瘀，利水消肿。

（3）主治。产后瘀血腹痛，胎衣不下，水肿、尿不利。

（4）应用。用于产后血瘀腹痛，与当归、川芎、甘草等配伍。用于水肿、小便不利等，与茯苓、猪苓等配伍。

（5）用量。马、牛 30~60 g；猪、羊 10~30 g；犬 5~10 g；兔、禽 0.5~1.5 g。

4. 牛膝

牛膝的根入药。生用。牛膝有怀牛膝和川牛膝两种。

（1）性味、归经。苦、酸，平。入肝、肾经。

（2）功效。活血祛瘀、引血下行、祛风除湿、补肝肾。

（3）主治。腰胯无力，跌打损伤，胎衣不下，风湿痹痛等。

（4）应用。用于产后瘀血腹痛、胎衣不下等症，与红花、川芎等配伍。用于衄血、咽喉肿痛等症，与石膏、知母、麦冬等配伍。用于风湿痹痛等，与桑寄生、独活等配伍。用于肝肾不足、腰膝痿弱等症，与熟地、杜仲等配伍。

（5）用量。马、牛 20~60 g，猪、羊 6~12 g；犬、猫 1~3 g；兔、禽 0.5~1.5 g。

5. 延胡索

延胡索的块茎入药。又称玄胡或元胡。醋炒用。

（1）性味、归经。苦、微辛，温。入肝、脾经。

（2）功效。活血通经，行气止痛。

（3）主治。气血瘀滞，跌打损伤。

（4）应用。用于气滞血瘀引起的疼痛等。如血滞腹痛时，与五灵脂、青皮、没药等配伍；跌打损伤时，与当归、川芎、桃仁等配伍。

（5）用量。马、牛 15~30 g；猪、羊 3~10 g；犬 1~5 g；兔、禽 0.5~1.5 g。

6. 三棱

三棱的块茎入药。生用。

（1）性味、归经。苦，平。入肝、脾经。

（2）功效。破血行气、消积止痛。

（3）主治。产后瘀滞腹痛，食积气滞、肚腹胀满疼痛。

（4）应用。用于产后瘀滞腹痛、恶露不尽等，与莪术、当归、红花等配伍。用于食积、气滞、肚胀、肚痛等，与木香、山楂等配伍。

（5）用量。马、牛 15~60 g；猪、羊 5~10 g；犬、猫 1~3 g。

7. 郁金

郁金的块根入药。生用。

（1）性味、归经。辛、苦，寒。入肝、心、肺经。

（2）功效。凉血清心，行气解郁，祛瘀止痛，利胆退黄。

（3）主治。肝气凝滞所引起的胸腹疼痛、急慢性肠黄、黄疸、跌打损伤、疮黄肿毒等。

（4）应用。用于湿温病，如急慢性肠黄等症，与黄柏、黄连、黄芩、大黄等配伍。用于肝气凝滞所引起的胸腹疼痛等症，与柴胡、白芍等配伍。用于湿热黄疸，与茵陈、栀子等配伍。

（5）用量。马、牛 15~45 g；骆驼 30~60 g；猪、羊 3~10 g；犬 3~6 g；兔、禽 0. 3~1. 5 g。

（6）禁忌。畏丁香。

8. 红花

红花的花入药。生用。

（1）性味、归经。辛，温。入心、肝经。

（2）功效。活血通经、祛瘀止痛。

（3）主治。产后血瘀，跌打损伤，胎衣不下，痈肿疮疡。

（4）应用。用于产后血瘀、胎衣不下等症，与桃仁、川芎、当归等配伍。用于跌打损伤、瘀血等症，与肉桂、川芎、乳香等配伍。用于痈肿疮疡，与赤芍、生地、蒲公英等配伍。

（5）用量。马、牛 15~30 g；猪、羊 3~10 g；犬 3~5 g。

（二）止血药

1. 蒲黄

蒲黄的花粉入药，又称香蒲。炒用或生用。

（1）性味、归经。甘，平。入肝、脾、心经。

（2）功效。收敛止血，活血祛瘀。

（3）主治。各种出血症。

（4）应用。用于各种出血症。如用于子宫出血，与益母草、艾叶等配伍；如用于尿血，与白茅根、大蓟配伍。用于跌打损伤，与桃仁、红花等配伍。

（5）用量。马、牛 15~45 g；猪、羊 5~10 g；犬 3~5 g；兔、禽 0. 5~1. 5 g。

2. 大蓟

大蓟的地上部分或根入药。生用或炒炭用。

（1）性味、归经。甘，凉。入肝、心经。

（2）功效。凉血，止血，散痈肿。

（3）主治。出血症，痈肿疮毒。

（4）应用。用于各种出血症，如用于衄血、尿血、便血、子宫出血等，与生地、蒲黄、侧柏等配伍。用于疮痈肿毒，用鲜品捣服或煎服，并敷患处。

（5）用量。马、牛 30~60 g；猪、羊 10~20 g。

3. 三七

三七的根入药，生用。

（1）性味、归经。甘、微苦，温。入肝，胃经。

（2）功效。散瘀止血、消肿止痛。

（3）主治。各种出血症，跌打损伤。

（4）应用。本药有“止血不留瘀”的特点，常用于出血且有瘀滞。为治跌打损伤之要药。

（5）用量。马、牛 10~30 g；骆驼 15~45 g；猪、羊 3~6 g；犬、猫 1~3 g。

4. 侧柏叶

侧柏的枝叶入药。生用或炒炭用。

（1）性味、归经。苦、涩，微寒。入肝、肺、大肠经。

（2）功效。凉血止血，清肺止咳。

（3）主治。出血症，肺热咳喘。

（4）应用。用于便血、尿血、子宫出血等出血症，与生地、生艾叶配伍。用于肺热咳嗽，与大枣配伍。

（5）用量。马、牛 15~60 g；猪、羊 5~15 g；兔、禽 0.5~1.5 g。

5. 地榆

地榆的根入药。生用或炒炭用。

（1）性味、归经。苦、酸，微寒。入肝、胃、大肠经。

（2）功效。凉血止血，收敛解毒。

（3）主治。出血症，烧烫伤。

（4）应用。用于各种出血症，以治下焦血热最为常用。如用于便血，与槐花、侧柏叶等配伍；如用于血痢，与黄连、木香等配伍。为治烧烫伤的要药，生地榆研末，麻油调敷即可。

（5）用量。马、牛 15~60 g；猪、羊 6~12 g；兔、禽 1~2 g。

6. 槐花

槐的花及花蕾入药。生用或炒用。

（1）性味、归经。苦，微寒。入肝、大肠经。

（2）功效。凉血止血，清肝明目。

（3）主治。肠风便血，目赤肿痛。

（4）应用。热证皆可用，但多用于下焦热，如用于便血，与侧柏叶、地榆等配伍。用于目赤肿痛，与夏枯草、菊花等配伍。

（5）用量。马、牛 30~45 g；骆驼 40~80 g；猪、羊 5~15 g；犬 5~8 g。

7. 血竭

血竭的树脂入药。生用。

（1）性味、归经。甘、咸，平。入心、肝经。

（2）功效。止血，敛疮生肌、止痛，化瘀。

（3）主治。出血，疮口不敛，跌打损伤。

（4）应用。用于外伤出血。撒于患处，或与蒲黄等配伍；用于鼻出血，与血余炭同用，研末吹鼻。用于疮面久不愈合，与乳香、没药等配伍。用于产后瘀阻疼痛、跌打损伤等，与乳香、没药等配伍。

（5）用量。马、牛 15~25 g；猪、羊 3~6 g；犬 1~3 g。

二、理血方

1. 桃红四物汤

（出自《医宗金鉴》）

（1）处方。桃仁45 g，当归45 g，赤芍45 g，红花30 g，川芎20 g，生地60 g。

（2）用法。水煎服，或研末冲调灌服。

（3）功效。活血祛瘀，补血止痛。

（4）主治。血瘀所致的四肢疼痛、产后腹痛及不孕症等。本方用于血瘀诸证。

（5）方解。四物汤具有补血活血的作用。若以活血祛瘀的桃仁、红花为主药，用活血祛瘀的赤芍代替补血养阴的白芍，用清热凉血消瘀的生地代替补血养阴的熟地，使原方的补血调血作用，变为活血凉血。再加上桃仁、红花，则突出了活血化瘀的作用，成为一个比较平和有效的活血化瘀方。

（6）方歌。桃红四物用桃仁，红花当归赤芍呈，川芎生地共煎服，活血祛瘀有良效。

2. 红花散

（出自《元亨疗马集》）

（1）处方。红花20 g，没药20 g，桔梗20 g，神曲30 g，枳壳20 g，当归30 g，山楂30 g，厚朴20 g，陈皮20 g，甘草15 g，白药子20 g，黄药子20 g，麦芽30 g。

（2）用法。研末冲调灌服。

（3）功效。活血理气，消食化积。

（4）主治。用于治疗马属动物料伤五攒痛。

（5）方解。方中红花、没药、当归活血祛瘀，为主药；枳壳、厚朴、陈皮行气宽中，六曲、山楂、麦芽消食化积，为辅药；桔梗宣肺利膈，黄药子、白药子清热散瘀，为佐药；甘草和中缓急，协调诸药为使药。

（6）方歌。红花归没朴三仙，枳陈草桔二药煎。

3. 生化汤

（出自《傅青主女科》）

（1）处方。当归120 g。川芎45 g。桃仁45 g。炮姜10 g。炙甘草10 g。

（2）用法。加黄酒250 mL，童便250 mL煎服。

（3）功效。活血化瘀，温经止痛。

（4）主治。主要治疗产后血虚，恶露，肚腹等。本方为治疗产后瘀血阻滞的基础方。若产后腹痛，恶露且血块较多，加蒲黄、五灵脂；产后寒甚者，加肉桂、吴茱萸等；若产后气血亏损，加党参、熟地、山药、阿胶等；若产后腹痛，去桃仁，加元胡、益母草；若产后发热，去炮姜，加益母草、赤芍、丹参等。

（5）方解。方中当归活血补血，化瘀生新为主药；川芎活血行气，桃仁活血祛瘀，同为辅药；炮姜温经、散寒、止痛，黄酒温通血脉，为佐药；炙甘草调和诸药。

（6）方歌。生化汤宜产后服，恶露不行痛难当，炮姜归草芎桃仁，黄酒童便共成方。

4. 通乳散

（江西省中兽医研究所方）

（1）处方。黄芪60 g，党参40 g，通草30 g，川芎30 g，白术30 g，川续断30 g，山甲珠30 g，当归60 g，王不留行60 g，木通20 g，杜仲20 g，甘草20 g，阿

胶 60 g。

（2）用法。研末冲调，加黄酒 100 mL，候温灌服，亦可水煎服。

（3）功效。补益气血，通经下乳。

（4）主治。用于气血不足，经络不通所导致的缺乳症。用于母畜体质瘦弱，气血不足之缺乳症。若是气机不畅，经脉阻滞，所致的缺乳症，则用当归、王不留行、路路通、山甲珠、木香、瓜蒌、生元胡、通草、川芎组成的通乳散，以调畅气机，疏通经脉。

（5）方解。方中黄芪、党参、白术、甘草、当归、阿胶气血双补以培其本，为主药；杜仲、川续断、川芎补肝肾，通肝脉，木通、山甲、通草、王不留行通经下乳，以治其标，同为辅佐药；黄酒助药势为使药。

（6）方歌。通乳散芪参术草，归杜芎断通草胶，木通山甲王不留，黄酒为引催乳好。

5. 秦艽散

（出自《元亨疗马集》）

（1）处方。秦艽 30 g，炒蒲黄 30 g，瞿麦 30 g，车前子 30 g，天花粉 30 g，黄芩 20 g，大黄 20 g，红花 20 g，当归 20 g，白芍 20 g，栀子 20 g，甘草 10 g，淡竹叶 15 g。

（2）研末冲调灌服，也可煎汤服。

（3）功效。清热通淋，祛瘀止血。

（4）主治。热积膀胱、弩伤尿血。体虚弩伤之尿血者，可加减应用。

（5）方解。蒲黄、瞿麦、秦艽通淋止血，和血止痛，为主药；当归、白芍养血滋阴，为辅药；大黄、红花清热活血，栀子、黄芩、车前子、天花粉、竹叶清热利尿，同为佐药；甘草调和诸药，为使药。

（6）方歌。秦艽散归芍黄草，红花瞿麦蒲川军，花粉车前栀竹草，用治瘦马尿血淋。

6. 槐花散

（出自《本事方》）

（1）处方。炒槐花 100 g，炒侧柏叶 50 g，荆芥炭 30 g，炒炽壳 30 g。

（2）用法。研末冲调灌服。

（3）功效。清肠止血，疏风理气。

（4）主治。肠风下血，血色鲜红，或粪中带血。用于大肠湿热所致的便血。若大肠热盛，加黄连、黄芩；下血多者，加地榆；大便下血不止者，加生地、当归、川芎；便血已久而血虚者，加熟地黄、当归、川芎等。

（5）方解。方中槐花清大肠湿热，凉血止血，为主药；侧柏叶辅助槐花凉血止血，炒荆芥理气疏风并入血分而止血，同为辅药；枳壳理气宽肠为佐使药。

（6）方歌。槐花散用治肠风，荆芥枳壳侧柏从，用时诸药须炒黑，疏风清肠止血功。

任务实施

步骤一：根据本任务内容，通过查阅图书或网络资源，收集相关资料及在中兽医临床上的应用案例资料，并整理分析，列出大纲。

步骤二：根据个人理解，将主要内容进行总结，并绘制思维导图；思维导图应包括三个方面的内容，即概述、理血药和理血方。

步骤三：将个人绘制好的思维导图通过软件上传或在班级群中进行展示，供其他同学参阅，并提出优缺点。

步骤四：根据其他同学的意见或建议进一步完善思维导图，进一步理解课堂内容。

任务检测

请扫描二维码 3-9-1 进入在线测试，可反复多次答题，直到获得满意的结果。

二维码 3-9-1　项目三任务九检测

任务评价

根据本任务表现及思维导图绘制情况进行评价，具体评价见表 3-9-1。

表 3-9-1　任务完成过程评价

班级：		组别：		姓名：
任务	评分标准	自我评价	小组评价	教师评价
形式方面	整体布局合理，核心主题明确（20 分）			
	颜色对比明显，分支颜色有所区别（10 分）			
	部分内容有相应图片展示（20 分）			
内容方面	内容正确，包括概念和关系的准确性（10 分）			
	内容知识点完整，主次分明（20 分）			
	内容简洁扼要，层次清晰（20 分）			
合计				
自我评价与总结				
教师点评				

技能一　理血药饮片的识别

请扫描二维码 3-9-2 进行“技能一　理血药饮片的识别”训练。

二维码 3-9-2　技能一　理血药饮片的识别

技能二　理血药植物形态识别

请扫描二维码 3-9-3 进行“技能二　理血药植物形态识别”训练。

二维码 3-9-3　技能二　理血药植物形态识别

任务十　固涩药及方剂

请扫描二维码 3-10-1 进行“任务十　固涩药及方剂”训练。

二维码 3-10-1　任务十　固涩药及方剂

任务十一　补虚药及方剂

学习情境

补虚药及方剂指能补益气血阴阳不足的药物和方剂。虚证一般分为气虚、血虚、阴虚、阳虚四种，故补虚药也分为补气、补血、滋阴和助阳药四种。

补气药：本类药多甘温或甘平，入脾、胃、肾经。具有补益脾气、肺气、心气的作用，用于引起的食欲减退，身体倦怠，肚腹胀满，泻下，脱肛或子宫脱等脾气虚证；及用于气短少、气喘、自汗等肺气虚证。药物有人参、党参、黄芪等。

补血药：本类药多甘，平、温，入心、肝、脾经，有补血的功效，用于体瘦毛焦、口色淡白、心悸脉弱等血虚证。药物有当归、白芍、熟地、阿胶等。

助阳药：本类药味甘、咸，性温、热，入肝、肾经，有补肾助阳，强筋壮骨的作用，用于形寒肢冷、腰胯无力、阳痿滑精、不孕、肾虚泄泻等阳虚证。药物有巴戟天、肉苁蓉、淫羊藿等。

滋阴药：本类药味甘，性凉。入肺、胃、肝、肾经。具有滋肾阴、补肺阴、养胃阴、益肝阴等功效，用于舌光无苔、口干舌燥、虚热口渴、肺燥咳嗽等阴虚证。药物有枸杞子、天门冬、麦门冬等。

学生通过查阅图书或网络资源，查找与补虚药相关的资料，及兽医临床案例，整理分析，并制作思维导图。

【注意事项】

(1) 应用补虚药时，应依据病情，酌情用药。若为真实假虚证，不宜用药；若实邪未尽时，不宜早用，否则会有留邪之弊；若病邪未解，正气已虚，则以祛邪为主，酌情配伍补益药。

(2) 脾为后天之本，气血、营卫生化之源，补气血重在补脾；肾为先天之本，真阴真阳之所在，故补阴阳重在补肾。

任务准备

一、补虚药

(一) 补气药

1. 人参

人参的根入药。生用。

(1) 性味、归经。甘、微苦。入脾、肺、心经。

(2) 功效。大补元气，生津安神，补益脾肺。

(3) 主治。脾胃虚弱、肺气亏虚、惊悸、热病伤津等。

(4) 应用。若治疗元气亏虚，可单用或与附子等配伍；若治疗津气两亏、汗多口渴，与麦冬、五味子等配伍。若治疗心气不足、神志不宁，与当归、枣仁、元肉等配伍。若治疗脾气下陷所致的肛脱、子宫脱，与黄芪、白术、升麻等配伍；若治疗食少便溏，与白术、茯苓等配伍。若治疗肺肾气虚者，与蛤蚧、山药配伍。

(5) 用量。马、牛 15~30 g；羊、猪 5~10 g；犬、猫 0.5~2 g。

2. 党参

党参的根入药。生用或蜜炙用。

(1) 性味、归经。甘、平。入脾、肺经。

（2）功效。补中益气，健脾生津。

（3）主治。脾胃虚弱、气虚脱垂、肺虚咳喘、津伤口渴。

（4）应用。用于脾气虚弱所致的身体倦怠乏力、泄泻等，常与白术、茯苓、炙甘草等配伍。脱肛、子宫脱，与黄芪、白术、升麻等配伍。用于津伤口渴、肺虚气短，常与麦冬、五味子、生地等配伍。

（5）用量。马、牛 20~60 g；猪、羊 5~10 g；犬 3~5 g；兔、禽 0.5~1.5 g。

3. 黄芪（北芪、黄耆）

黄芪的根入药。生用或蜜炙用。

（1）性味、归经。甘，微温。入脾、肺经。

（2）功效。补气升阳，固表止汗，托毒生肌，利水退肿。

（3）主治。脾肺气虚，少食倦怠，气短，泄泻，表虚自汗，中气下陷，疮痈难溃，气虚水肿。

（4）应用。用于脾肺气虚所致的食少、气短、泄泻等，与白术、茯苓等配伍；用于脱肛、子宫脱等，常与党参、升麻、柴胡等配伍。用于气虚自汗，与麻黄根、浮小麦等配伍；用于表虚易感风寒等，与防风、白术配伍；用于疮痈内陷，或久溃不敛，与党参、肉桂、当归等配伍；用于脓成不溃，与白芷、当归、皂角刺等配伍。用于脾气虚、尿不利、水湿停滞所致水肿，与防己、白术等配伍。

党参甘平，补气兼能守阴，守而不走，长于补脾气；黄芪甘温，补气兼能扶阳，走而不守，偏于升提中气。气虚且津液不足者多用党参，气虚且阳虚寒者多用黄芪。两者一般相须为用，以增强疗效。

（5）用量。马、牛 20~60 g；骆驼 30~80 g；猪、羊 5~15 g；犬 5~10 g；兔、禽 1~2 g。

4. 白术（冬术）

白术的根茎入药，生用或炒用。

（1）性味、归经。甘、苦，温。入脾、胃经。

（2）功效。补脾益气，燥湿利水，固表止汗。

（3）主治。脾虚泄泻，水肿，自汗，胎动不安等。

（4）应用。生用长于燥湿，炒用长于健脾。用于脾胃气虚、运化失常，与党参、茯苓等配伍；用于脾胃虚寒、冷痛、泄泻等，与党参、干姜等配伍；用于水肿，与茯苓、泽泻等配伍；用于表虚自汗，与黄芪、浮小麦同用；用于脾虚所致胎动不安，与当归、白芍、阿胶等配伍。

（5）用量。马、牛 20~60 g；骆驼 30~90 g；猪、羊 10~15 g；犬、猫 1~5 g；兔、禽 1~2 g。

5. 山药（淮山药）

山药的块根入药，生用或炒用。

（1）性味、归经。甘，平。入脾、肺、肾经。

（2）功效。健脾胃，益肺肾。

（3）主治。食欲不振、脾虚泄泻、肺虚久咳、肾虚滑精、尿频等。

(4) 应用。不论脾阳虚或胃阴虚皆可应用，为平补脾胃之药。用于脾胃虚弱、少食倦怠等，与党参、白术、茯苓等配伍；冷痛泄泻，与党参、干姜等配伍。用于肺虚久咳，与沙参、麦冬、五味子等配伍。用于肾虚滑精，与熟地、山萸肉等配伍；用于尿频数，与益智仁、桑螵蛸等配伍。

(5) 用量。马、牛 30~90 g；猪、羊 10~30 g；犬 5~15 g；兔、禽 1.3~5 g。

6. 甘草（国老、甜草）

甘草的根及根茎入药，生用或炙用。

(1) 性味、归经。甘，平。入十二经。

(2) 功效。补中益气，清热解毒，润肺止咳，缓和药性。

(3) 主治。脾胃虚弱、咳喘、疮痈肿毒、咽喉肿痛、中毒等。

(4) 应用。生用泻火，炙用温中，并能调和其他药物的药性。用于脾胃虚弱，与党参、白术等配伍。用于疮痈肿痛，与金银花、连翘等清热解毒药配伍；若治疗咽喉肿痛，与桔梗、牛蒡子等配伍。此外，还是中毒的解毒要药。用于治咳嗽喘息等，与化痰止咳药配伍。能缓和某些药物峻烈之性，具有调和诸药的作用，许多处方常配伍本品。对多种药物，如附子及食物中毒，有一定的解毒作用。

(5) 用量。马、牛 15~60 g；骆驼 45~100 g；猪、羊 3~10 g；犬、猫 1~5 g；兔、禽 0.6~3 g。

（二）补血药

1. 当归（归身、归尾）

当归的根入药。生用或酒炒用。

(1) 性味、归经。甘、辛、苦，温。入肝、脾、心经。

(2) 功效。补血和血，活血止痛，润肠通便。

(3) 主治。血虚劳损，瘀血疼痛，肠燥便秘。

(4) 应用。炮制方法不同，功效有差异。当归酒浸则活血，盐水炒则下行，醋炒则止血，油炒则润肠。用于体弱血虚证，与黄芪、党参、熟地等配伍。若治疗损伤瘀痛，与红花、桃仁、乳香等配伍；用于痈肿，与金银花、牡丹皮、赤芍等配伍；用于产后瘀血，与益母草、川芎、桃仁等配伍；用于风湿痹痛，与羌活、独活、秦艽等配伍。用于阴虚或血虚的肠燥便秘，与麻仁、杏仁、肉苁蓉等配伍。

(5) 用量。马、牛 15~60 g；骆驼 35~75 g；猪、羊 10~15 g；犬、猫 2~5 g；兔、禽 1~2 g。

2. 白芍（芍药、杭芍）

芍药的根入药。生用或炒用。

(1) 性味、归经。苦、酸，微寒。入肝经。

(2) 功效。平抑肝阳，柔肝止痛，敛阴养血。

(3) 主治。肝血不足，肝脾不和，泻痢，自汗、盗汗、胎动不安。

(4) 应用。用于肝脾不和所引起的胸胁疼痛，与柴胡、当归等配伍；用于热毒泻痢，与黄连、木香、大黄等配伍；用于肝阳上亢，与石决明、生地、女贞子等配伍。用于柔肝止痛，主要用于肝旺乘脾所致的腹痛，常与甘草同用。用于肝血亏虚，与当归、熟地等配伍。用于自汗，与桂枝配伍；用于盗汗，与牡蛎、地黄等配伍。

（5）用量。马、牛 15~60 g；骆驼 30~100 g；猪、羊 6~15 g；犬、猫 1~5 g；兔、禽 1~2 g。

3. 熟地黄（熟地、九地）

地黄的块根入药，蒸用。

（1）性味、归经。甘，微温。入心、肝、肾经。

（2）功效。补血滋阴。

（3）主治。血虚证，肾阴不足等。

（4）应用。用于血虚诸证，与当归、川芎、白芍等配伍。用于肝肾阴虚所致的潮热、出汗、滑精等，与山茱萸、山药等配伍。

（5）用量。马、牛 30~60 g；猪、羊 5~15 g；犬 3~5 g。

4. 阿胶（驴皮胶、阿胶珠）

驴的皮熬煮制成的胶块。溶化冲服或炒珠用。

（1）性味、归经。甘，平。入肺、肾、肝经。

（2）功效。补血止血，滋阴润肺，安胎。

（3）主治。体质虚弱，出血证，虚劳咳嗽，胎动不安等。

（4）应用。用于血虚，与当归、黄芪、熟地等配伍。配伍白及，治肺出血；配生地、旱莲草、仙鹤草、茅根等，治衄血；配艾叶、生地、当归等，治子宫出血；配槐花、地榆等，治便血。用于妊娠胎动、下血，与艾叶、当归等配伍。

（5）用量。马、牛 15~60 g；猪、羊 10~15 g；犬 5~8 g。

5. 何首乌（首乌、地精）

何首乌的块根入药。生用或制用。晒干未经炮制的为生首乌，加黑豆汁反复蒸晒而成为制首乌。

（1）性味、归经。甘、苦、涩，微温。入肝、肾经。

（2）功效。制首乌补肝肾，益精血；生首乌通便，解疮毒。

（3）主治。肝肾阴虚，血虚，肠燥便秘，疮黄肿毒。

（4）应用。用于阴虚血少、腰膝痿弱等，多与熟地、枸杞子、菟丝子等配伍。用于老弱体虚动物之便秘，与当归、肉苁蓉、麻仁等配伍。用于瘰疬、疮疡等，与玄参、紫花地丁、天花粉等同用。

（5）用量。马、牛 30~90 g；猪、羊 10~15 g；犬、猫 2~6 g；兔、禽 1~3 g。

（三）助阳药

1. 巴戟天（巴戟、巴戟肉）

巴戟天的根入药。生用或盐炒用。主产于广东、广西、福建、四川等地。

（1）性味、归经。辛、甘，微温。入肝、肾经。

（2）功效。补肾阳，强筋骨，祛风湿。

（3）主治。肾虚阳痿、滑精早泄、腰膝疼痛，风湿痹痛。

(4) 应用。用于肾虚阳痿、滑精早泄等，与肉苁蓉、补骨脂、胡芦巴等配伍。用于肾虚骨痿，运步困难，腰膝疼痛等，与杜仲、续断、菟丝子等配伍；用于风湿痹痛，与续断、淫羊藿羌活、独活等配伍。

(5) 用量。马、牛 15～30 g；猪、羊 5～10 g；犬、猫 1～5 g；兔、禽 0.5～1.5 g。

2. 肉苁蓉（苁蓉、大芸）

肉苁蓉的肉质茎入药，用盐水浸渍，称咸苁蓉；再以清水漂洗，蒸熟晒干，称淡苁蓉；或切片生用。

(1) 性味、归经。甘、咸，温。入肾、大肠经。

(2) 功效。补肾壮阳，润肠通便。

(3) 主治。肾虚阳痿、滑精早泄、肠燥便秘等。

(4) 应用。用于肾阳不足，与熟地、菟丝子、五味子、山茱萸等同用。润肠通便，适用于老弱血虚及肠燥便秘等，与麻仁、柏子仁、当归等配伍。

(5) 用量。马、牛 15～45 g；猪、羊 5～10 g；犬 3～5 g；兔、禽 1～2 g。

3. 淫羊藿（仙灵脾）

淫羊藿的茎叶入药。生用。主产于陕西、甘肃、四川、台湾、安徽、浙江、江苏、广东、广西、云南等地。

(1) 性味、归经。辛，温。入肾经。

(2) 功效。补肾壮阳，强筋骨，祛风除湿。

(3) 主治。肾虚阳痿，滑精早泄，肠燥便秘。

(4) 应用。用于阳痿、滑精、尿频、腰膝冷痛、肢冷等，与仙茅、山茱萸、肉苁蓉等补肾药配伍。用于风湿痹痛、四肢不利、筋骨痿弱、四肢瘫痪等，常与威灵仙、独活、肉桂、当归、川芎等配伍。

(5) 用量。马、牛 15～30 g；猪、羊 10～15 g；犬 3～5 g；兔、禽 0.5～1.5 g。

4. 杜仲（木棉）

杜仲的树皮入药。生用，或酒炒、盐炒用。

(1) 性味、归经。甘、微辛，温。入肝、肾经。

(2) 功效。补肝肾，强筋骨，安胎。

(3) 主治。肾阳虚证，风湿麻痹，胎动不安。

(4) 应用。用于阳虚诸证，与补骨脂、菟丝子、枸杞子、熟地、山茱萸、牛膝等配伍；用于风湿痹痛，与独活、桑寄生等配伍。用于体虚、肝肾亏损所致的胎动不安，与续断、阿胶、白术、党参、砂仁、艾叶等配伍。

(5) 用量。马、牛 15～60 g；猪、羊 5～10 g；犬 3～5 g。

5. 续断

续断的根入药。生用、酒炒或盐炒用。

(1) 性味、归经。苦，温。入肝、肾经。

(2) 功效。补肝肾，强筋骨，续伤折，安胎。

(3) 主治。肝肾不足，跌打损伤，胎动不安。

（4）应用。用于腰胯疼痛及风湿痹痛，与杜仲、牛膝、桑寄生等配伍。用于跌打损伤或骨折，常与骨碎补、当归、赤芍、红花等配伍。既能补肝肾又能安胎，常与阿胶、艾叶、熟地等配伍。

（5）用量。马、牛 25~60 g；猪、羊 5~15 g；兔、禽 1~2 g。

（四）滋阴药

1. 枸杞子（枸果、贡果）

枸杞的果实入药。生用。

（1）性味、归经。甘，平。入肝、肾经。

（2）功效。养阴补血，益精明目。

（3）主治。肝肾亏虚、精血不足、视力减退、眼目昏暗等。

（4）应用。用于肝肾亏虚、精血不足、腰胯乏力等，与菟丝子、熟地、山萸肉、山药等配伍。用于视力减退、眼目昏暗、瞳孔散大等，与菊花、熟地、山萸肉等配伍。

（5）用量。马、牛 30~60 g；猪、羊 10~15 g；犬 5~8 g。

2. 天门冬（天冬）

天门冬的块根入药。生用或酒蒸用。主产于华南、西南、华中及河南、山东等地。

（1）性味、归经。甘、微苦，寒。入肺、肾经。

（2）功效。养阴清热，润肺滋肾。

（3）主治。干咳少痰，肺肾阴虚、津少口渴，肠燥便秘等。

（4）应用。用于干咳少痰的肺虚热证，与麦冬、川贝等配伍；用于阴虚内热、口干痰稠者，与沙参、百合、花粉等配伍。用于肺肾阴虚、津少口渴等，与生地、党参等配伍。用于温病后期肠燥便秘，与玄参、生地、火麻仁等配伍。

（5）用量。马、牛 30~60 g；猪、羊 10~15 g；犬、猫 1~3 g；兔、禽 0.5~2 g。

3. 麦门冬（麦冬、寸冬）

麦冬的块根。生用。

（1）性味、归经。甘、微苦，凉。入肺、胃、心经。

（2）功效。清心润肺，养胃生津。

（3）主治。阴虚内热，热病伤津，口渴贪饮，肠燥便秘等。

（4）应用。用于肺热燥咳，与天冬、知母、桔梗等配伍；用于心阴虚所致心烦、失眠等，与伏神、远志、丹参等配伍。用于口渴贪饮，与知母、天花粉等配伍；用于干咳少痰，与阿胶、桑叶、枇杷叶等配伍。用于热病伤津、肠燥便秘，与生地、玄参等配伍。

（5）用量。马、牛 20~60 g；猪、羊 10~15 g；犬 5~8 g；兔、禽 0.6~1.5 g。

4. 沙参（南沙参、北沙参）

沙参的根入药。前两种习称南沙参，后者习称北沙参。生用。南沙参主产于安徽、江苏、四川等地，北沙参主产于山东、河北等地。

（1）性味、归经。甘，凉。入肺、胃经。

（2）功效。润肺止咳，养胃生津。

（3）主治。两种沙参作用相似，北沙参长于养阴，而南沙参长于祛痰。

（4）应用。用于久咳肺虚、热伤肺阴、干咳少痰等，与麦冬、天花粉等配伍。用于热病后或久病伤阴所致的口干舌燥、便秘等，与麦冬、玉竹等养阴生津药配伍。

（5）用量。马、牛 30~60 g；猪、羊 10~15 g；犬、猫 2~5 g；兔、禽 1~2 g。

二、补虚方

1. 四君子汤

（出自《和剂局方》）

（1）处方。党参 60 g，炒白术 60 g，茯苓 60 g，炙甘草 30 g。

（2）用法。共为末，开水冲调，候温灌服，或水煎服。

（3）功效。益气健脾。

（4）主治。脾胃气虚。证见体瘦毛焦，精神倦怠，四肢无力，食少便溏，舌淡苔白，脉细弱等。

（5）方解。本方为治脾气虚弱的基础方。脾胃为后天之本，气血生化之源，补气需从脾胃着手。方中党参（原方为人参，主药）补中益气；白术（佐药）苦温，健脾燥湿为辅药；茯苓甘淡，健脾渗湿，白术、茯苓合用，健脾除湿之功更强；炙甘草（使药）甘温，益气和中，调和诸药。诸药相合，补中气，健脾胃。

（6）方歌。四君子汤中和义，参术茯苓甘草比。

2. 补中益气汤

（出自《脾胃论》）

（1）处方。炙黄芪 90 g，党参 60 g，白术 60 g，当归 60 g，陈皮 60 g，炙甘草 45 g，升麻 30 g，柴胡 30 g。

（2）用法。水煎服。

（3）功效。补中益气，升阳举陷。

（4）主治。脾胃气虚及气虚下陷症。症见精神倦怠，草料减少，发热，汗自出，口渴喜饮，粪便稀溏，舌质淡，苔薄白或久泻脱肛、子宫脱垂等。

（5）方解。本方为治疗脾胃气虚及气虚下陷诸证的常用方。气虚下陷，治宜益气升阳，调补脾胃。方中黄芪（主药）补中益气，升阳固表；党参、白术、甘草（辅药）温补脾胃，助主药益气补中；当归（佐药）助主、辅药升提正气、养血，陈皮（佐药）理气行滞，配升麻、柴胡升阳举陷；炙甘草（使药）理气和中，调和诸药。诸药相合，升阳益气，调补脾胃。

（6）方歌。补中益气芪术陈，升柴参草当归身，劳倦内伤功独显，气虚下陷亦堪珍。

3. 四物汤

（出自《和剂局方》）

（1）处方。熟地黄 45 g，白芍 45 g，当归 45 g，川芎 30 g。

（2）用法。共为末，开水冲调，候温灌服，或水煎服。

（3）功效。补血调血。

（4）主治：血虚、血瘀症。症见舌淡，脉细，或血虚兼有瘀滞。

（5）方解：本方是补血调血的基础方剂，所主诸证皆由营血亏虚，血行不畅所致。治宜补血养肝，调血行滞。方中熟地滋阴补血，为主药；当归补血养肝，并能活血行滞，为辅药；白芍养血敛阴，为佐药；川芎入血分行气活血，使补而不滞，为使药。从药物配伍关系看，地、芍是血中之血药，芎、归是血中之气药，两相配伍，可使补血而不滞血，行血而不破血，补中有散，散中有收，共同组成治血要剂。因此，不仅血虚之证可用以补血，即使血滞之证，亦可加减运用。

（6）方歌。四物地芍与归芎，血分疾患此方宗，血虚血滞诸病证，加减运用在变通。

4. 六味地黄汤

（出自《小儿药证直诀》）

（1）处方。熟地黄 80 g，山萸肉 40 g，山药 40 g，泽泻 30 g，茯苓 30 g，丹皮 30 g。

（2）用法。水煎服，亦可作为散剂服用。

（3）功效。滋阴补肾。

（4）主治。肝肾阴虚，虚火上炎所致的潮热盗汗，腰膝痿软无力，耳鼻四肢温热，舌燥喉痛，滑精早泄，粪干尿少，舌红苔少，脉细数。

（5）方解。本方所治诸证，皆因肾阴亏虚，虚火上炎所致。本方以肾、肝、脾三阴并补，重在补肾阴立法。方中熟地（主药）补肾滋阴，养血生津；山萸肉（辅药）养肝肾而涩精，山药（辅药）补脾固精。主辅配合，肾、脾、肝三阴同补以收补肾治本之功，称为“三补”，是本方的主体部分。泽泻清泻肾火，利水，以防熟地之滋腻；丹皮凉血清肝，泻伏火，退骨蒸，以制山萸肉之温；茯苓利脾除湿，助山药以益脾；三药同用称为“三泻”，共为佐使药。综观全方，“三补”“三泻”，以补为主，肝、脾、肾三阴并补，以补肾为主。合而用之，补中有泻，寓泻于补，相辅相成，共成通补开泻之剂。

（6）方歌。六味地黄滋肾肝，山药萸肉苓泽丹，再加知柏成八味，阴虚火旺治何难。

任务实施

步骤一：学生根据本任务内容，通过查阅图书或网络资源，收集相关资料及在中兽医临床上的应用案例资料，并整理分析，列出大纲。

步骤二：根据个人理解，将主要内容进行总结，并绘制思维导图；思维导图应包括三个方面的内容，即概述、补虚药和补虚方。

步骤三：学生将个人绘制好的思维导图通过软件上传或在班级群中进行展示，供其他同学参阅，并提出优缺点。

步骤四：根据其他同学的意见或建议进一步完善思维导图，进一步理解课堂内容。

任务检测

请扫描二维码 3-11-1 进入在线测试，可反复多次答题，直到获得满意的结果。

二维码 3-11-1　项目三任务十一检测

任务评价

根据本任务表现及思维导图绘制情况进行评价，具体评价见表 3-11-1。

表 3-11-1　任务完成过程评价

<table>
<tr><td colspan="2">班级：</td><td>组别：</td><td colspan="2">姓名：</td></tr>
<tr><td>任务</td><td>评分标准</td><td>自我评价</td><td>小组评价</td><td>教师评价</td></tr>
<tr><td rowspan="3">形式方面</td><td>整体布局合理，核心主题明确（20 分）</td><td></td><td></td><td></td></tr>
<tr><td>颜色对比明显，分支颜色有所区别（10 分）</td><td></td><td></td><td></td></tr>
<tr><td>部分内容有相应图片展示（20 分）</td><td></td><td></td><td></td></tr>
<tr><td rowspan="3">内容方面</td><td>内容正确，包括概念和关系的准确性（10 分）</td><td></td><td></td><td></td></tr>
<tr><td>内容知识点完整，主次分明（20 分）</td><td></td><td></td><td></td></tr>
<tr><td>内容简洁扼要，层次清晰（20 分）</td><td></td><td></td><td></td></tr>
<tr><td colspan="2">合计</td><td></td><td></td><td></td></tr>
<tr><td>自我评价与总结</td><td colspan="4"></td></tr>
<tr><td>教师点评</td><td colspan="4"></td></tr>
</table>

技能一　补虚药饮片的识别

- **活动目的**

1. 掌握识别补虚药饮片的方法。
2. 能识别常用的补虚药，为临床正确遣药司药打好基础。

- **活动材料**

常用补益药饮片标本、技能单、课本。

- **活动方法**

1. 教师讲解

教师讲解补虚药性状鉴别的要点、特征指标及其常用鉴别方法的操作和应用。

2. 学生鉴别

通过教师指导，通过观察、闻气味、尝味道、手摸等方法，仔细鉴别补益药的形、色、气、味、表面特征、质地、断面等特征。

3. 做好记录

记录药物的鉴别特征和鉴别方法的应用，并填报观察记录：在表 3-11-2 中记录观察到的各类药材特征。

表 3-11-2 补虚药饮片观察记录

药物名称	来源（植物、动物、矿物）	观察特征	气	味	手感	其他特征	功效主治

- **活动要求**

1. 注意保护补虚药标本资源。

2. 尝药时只用舌尖舔尝，不应吞服，尝药后应用水漱口。有毒有害、过期变质药物不可口尝。

- **活动实施**

根据表 3-11-3 操作环节开展活动。

表 3-11-3 活动实施环节

环节	操作
环节一	学生分析讨论识别补虚药饮片的方法和注意事项
环节二	学生分组识别补虚药饮片
环节三	教师指导，查找不足
环节四	学生互评，教师点评

- **课后作业**

写实训报告，描述出几种药物的形态、质地、色泽。

- **活动评价**

活动过程中，根据活动情况进行评价，具体评价如表 3-11-4 所示。

表 3-11-4　工作活动完成过程评价

<table>
<tr><td colspan="2">班级：</td><td colspan="2">组别：</td><td>姓名：</td></tr>
<tr><td>项目</td><td>评分标准</td><td>自我评价</td><td>小组评价</td><td>教师评价</td></tr>
<tr><td rowspan="2">小组操作
（60 分）</td><td>分析讨论补虚药饮片识别的方法（20 分）</td><td></td><td></td><td></td></tr>
<tr><td>学生分组识别补虚药饮片（40 分）</td><td></td><td></td><td></td></tr>
<tr><td>识别补虚药
饮片
（40 分）</td><td>优秀为 36~40 分
良好为 31~35 分
一般为 25~30 分</td><td></td><td></td><td></td></tr>
<tr><td colspan="2">合计</td><td></td><td></td><td></td></tr>
<tr><td>自我评价
与总结</td><td colspan="4"></td></tr>
<tr><td>教师点评</td><td colspan="4"></td></tr>
</table>

技能二　补虚药植物形态识别

请扫描二维码 3-11-2 进行“技能二　补虚药植物形态识别”训练。

二维码 3-11-2　技能二　补虚药植物形态识别

任务十二　平肝药及方剂

请扫描二维码 3-12-1 进行“任务十二　平肝药及方剂”训练。

二维码 3-12-1　任务十二　平肝药及方剂

任务十三　安神开窍药及方剂

请扫描二维码 3-13-1 进行“任务十三　安神开窍药及方剂”训练。

二维码 3-13-1　任务十三　安神开窍药及方剂

任务十四　驱虫药及方剂

学习情境

驱虫方药指能驱除或杀灭动物体内、外寄生虫的药物和方剂。药物有雷丸、使君子、南瓜子、蛇床子等。

寄生虫包括吸虫、绦虫、线虫等体内寄生虫及虱、螨等体外寄生虫。驱虫药主要治疗虫病所致的消瘦、腹痛、腹胀、食少及异食癖等症。

学生通过查阅图书或网络资源，查找驱虫方药相关的资料，及兽医临床应用，并制作思维导图。

【注意事项】

(1) 使用驱虫药时，必须根据寄生虫的种类，病情的轻重缓急和体质的强弱，采取急攻或缓驱。对于脾虚的动物，可先补脾胃后驱虫或攻补兼施。

(2) 驱虫药对寄生虫的选择作用，不同的寄生虫选择不同的驱虫药，如治蛔虫病选用使君子、苦楝子，驱绦虫时选用槟榔等。

(3) 使用驱虫药时，适当配伍泻下药，以增强疗效。另外，使用驱虫时以空腹投药为好。

(4) 驱虫药对动物机体有不同程度的副作用，所以使用时必须掌握药物的用量和配伍，以免引起中毒。

(5) 应严格掌握药物剂量和服药时间，不宜多次反复使用。

任务准备

一、驱虫药

1. 使君子

使君子的成熟果实入药。打碎生用或去壳取仁炒用。

(1) 性味、归经。甘，温。入脾、胃经。

(2) 功效。杀虫消积。

(3) 主治。蛔虫病，蛲虫病。

(4) 应用。驱杀蛔虫的要药，也治蛲虫病，单用或与槟榔、鹤虱等配伍，如化虫汤。

(5) 用量。马、牛 30~90 g；猪、羊 10~20 g；犬 5~10 g；兔、禽 1.5~2 g。

2. 苦楝皮

川楝的成熟果实入药。又称金铃子。生用或炒用。

(1) 性味、归经。苦，寒。有小毒。入肝、心包、小肠、膀胱经。

(2) 功效。杀虫，理气，止痛。

(3) 主治。虫积，肚腹胀痛。

(4) 应用。用于驱杀蛔虫、蛲虫，与使君子、槟榔等配伍。用于湿热气滞、肝气郁结所致的肚腹胀痛，与延胡索、木香等配伍。

(5) 用量。马、牛 15~45 g；骆驼 40~70 g；猪、羊 5~10 g；犬 3~5 g。

3. 贯众

贯众的根茎入药。

(1) 性味、归经。苦，寒。有小毒。入肝、胃经。

(2) 功效。杀虫，清热解毒。

(3) 主治。虫积腹痛，湿热毒疮，疥癣。

(4) 应用。用于驱杀绦虫、蛲虫、钩虫、肝片吸虫等，与槟榔、苦参、百部等配伍。用于湿热毒疮、瘟疫等，单用或与金银花、连翘、板蓝根等配伍。外用可治疥癣。

(5) 用量。马、牛 30~90 g；猪、羊 3~10 g。

4. 蛇床子

蛇床的成熟果实入药。生用。

(1) 性味、归经。辛、苦，温。入肾经。

(2) 功效。燥湿杀虫，温肾壮阳。

(3) 主治。湿疹瘙痒，肾虚阳痿，腰胯冷痛等。

(4) 应用。用于湿疹瘙痒，与白矾、苦参、金银花等煎水外洗；用于荨麻疹，与地肤子、荆芥、防风等煎水外洗；驱杀蛔虫，与榧子、使君子、川楝子等配伍。用于肾虚阳痿、腰胯冷痛、宫冷不孕等，与五味子、菟丝子、巴戟天等配伍。

(5) 用量。马、牛 30~60 g；猪、羊 15~30 g；犬 5~12 g。

5. 南瓜子

南瓜的成熟种子入药。研末生用。

（1）性味、归经。甘，平。入胃、大肠经。

（2）功效。驱虫。

（3）主治。绦虫病，蛔虫病，血吸虫病。

（4）应用。驱杀绦虫，可单用，与槟榔同用，疗效更好。也可用于血吸虫病。

（5）用量。马、牛 60~150 g；猪、羊 60~90 g；犬、猫 5~10 g。

二、驱虫方

1. 万应散

（出自《医学正传》）

（1）处方。槟榔 30 g，大黄 60 g，皂角 30 g，苦楝根皮 30 g，黑丑 30 g，雷丸 20 g，沉香 10 g，木香 15 g。

（2）用法。共为细末，温水冲服。

（3）功效。攻积杀虫。

（4）主治。蛔虫、姜片虫、绦虫等虫积证。

（5）方解。方中雷丸、苦楝根皮（主药）杀虫；黑丑、大黄、槟榔、皂角（辅药）既能攻积，又可杀虫；木香、沉香（佐药）行气温中。配合使用，具有攻积杀虫之功。

（6）方歌。万应散中槟丑黄，苦楝根皮和木香，沉香皂角雷丸入，驱虫化积用此方。

注：本方攻逐力较强，对孕畜及体弱者慎用。

2. 槟榔散

（出自《全国中兽医经验选编》）

（1）处方。槟榔 24 g，苦楝根皮 18 g，枳实 15 g，朴硝（后下）15 g，鹤虱 9 g，大黄 9 g，使君子 12 g。

（2）用法。共为细末，开水冲调，候温灌服。

（3）功效。攻积杀虫。

（4）主治。猪绦虫等虫积证。

（5）方解。本方为比较安全的驱蛔剂。方中槟榔、苦楝根皮、鹤虱、使君子驱杀蛔虫；大黄、芒硝、枳实攻积通肠、杀虫。合而用之，攻积杀虫力强。

（6）方歌。槟榔散中硝黄枳，苦楝根皮鹤君子。

注：本方攻逐力较强，对孕畜及体弱者慎用。

任务实施

步骤一：根据本任务内容，通过查阅图书或网络资源，收集相关资料及在中兽医临床上的应用案例资料，并整理分析，列出大纲。

步骤二：根据个人理解，将主要内容进行总结，并绘制思维导图；思维导图应包括三个方面的内容，即概述、驱虫药和驱虫方。

步骤三：将个人绘制好的思维导图通过软件上传或在班级群中进行展示，供其他同学参阅，并提出优缺点。

步骤四：根据其他同学的意见或建议进一步完善思维导图，进一步理解课堂内容。

任务检测

请扫描二维码 3-14-1 进入在线测试，可反复多次答题，直到获得满意的结果。

二维码 3-14-1 项目三任务十四检测

任务评价

根据本任务表现及思维导图绘制情况进行评价，具体评价见表 3-14-1。

表 3-14-1 任务完成过程评价

班级：		组别：		姓名：
任务	评分标准	自我评价	小组评价	教师评价
形式方面	整体布局合理，核心主题明确（20 分）			
	颜色对比明显，分支颜色有所区别（10 分）			
	部分内容有相应图片展示（20 分）			
内容方面	内容正确，包括概念和关系的准确性（10 分）			
	内容知识点完整，主次分明（20 分）			
	内容简洁扼要，层次清晰（20 分）			
合计				
自我评价与总结				
教师点评				

技能一　驱虫药饮片的识别

请扫描二维码 3-14-2 进行“技能一　驱虫药饮片的识别”训练。

二维码 3-14-2　技能二
驱虫药饮片的识别

技能二　驱虫药植物形态识别

请扫描二维码 3-14-3 进行“技能二　驱虫药植物形态识别”训练。

二维码 3-14-3　技能二
驱虫药植物形态识别

任务十五　外用药及方剂

学习情境

外用方药指以外用为主，具有清热解毒、活血散瘀、消肿止痛、去腐生肌及杀虫止痒的功效，治疗疮痈、跌打损伤、蛇虫咬伤、湿疹、烫伤等病症。药物有冰片、雄黄、硫黄、硼砂等。

学生通过查阅图书或网络资源，查找与外用药相关的资料，及兽医临床应用，并制作思维导图。

【注意事项】

外用药具有不同程度的刺激性或毒性，内服时必须严格按照制药的方法，进行处理及操作；外用时应严格掌握剂量及用法，涂擦面积不宜过大，以免引起肿胀或中毒。要避免连续用药，以防蓄积中毒。

任务准备

一、外用药

1. 冰片

龙脑香树脂的加工品入药。

(1) 性味、归经。辛、苦，微寒。入心、肝、脾、肺经。

(2) 功效。消肿止痛，内服开窍醒神。

(3) 主治。咽喉肿痛、口舌生疮、目疾、疮疡、神昏。

(4) 应用。用于神昏惊厥，与牛黄、麝香、黄连等配伍，如安宫牛黄丸。用于咽喉肿痛、口舌生疮，与硼砂、朱砂、玄明粉等配伍，如冰硼散；用于目赤肿痛，可单用点眼；用于疮疡溃后不收口，与硼砂、滑石等配伍。

(5) 用量。入丸、散剂用，不宜煎煮。马、牛 3~6 g；猪、羊 1~1.5 g；犬 0.5~0.75 g。

2. 雄黄

硫化物类矿物雄黄族雄黄入药。

(1) 性味、归经。辛，温。有毒。入肝、胃经。

(2) 功效。杀虫解毒。

(3) 主治。恶疮、疥癣、蛇虫咬伤等。

(4) 应用。用于疥癣，可研末外撒或制成油剂外涂。用于湿疹，可同煅白矾研末外撒。用于虫蛇咬伤，与五灵脂为末，酒调 2~3 g，并以药末涂患处即可。内服祛痰，与杏仁、巴豆等配伍。

(5) 用量。马、牛 5~15 g；骆驼 10~15 g；猪、羊 0.5~1.5 g；犬 0.05~0.15 g；兔、禽 0.03~0.1 g。

3. 硫黄

为含硫矿物经加工品入药。

(1) 性味、归经。酸，温。有毒。入肾、脾、大肠经。

(2) 功效。外用解毒杀虫，内服补火助阳。

(3) 主治。疥癣、阳痿、肾不纳气等。

(4) 应用。用于湿疹、疥癣等，制成 10%~25%的软膏外敷，或与轻粉、大风子等配伍。用于阳痿等，与鹿茸、补骨脂、蛇床子等配伍；用于肾不纳气所致喘逆，与附子、肉桂等配伍。

(5) 用量。宜作丸、散、膏剂用。马、牛 10~30 g；骆驼 15~35 g；猪、羊 0.3~1 g。

4. 硼砂

硼砂矿精制而成的结晶入药。

(1) 性味、归经。甘、咸，凉。入肺、胃经。

(2) 功效。解毒防腐，清热化痰。

（3）主治。口舌生疮、咽喉肿痛、目赤肿痛、肺热咳嗽。

（4）应用。用于口舌生疮、咽喉肿痛，与冰片、玄明粉、朱砂等配伍。用于目赤肿痛，可单味制成洗眼剂，或与冰片、炉甘石、玄明粉共为末点眼。用于肺热痰嗽、痰液黏稠，与瓜蒌、青黛、贝母等配伍。

（5）用量。马、牛 15~30 g；猪、羊 2~5 g。

5. 白矾

硫酸盐类矿物明矾石的加工品入药。又称明矾。生用或煅用，煅后称枯矾。

（1）性味、归经。涩、酸，寒。入脾经。

（2）功效。杀虫，止痒，燥湿祛痰，止血止泻。

（3）主治。疮痈肿毒、湿疹、口舌生疮、便血。

（4）应用。用于痈肿疮毒，常配等份雄黄，浓茶调敷；用于湿疹，与硫黄、冰片配伍；用于口舌生疮，与冰片同用，研末外涂。用于风痰壅盛所致的鼻流白脓、咳喘等，与白及、贝母、黄芩等配伍。用于久泻不止，单用或配五倍子、诃子、五味子等；用于止血，与儿茶配伍。

（5）用量。内服生用，外治多煅用。马、牛 15~30 g；骆驼 30~45 g；猪、羊 5~10 g；犬、猫 1~3 g；兔、禽 0.5~1 g。

6. 儿茶

儿茶的加工品入药。

（1）性味、归经。苦、涩，微寒。入肺经。

（2）功效。外用收湿，敛疮，止血；内服清热，化痰。

（3）主治。疮疡、久不收口、外伤出血、泻痢便血、肺热咳嗽。

（4）应用。用于疮疡多脓、久不收口、外伤出血等，与冰片等配伍，研末用。用于泻痢便血，常与黄连、黄柏等配伍。用于肺热咳嗽，与桑叶、硼砂等配伍。

（5）用量。马、牛 15~30 g；猪、羊 3~10 g；犬、猫 1~3 g。

二、外用方

1. 冰硼散

（出自《外科正宗》）

（1）处方。冰片 50 g，朱砂 60 g，硼砂 500 g，玄明粉 500 g。

（2）用法。共为极细末，混匀，吹撒患部。

（3）功效。清热解毒，消肿止痛，敛疮生肌。

（4）主治。用于咽喉肿痛，口舌生疮。

（5）方解。方中冰片、硼砂芳香化浊，清热解毒，消肿；朱砂防腐解毒，疗疮；玄明粉清热泻火，解毒消肿。四药合用，清热解毒，消肿止痛。

（6）方歌。冰硼散效实堪夸，玄明粉与辰朱砂，朱砂冰片共细末，咽肿舌疮一把抓。

2. 生肌散

（出自《外科正宗》）

（1）处方。煅石膏 50 g，轻粉 50 g，赤石脂 50 g，黄丹 10 g，龙骨 15 g，血竭 15 g，乳香 15 g，冰片 15 g。

（2）用法。共为极细末，混匀，装瓶备用。用时撒布创面或填塞创腔。

（3）功效。防腐吸湿，生肌敛疮。

（4）主治。痈疽疮疡及外伤出血，疮痛溃烂、创口不敛等。

（5）方解。方中轻粉、黄丹、冰片（主药）清热解毒，防腐消肿；冰片清热消肿止痛；轻粉防腐止痒；黄丹防腐拔毒生肌，且增加黏性，使各药易附着于创面。乳香、血竭生肌消肿止痛，煅石膏、龙骨、赤石脂收湿敛疮生肌，共为辅佐药。

（6）方歌。生肌石膏黄丹藏，石脂轻粉竭乳香，龙骨冰片一同研，去腐敛疮效力强。

3. 桃花散

（出自《医宗金鉴》）

（1）处方。陈石灰 250 g，大黄 45 g。

（2）用法。陈石灰用水泼成末，与大黄同炒至石灰呈粉红色为度，去大黄，将石灰研细末，过筛，装瓶备用。外用撒布于创面。

（3）功效。防腐收敛止血。

（4）主治。创伤出血。外撒创面或撒布后用纱布包扎，以治疗新鲜创伤出血、化脓疮、褥疮、猪坏死杆菌病等。

（5）方解。方中石灰解毒防腐，收敛止血；大黄凉血解毒。二药同炒增强石灰敛伤止血之功。

（6）方歌。桃花散石灰大黄，外伤出血速撒上。

任务实施

步骤一：根据本任务内容，通过查阅图书或网络资源，收集相关资料及在中兽医临床上的应用案例资料，并整理分析，列出大纲。

步骤二：根据个人理解，将主要内容进行总结，并绘制思维导图；思维导图应包括三个方面的内容，即概述、外用药和外用方。

步骤三：将个人绘制好的思维导图通过软件上传或在班级群中进行展示，供其他同学参阅，并提出优缺点。

步骤四：根据其他同学的意见或建议进一步完善思维导图，进一步理解课堂内容。

任务检测

请扫描二维码 3-15-1 进入在线测试，可反复多次答题，直到获得满意的结果。

二维码 3-15-1　项目三任务十五检测

任务评价

根据本任务表现及思维导图绘制情况进行评价，具体评价见表 3-15-1。

表 3-15-1　任务完成过程评价

班级：		组别：		姓名：	
任务	评分标准	自我评价	小组评价	教师评价	
形式方面	整体布局合理，核心主题明确（20 分）				
	颜色对比明显，分支颜色有所区别（10 分）				
	部分内容有相应图片展示（20 分）				
内容方面	内容正确，包括概念和关系的准确性（10 分）				
	内容知识点完整，主次分明（20 分）				
	内容简洁扼要，层次清晰（20 分）				
合计					
自我评价与总结					
教师点评					

技能一　外用药饮片的识别

- **活动目的**

1. 掌握识别外用药饮片的方法。
2. 能识别常用的外用药，为临床正确遣药司药打好基础。

- **活动材料**

常用外用药饮片标本、技能单、课本。

- **活动方法**

1. 教师讲解外用药性状鉴别内容

教师讲解外用药性状鉴别的要点、特征指标及其常用鉴别方法的操作和应用。

2. 学生鉴别

通过教师指导，通过观察、闻气味、尝味道、手摸等方法，仔细鉴别外用药的形、色、气、味、表面特征、质地、断面等特征。

3. 做好记录

记录药物的鉴别特征和鉴别方法的应用，并填报观察记录：在表 3-15-2 上记录观察到的各类药材特征。

表 3-15-2 外用药饮片观察记录

药物名称	来源（植物、动物、矿物）	观察特征	气	味	手感	其他特征	功效主治

- **活动要求**

1. 注意保护外用药标本资源。

2. 尝药时只用舌尖舔尝，不应吞服，尝药后应用水漱口。有毒有害、过期变质药物不可口尝。

- **活动实施**

根据表 3-15-3 操作环节开展活动。

表 3-15-3 活动实施环节

环节	操作
环节一	学生分析讨论识别外用药饮片的方法和注意事项
环节二	学生分组识别外用药饮片
环节三	教师指导，查找不足
环节四	学生互评，教师点评

- **课后作业**

写实训报告，描述出几种药物的形态、质地、色泽。

- **活动评价**

活动过程中，根据活动情况进行评价，具体评价如表 3-15-4 所示。

表 3-15-4 工作活动完成过程评价

班级：		组别：		姓名：
项目	评分标准	自我评价	小组评价	教师评价
小组操作（60 分）	分析讨论外用药饮片识别的方法（20 分）			
	学生分组识别外用药饮片（40 分）			
识别外用药饮片（40 分）	优秀为 36~40 分 良好为 31~35 分 一般为 25~30 分			
合计				

续表

班级：		组别：	姓名：
自我评价与总结			
教师点评			

技能二　外用药植物形态识别

- **活动目的**

1. 初步学会识别外用药植物的基本方法。
2. 基本掌握常见外用药植物的形态、特征、颜色、生长特性等，为学习中药打下基础。

- **活动材料**

中草药电子图册、药用植物标本，笔记本人手 1 本，技能单人手 1 份。

- **活动方法**

对照药用植物标本与电子图册介绍，仔细观察、识别外用药植物的根、茎、叶、花、果实。

- **活动要求**

1. 教师将实训选在植物开花、结果的盛期进行。
2. 标本的根、茎、叶、花、果尽量齐全。
3. 为防止中毒，禁止任意品尝。请学生做好实训笔记。

- **活动实施**

根据表 3-15-5 操作环节开展活动。

表 3-15-5　活动实施环节

环节	操作
环节一	学生分析讨论外用药植物形态识别的方法和注意事项
环节二	学生分组识别外用药植物标本
环节三	教师指导，查找不足
环节四	学生互评，教师点评

- **课后作业**

能够识别所提供外用药的标本名称或图册中植物名称，并描述所见外用药植物的形态特征。

- **活动评价**

活动过程中，根据活动情况进行评价，具体评价如表 3-15-6 所示。

表 3-15-6　工作活动完成过程评价

班级：	组别：		姓名：	
项目	评分标准	自我评价	小组评价	教师评价
小组操作（60 分）	分析讨论外用药植物标本识别的方法（20 分）			
	学生分组识别外用药植物（40 分）			
识别外用药植物（40 分）	优秀为 36~40 分 良好为 31~35 分 一般为 25~30 分			
合计				
自我评价与总结				
教师点评				

任务十六　饲料添加药及方剂

学习情境

饲料添加药及方剂指将药物或方剂加入饲料或饮水中，以防动物发生疾病，促进动物生长，这些即为饲料添加方药。饲料添加方药一般具有补充营养、防治疾病、提高动物产品质量等作用。

学生通过查阅图书或网络资源，查找相关的资料，制作思维导图。

任务准备

一、饲料中药添加药

1. 松针（油松、马尼松）

（1）性味及功用。苦，温。健脾理气，祛风除湿，杀虫。

（2）用途及用法。在育肥猪的日粮中，去除玉米等精饲料，用 2.5%~5%的松针替代，可增强猪肉品质，提高瘦肉率，增加动物体重；在禽类日粮中，加入 1.5%~3%松针粉，可提高蛋产量；在奶牛日粮中那个加入 10%松针粉，可提高乳产量。

2. 杨树花（杨树花絮）

（1）性味及功用。甘、苦，微寒，有养胃健脾，止泻痢，补充营养的作用。

（2）用途及用法。在禽的日粮中，去除36%的豆饼，添加杨树花，可提高料肉比；用于育肥猪，可增加体重。

3. 桐叶及桐花（泡桐叶）

（1）性味及功用。苦，寒。可清热解毒，补充营养。

（2）用途及用法。在饲料中添加5%~10%的泡桐叶及花粉，可增加猪的体重；提高鸡的产蛋量，缩短肉鸡饲养周期。

4. 艾叶（艾蒿）

（1）性味及功用。苦，辛，温。有温经止痛，止血，祛湿散寒，安胎等功效。

（2）用途及用法。在育肥猪日粮中，添加2%的艾叶粉，可提高日增重及饲料利用率；在蛋鸡日粮中，添加0.5%~2%的艾叶粉，提高产蛋量；在肉鸡和兔饲料中加入艾叶粉，可较好地提高饲料的利用率。

5. 大蒜

（1）性味及功用。辛，温。行气健胃，解毒，杀虫。

（2）用途及用法。加入饲料中，可以治疗下痢、虫积、疮痈等疾病。

二、饲料添加方

1. 壮膘散

（出自《中兽医方剂学》）

（1）处方。牛骨粉200 g，酵精、麦芽各 1 500 g，黄豆 2 250 g。

（2）用法。研末混合，每次30 g，加入饲料中饲喂。

（3）功效。开胃进食，强壮添膘。

（4）主治。本方能较全面地补充营养，适用于体瘦、消化弱的牛、马。

2. 肥猪散

（出自《中华人民共和国兽药典》2010年版）

（1）处方。绵马贯众30 g，何首乌（制）30 g，麦芽500 g，黄豆500 g。

（2）用法。研末，按每只猪50~100 g拌料饲喂。

（3）功效。开胃，补养，驱虫，催肥。

（4）主治。食少，瘦弱，生长缓慢。

3. 催情散

（出自《中华人民共和国兽药典》2020年版）

（1）处方。淫羊藿6 g，阳起石（酒淬）6 g，当归4 g，香附5 g，益母草6 g，菟丝子5 g。

（2）用法。研末。按每头猪30~60 g拌料饲喂。

（3）功能。催情。

（4）主治。母猪或其他母畜不发情；或虽发情却无卵泡发育。

4. 健胃散

（出自《中华人民共和国兽药典》2020年版）

（1）处方。山楂 15 g，麦芽 15 g，神曲 15 g，槟榔 3 g。

（2）用法。研末，马、牛 150~250 g，猪、羊按 30~60 g 拌料饲喂。

（3）功能。消食下气，开胃宽肠。

（4）主治。治疗动物伤食积滞，消化不良等。

5. 八味促卵散

（出自《中兽医方剂学》）

（1）处方。当归 200 g，生地 200 g，淫羊藿 200 g，苍术 200 g，阳起石 100 g，山楂 150 g，板蓝根 150 g，鲜马齿苋 300 g。

（2）用法。研末，加白酒 300 mL、水适量，制成颗粒，在鸡饲料中加入 3%，饲喂 43 日龄的母鸡至开产。

（3）功效。助阳，促进产卵。

（4）主治。本方可较好地促进母鸡性成熟，缩短产蛋日龄，提高蛋重。

6. 健猪散

（出自《中华人民共和国兽药典》2020 年版）

（1）处方。大黄 400 g，玄明粉 400 g，苦参 100 g，陈皮 100 g。

（2）用法。研末，按 15~30 g/头猪拌料饲喂。

（3）功能。消化不良，便秘。

（4）主治。猪少食，消瘦，生长缓慢。

7. 健鸡散

（出自《中华人民共和国兽药典》2020 年版）

（1）处方。党参 20 g，黄芪 20 g，茯苓 20 g，六神曲 10 g，麦芽 10 g，山楂（炒）10 g，甘草 5 g，槟榔（炒）5 g。

（2）用法。研末混匀，按 2%的比例混饲 3~7 d。

（3）功能。益气健脾，消食开胃。

（4）主治。鸡食欲不良，生长迟缓。

8. 蛋鸡宝

（出自《中华人民共和国兽药典》2020 年版）

（1）组方。党参 100 g，黄芪 200 g，茯苓 100 g，白术 100 g，麦芽 100 g，山楂 100 g，六神曲 100 g，菟丝子 100 g，蛇床子 100 g，淫羊藿 100 g。

（2）用法。研末混匀，蛋鸡饲料中添加 2%。

（3）功能。益气健脾，补肾壮阳。

（4）主治。提高产蛋量，延长产蛋高峰期。

任务实施

步骤一：根据本任务内容，通过查阅图书或网络资源，收集相关资料及在中兽医临床上的应用案例资料，并整理分析，列出大纲。

步骤二：根据个人理解，将主要内容进行总结，并绘制思维导图；思维导图应包括两个方面的内容，即饲料中药添加药和饲料添加方。

步骤三：将个人绘制好的思维导图通过软件上传或在班级群中进行展示，供其他同学参阅，并提出优缺点。

步骤四：根据其他同学的意见或建议进一步完善思维导图，进一步理解课堂内容。

任务检测

请扫描二维码 3-16-1 进入在线测试，可反复多次答题，直到获得满意的结果。

二维码 3-16-1　项目三任务十六检测

任务评价

根据本任务表现及思维导图绘制情况进行评价，具体评价见表 3-16-1。

表 3-16-1　任务完成过程评价

班级：		组别：		姓名：
任务	评分标准	自我评价	小组评价	教师评价
形式方面	整体布局合理，核心主题明确（20 分）			
	颜色对比明显，分支颜色有所区别（10 分）			
	部分内容有相应图片展示（20 分）			
内容方面	内容正确，包括概念和关系的准确性（10 分）			
	内容知识点完整，主次分明（20 分）			
	内容简洁扼要，层次清晰（20 分）			
合计				
自我评价与总结				
教师点评				

项目四 针 灸

项目导读

临床上针灸分为针、灸两种治疗技术。它们都是在中兽医理论的指导下，根据辨证论治和补虚泻实等原则，运用针灸工具对穴位施以物理刺激以促进经络通畅、气血调和，达到扶正祛邪、防治病症的目的。

传统针术是运用各种不同类型的针具刺入机体不同穴位，施以不同的手法，通过机械刺激来防治疾病的技术。针术有以下分类：按照针具的名称，分为毫针术、宽针术、三棱针术、夹气针术、穿黄针术等；按照针刺时是否出血，分为白针术和血针术；按照针刺前针具是否加热，分为火针术和冷针术；按照针刺后导入的物质，分为气针术、水针术等。

传统的灸术是应用点燃的艾绒或其他温热物体熏灼畜体一定的穴位或患部，通过温热刺激来防治疾病的技术。

在临床实践中，针术和灸术常常配合应用，如白针与艾灸（温针术）、血针与拔罐（刺血拔罐法）、电针与按摩等。另外，针灸可与药物配合使用，以取长补短共同治病。

知识目标

1. 掌握针灸的基本知识。
2. 掌握牛、猪、马、犬的常用穴位及其定位方法。
3. 掌握不同针灸技术的理论知识。

技能目标

1. 能够熟悉针具形态，识别常用针具。
2. 能够熟悉牛、猪、马、犬的常用穴位，能够在实验动物上定位常用穴位。
3. 能够熟悉运用不同针灸技术的操作方法。
4. 能够熟练将针灸技术运用于兽医临床。

素质目标

培养学生居安思危的观念，增强风险意识。

思政目标

1. 培养学生保护动物、保护生命的意识。
2. 培养学生传承精华、守正创新的意识。
3. 加强学生的爱国主义教育，培养学生医德意识和国际视野。
4. 培养学生遵纪守法意识和人文素养。

任务一　针灸的基本知识

学习情境

针灸是针术及针刺和艾灸两种治疗方法的合称，其中灸术可能比针刺应用时间更早。针刺前身为“砭术”，即新石器时期，运用砭石治疗疾病；到了秦汉时间，针具由石针、骨针、竹针演变为金属针，到了现在，又依次经历了铜、铁、银、合金及不锈钢等阶段。针具的不断演变，扩大了针术治疗疾病的范围，提高了治疗效果，促进了针灸的发展。

针灸是中医中常见的治疗手段。针灸可以使动物体内堵塞的经络变得通畅，而经络具有运行气血的作用，如果经络不畅则气血运行会受到阻碍。针灸治疗，可以调和阴阳，使气血流转，疾病得以痊愈。

学生通过查阅图书或网络资源，查找与针灸基本知识相关的资料，及兽医临床应用，并制作思维导图。

任务准备

一、针具

（一）白针用具

白针的用具有毫针和圆利针两种，由针柄、针体和针尖三部分组成。

1. 毫针

毫针用不锈钢或合金制成（图 4-1-1）。毫针针尖圆锐、针体细长；针体直径为 0.64~1.25 cm，体长有 3~30 cm 多种；针柄有盘龙式及平头式两种。毫针多用于白针穴位，及深刺、透刺、针刺麻醉。

2. 圆利针

圆利针用不锈钢制成（图 4-1-2）。针尖呈三棱状，较锋利；针体直径 1.5~

2 mm，长度 2～10 mm 不等，较粗；针柄有盘龙式、平头式、八角式、圆球式。短针主要用于针刺马、牛的眼部周围的穴位及仔猪白针的穴位；长针主要用于针刺大型动物及中型动物四肢上部及躯干的穴位。

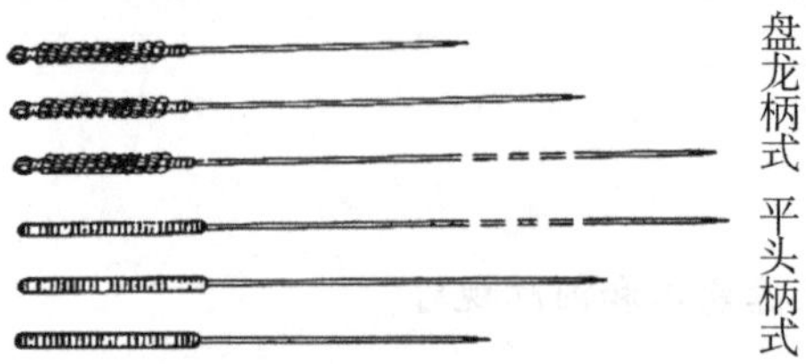

图 4-1-1　毫针

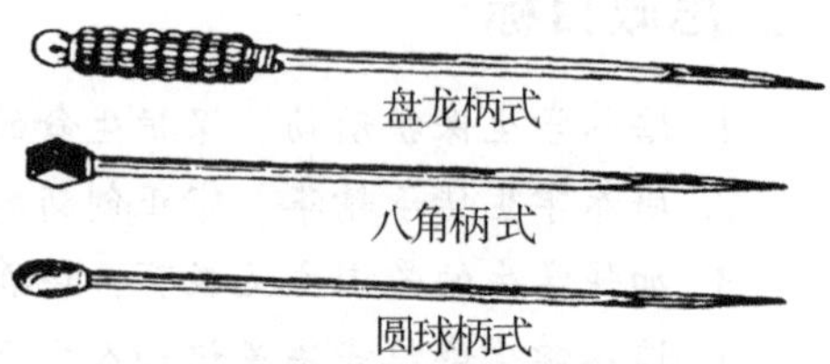

图 4-1-2　圆利针

（二）血针的用具

血针用具有宽针、三棱针等多种，由针体、针头两部分组成。

1. 宽针

宽针用优质钢制成（图 4-1-3）。宽针针尖形如矛状，针体呈圆柱状。按照针体长度有 12 cm、11 cm、10 cm，针头宽度有 8 mm、6 mm、4 mm，分别为大、中、小三种。大宽针用于放马、牛的颈脉、肾堂、蹄头血；中宽针用于放马、牛的带脉、尾本血；小宽针用于放大动物的太阳、缠腕血。

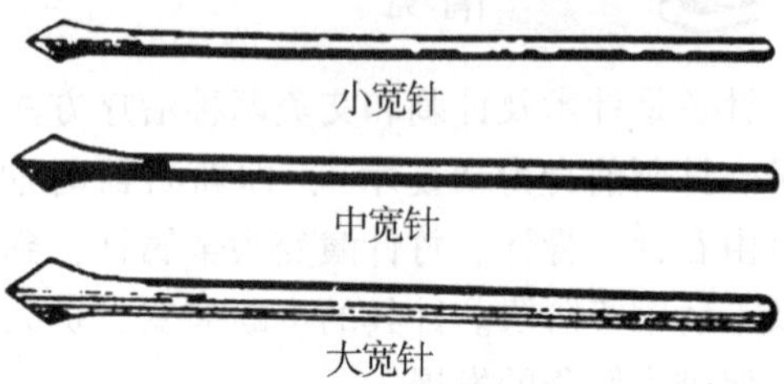

图 4-1-3　宽针

2. 三棱针

三棱针用优质钢或合金制成（图 4-1-4）。针头如三棱锥状，针体呈圆柱状，分大、小两种。大三棱针用于针刺位于较细静脉或静脉丛上的穴位，如三江、通关、玉堂，或点刺分水穴；小三棱针对猪白针穴位进行针刺。针尾部若有孔可作缝合针用。

（三）火针用具

火针用不锈钢制成（图 4-1-5）。针尖圆锐；针体光滑、较圆利针粗，体长 2～10 cm 多种；针柄有盘龙式、木柄式、双翅式等多种。因盘龙式针柄内夹有石棉类隔热物质，所以有隔热作用。火针用于动物的火针穴位。

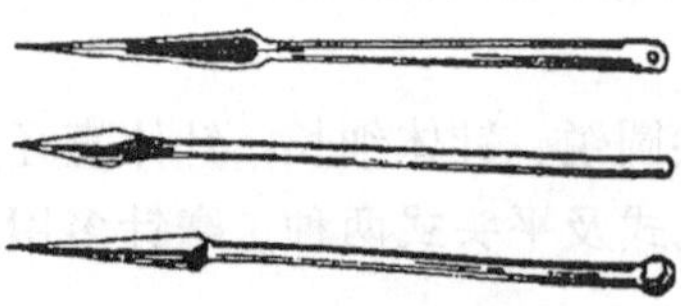

图 4-1-4　三棱针

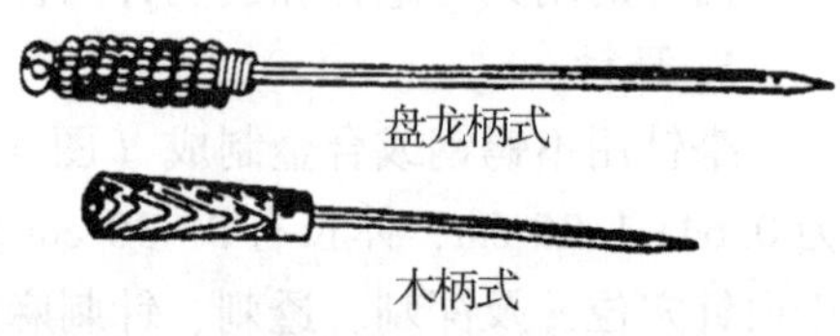

图 4-1-5　火针

（四）现代针灸仪器

1. 电针治疗仪

电针机种类很多，其中半导体低频调制脉冲式电针机用得最多，具有波型多样、可调输出量及频率、刺激作用较强、对组织无损伤等特点。由于是用半导体元件组装而成，故具有体积小、携带方便、操作简单、直流电源和交流电源两用、一机多用等优点。临床上可做电针治疗、电针麻醉、穴位探测等。

2. 微波针灸仪

为国内生产的扁鹊-A 型微波针灸仪。原理是利用半导体电子管产生微波，通过导线与毫针相连，正弦波，功率约 2 W。

3. 针灸治疗仪

医用激光器的种类很多，按受激物质分类，有固体（如红宝石、钕玻璃等）激光器、气体（如氦、氖、氢、氮、二氧化碳等）激光器、液体（如有机染料若丹明）激光器、半导体（如砷化镓等）激光器等。目前在兽医针灸常用的有氦氖激光器和二氧化碳激光器两种。氦氖激光器能发出波长 632. 8 nm 的红色光，常用于穴位照射，称为激光针疗法。二氧化碳激光器，发出波长 10. 6 μm 的无色光，常用于患部照射、穴位灸灼或烧烙，又称激光灸疗法。

（五）艾灸用具

用艾绒制成艾炷和艾卷（图 4-1-6）常用于艾灸。

1. 艾炷

艾炷呈圆锥形，分为大（直径及高度均为 2~4 cm）、中（直径及高度均为 1~2 cm），小（直径及高度均为 0. 5~1 cm）三种，使用时依据动物体质、病情选用合适的艾炷。

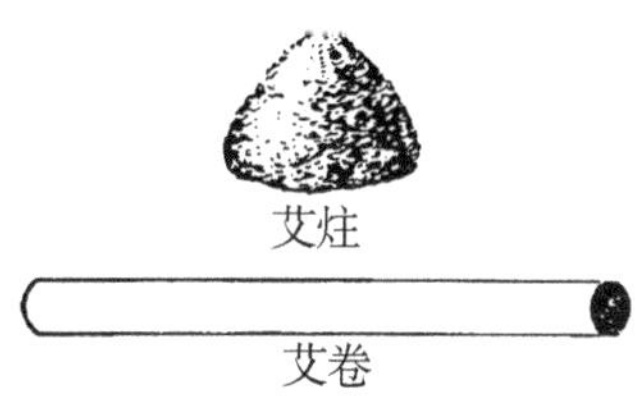

图 4-1-6 艾炷和艾卷

2. 艾卷

用陈旧的艾绒用棉皮纸卷成圆柱状，直径 1. 5 cm、长 20 cm。

（六）温熨用具

温熨用具有软烧棒、麻袋、毛刷等。软烧棒可临时制作，用长 40 cm、直径 1. 5 cm 的圆木一根，一端为木柄，另一端用棉花包裹，外用纱布包扎，再用细铁丝束紧，将其制成鼓槌状，锤头长约 8 cm、直径 3 cm。

（七）持针器

1. 针槌

长约 35 cm，槌头呈椭圆形，通过槌头中心钻有一 横向洞道，用以插针。沿锤头正中通过小孔锯道缝至槌柄上段的 1/5 处，槌柄外套皮革或藤制的活动箍。插针后，将箍推向槌柄部，锯缝松开，即可取下针具；将箍推向槌头部则锯缝被箍紧，即可固定针具。主要用于安装宽针，放颈脉、胸堂、带脉和蹄头血。

2. 针杖

长约24 cm、粗4 cm，在棒的一端约7 cm处锯去一半，沿纵轴中心挖一针沟即成。使用时，用细绳将针紧固在针沟内，针头露出适当长度，即可施针。常用于持宽针或圆利针。

（八）其他用具

（1）温熨用具。有软烧棒、毛刷等。

（2）烧烙用具。烙铁，头部有刀形、方块形、圆柱形、锥形、球形等多种。有木质把手。

（3）拔火罐用具。火罐。有圆筒形或半球形，用竹、木板、牛角等制成。

（4）刮痧用具。刮痧器。用铁板制成。

二、针灸取穴方法

（一）施针前的准备

1. 用具准备

实施针灸术前制订治疗方案，确定合适的治疗方法和穴位，准备合适的针灸工具和材料。实施针术时，认真检查针具是否出现生锈、带钩、弯折或针柄松动等现象，若有以上现象，则不得使用；实施烧烙时，根据治疗方案，选择合适的烙铁；实施艾灸时，检查艾卷是否受潮，若受潮则不易点燃；实施针灸仪器时，接好电源线并调试。与此同时，需要准备保定、消毒器材和其他辅助用品等。

2. 动物保定

在实施针灸术时，为了确保术者和患病动物安全，保证手术顺利进行，需要对动物切实保定，并保持适当的体位以方便施术。

3. 消毒准备

针具用75%酒精进行消毒；对术者手部也用酒精棉球消毒；施术部先剪毛，再用碘酒、酒精消毒，待干后施术。

（二）针灸取穴方法

1. 选穴原则

（1）局部选穴。在患病区域内选穴，即哪里有病就在哪里选穴。例如眼病选睛明穴、太阳穴，蹄病选蹄头穴等。

（2）邻近选穴。在病变部位附近选穴。这样既可与局部选穴相配合，又可因局部不便针灸（如脐疮）而代替之。例如膝黄（腕关节炎）选膝脉穴。

（3）循经选穴。根据经脉的循行路线选穴。例如胃气不足选胃经的后三里穴。

（4）随证选穴。针对全身疾病选取有效穴位。例如发热选大椎穴，急救选山根、分水穴。

2. 配穴原则

（1）单双侧配穴。选取患病同侧或双侧穴位配合使用。四肢病常在单侧施针，例如抢风痛选患侧的抢风为主穴，冲天、肘俞为配穴。脏腑病常选双侧穴位，例如结症选双侧的关元俞。有时以病侧穴位为主穴，健侧穴位为配穴，例如歪嘴风选患侧锁口、开关为主穴，健侧的相同穴位为配穴。

（2）远近、前后配穴。选取患病部位附近及远隔部位或体躯前部和后部具有相同功效的穴位配合使用。例如胃病选胃俞为主穴，后三里为配穴；冷痛选三江为主穴、尾尖为配穴。

（3）背腹、上下配穴。选取背部和腹部或体躯上部和下部的穴位配合使用。例如脾胃虚弱选脾俞为主穴，中脘为配穴；尿血选断血为主穴，阴俞为配穴。

（4）表里、内外配穴。选取互为表里的两条经络或体表与体内的穴位配合使用。例如脾虚选脾经的脾俞为主穴，胃经的后三里为配穴。

3. 取穴定位方法

（1）解剖标志定位法。①静态标志定位法，以动物安静时的自然标志为依据。②以器官作为标志，如鼻唇镜上缘有毛无毛交界处取山根穴；肛门上，尾根下取后海穴。③以骨骼作为标志，如腰荐十字取百会穴；荐椎与尾椎间取尾根穴。④以肌沟作为标志，如倒数第一、二、三肋间髂骨翼上角水平线髂肋肌沟中为六脉穴，倒数第六肋间髂骨翼上角水平线髂肋肌沟中取肺俞穴。

（2）体躯连线比例定位法。在某些解剖标志之间画线，以线的比例分点或两线的交叉点为定穴依据。例如口角向后的延长线与咬肌前缘相交处取开关穴。

（3）指量定位法。以术者手指第二关节处的横宽作为度量单位来量取定位。食指、中指两指相并为 1 寸，即 3.3 cm，加无名指三指相并为 1.5 寸，即 5.0 cm（图 4-1-7）。例如耳背侧距尖端两指的血管上取耳尖穴，内眼角下方约两指处的血管分叉处为三江穴。

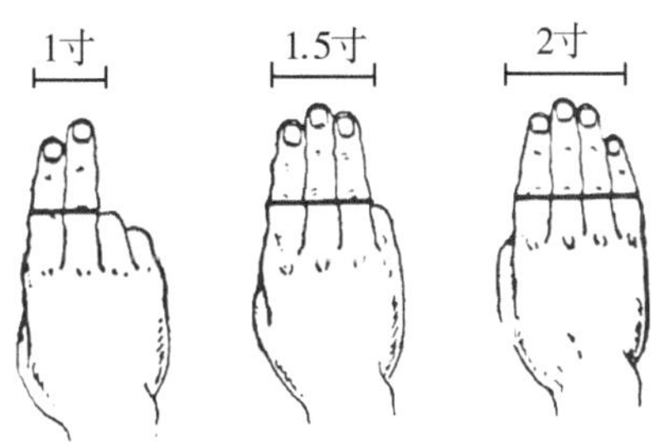

图 4-1-7 指量定位

三、施针的基本技术

（一）持针法

针刺时多以右手持针施术，称为刺手，要求持针确实，针刺准确。

1. 毫针的持针法

短毫针施术时，用右手拇指对食指和中指夹持针柄，无名指抵住针体以复制进展，并掌握进针的深度（图 4-1-8）。长毫针施术时，捏住针尖部，先将针尖刺入穴位皮下，继续用短毫针进针方法捻转进针（图 4-1-9）。

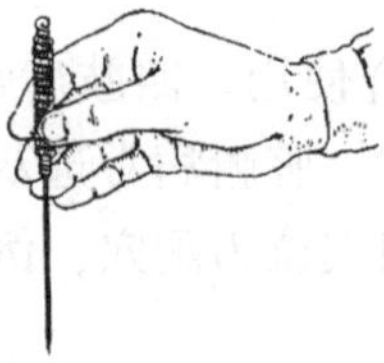

图 4-1-8 普通毫针持针法

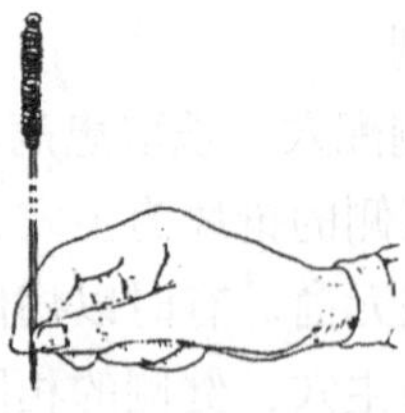

图 4-1-9 长毫针持针法

2. 圆利针的持针法

与地面垂直进针时，常用拇指、食指夹持针柄，用中指、无名指抵住针身（图 4-1-10）。与地面水平进针时，常以拇指、食指和中指捏住针体，针柄抵在掌心，即全握式持针法（图 4-1-11）。进针时，先将针尖刺至皮下，根据所需的进针方向，调好针刺角度，用拇指、食指、中指夹持针柄捻转进针达所需深度。

图 4-1-10 与地面垂直进针

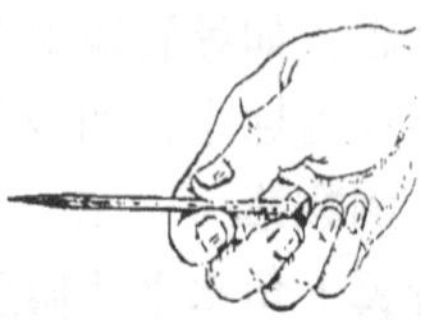

图 4-1-11 与地面水平进针

3. 宽针的持针法

（1）全握式持针法。用右手拇指、食指、中指夹持针体，调整所需的进针深度，针尖露出一定长度，针柄端抵于掌心（图 4-1-12）。进针时动作要迅速、准确，使针刃一次穿破皮肤及血管，针退出后，血即流出。宽针常用于缠腕、曲池、尾本等穴位。

（2）手代针锤持针法。用手的食指、中指和无名指握紧针体，用小指的中节抵住针尖部，露出的针尖多少为所需刺入的长度，拇指抵压在针的上端（图 4-1-13）。针刺时，针尖顺血管刺入，即可出血。

图 4-1-12 全握式持针法

图 4-1-13 手代针锤持针法

（3）针锤持针法。将针具置入针头针缝内，露出适当长度的针尖，推上锤箍，固定针体。术者手持锤柄，挥动针锤使针刃顺血管刺入，随即出血。常用于颈脉、胸堂、肾堂、蹄头等穴位及黄肿处散刺。

4. 三棱针的持针法

（1）执笔式持针法。用拇指、食指、中指三指持针身，中指尖抵于针尖部以控制进针的深度，无名指抵按在穴位旁以助准确进针（图 4–1–14）。常用于针刺通关、分水、内唇阴等穴。

（2）弹琴式持针法。用拇指、食指夹持针尖部，留出适当的长度的针尖，其余三指抵住针身（图 4–1–15）。用于平刺三江、太阳等穴位。

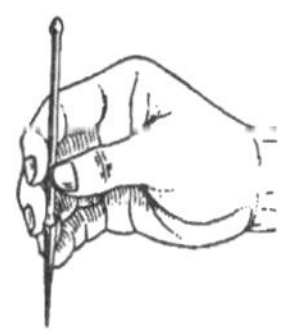

图 4–1–14　执笔式持针法

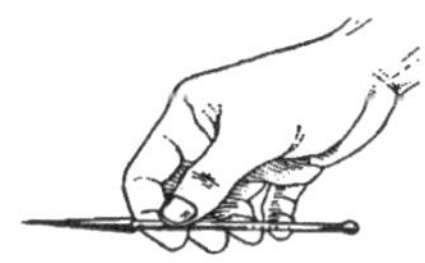

图 4–1–15　弹琴式持针法

5. 火针的持针法

烧针时，针尖先向下后向上，始终保持针尖在火焰中。与地面垂直进针时，用拇指、食指、中指捏住针柄，针尖向下（图 4–1–16）。与地面平行进针时，用拇指、食指、中指捏住针柄，针尖向前（图 4–1–17）。

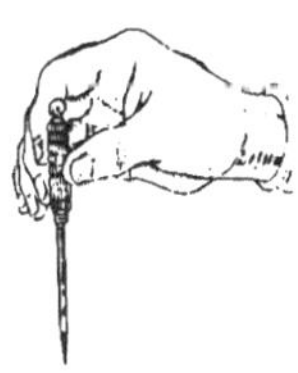

图 4–1–16　与地面垂直进针

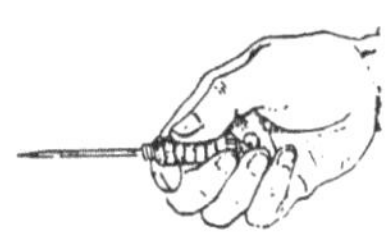

图 4–1–17　与地面平行进针

（二）按穴（押穴）法

押手指针刺时常以左手按穴。其作用为固定穴位，辅助进针，使针体准确地刺入穴位。还可减轻针刺的疼痛。

1. 指切押手法

用左手拇指指甲切押穴位旁皮肤，右手持针使针尖靠近押手拇指指甲边缘，刺入穴位内。常用于短针进针（图 4–1–18）。

2. 骈指押手法

以左手拇指、食指夹捏棉球，裹住针尖部，右手持针柄，当左手夹针下压时，右手顺势将针尖刺入。适用于长针的进针（图 4–1–19）。

图 4-1-18　指切押手法

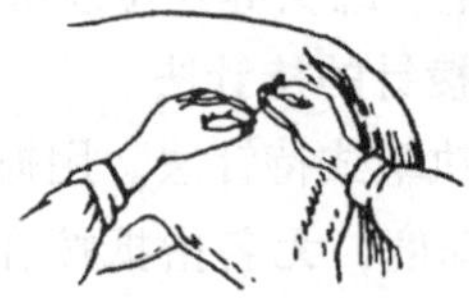

图 4-1-19　骈指押手法

3. 舒张押手法

用左手拇指、食指贴近穴位皮肤向两侧撑开，使穴位皮肤进针，以利进针（图 4-1-20）。适用于皮肤松弛部位或不易固定的穴位。

4. 提捏押手法

用左手拇指和食指将穴位皮肤捏起来，右手持针，使针体从侧面刺入穴位（图 4-1-21）。适用于头部或皮肤薄、穴位浅等平刺的穴位，如锁口、开关穴；施穿黄针时也常用此法。

图 4-1-20　舒张押手法

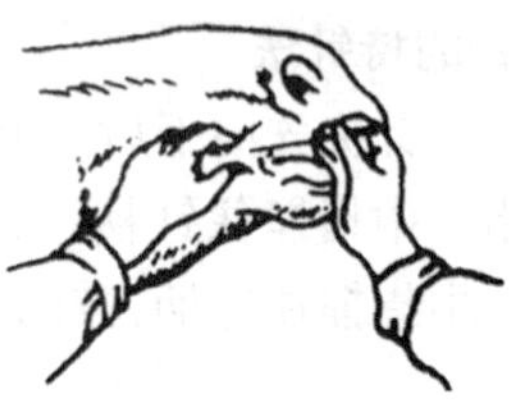

图 4-1-21　提捏押手法

（三）进针法

依据针刺时用的针具、穴位、针治对象的不同，则采用不同的进针方法。

1. 捻转进针法

此法多用于毫针及圆利针。操作时，一手切穴，一手持针，先将针尖刺入穴位皮下，然后缓慢捻转进针。

2. 速刺进针法

此法多用于宽针、火针、圆利针及三棱针。用宽针时，露出适当长度的针尖，对准穴位并刺入。用火针时，可一次刺入所需的深度，后作短时间的留针。用圆利针时，先将针尖刺入穴位皮下，再调整方向，随手刺入。

（四）针刺角度与深度

1. 针刺角度

针刺角度指针体与穴位局部皮肤所呈现的夹角，常见有三种（图 4-1-22）。

（1）直刺。针体与穴位皮肤呈 90°或接近 90°刺入。多见于肌肉丰满处的穴位。如百会穴、后海穴等。

（2）斜刺。针体与穴位皮肤呈 45°或接近 45°刺入，多见于骨骼边缘及不宜深刺的穴位，如云门穴、风门穴等。

（3）平刺。针体与穴位皮肤呈15°或接近15°刺入，多见于肌肉浅薄处的穴位，如肺门穴、开关穴等。

2. 针刺深度

针刺时，进针的深度需适当，穴位不同针刺的深度要求不同，一般以穴位要求的深度为标准。如开关穴刺入2~3 cm，但后海穴毫针刺入6~10 cm。但是，虚体胖瘦、病症的虚实、病程的长短及补泻手法等的不同，进针的深度亦有不同。一般情况下，进针深，刺激强度大；进针浅，刺激强度小。

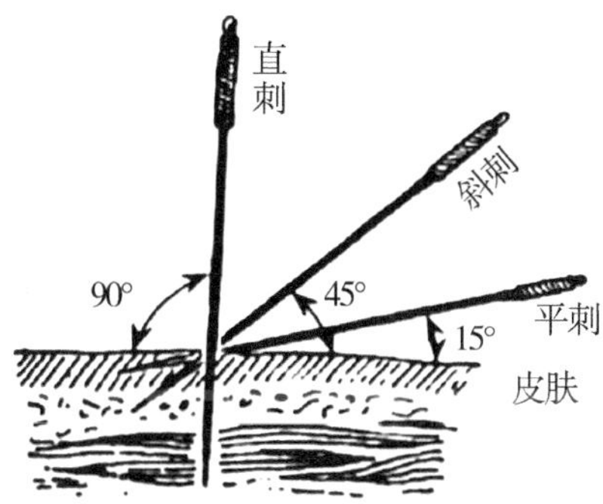

图 4-1-22　针刺角度

（五）行针与得气

1. 得气

行针指针刺后，为了使患病动物产生针刺感而运行针体的方法。得气则指针刺部位产生了经气的感应，也称为针感。得气后，患病动物会出现提肢、拱腰、摆尾、局部肌肉收缩或跳动，施术者也有针下沉感。

2. 行针手法

（1）提插。纵向的行针手法（图4-1-23）。将针从深层提到浅层，再从浅层插入深层，如此重复多次。提插幅度大、频率快，则刺激强度大；提插幅度小、频率慢，则刺激强度小。

（2）捻转。横向的行针手法（图4-1-24）。将针左右、来回反复地旋转捻动。捻转幅度一般为180°~360°，捻转角度大、频率快，则刺激强；捻转角度小、频率慢，则刺激弱。

（3）搓。单向地捻动针身（图4-1-25）。可增强针感，是调气、催气的手法之一。

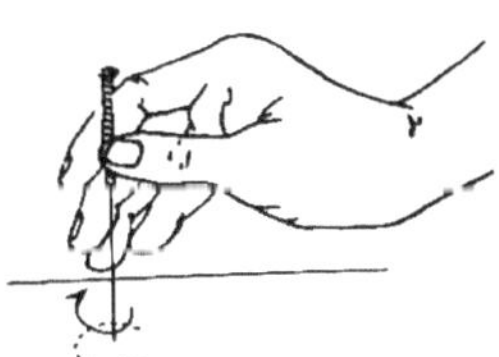

图 4-1-23　提插

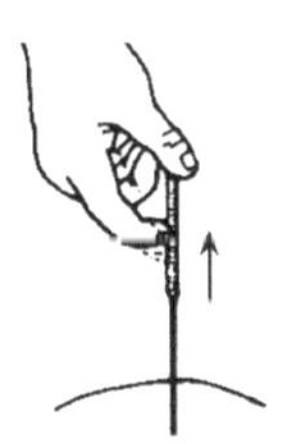

图 4-1-24　捻转

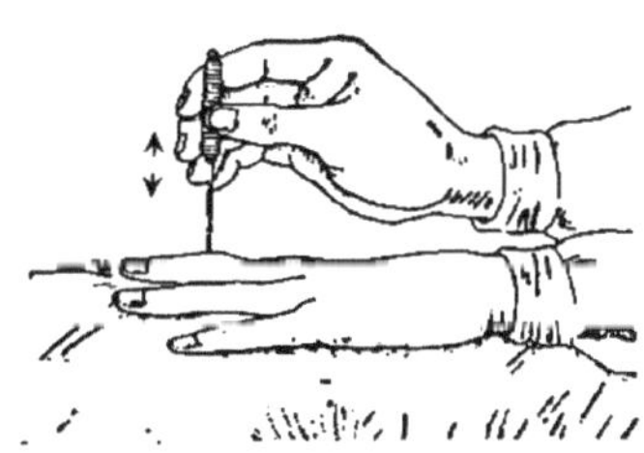

图 4-1-25　搓

（4）弹。用手指弹击针柄，使针体微微颤动，以增强针感（图4-1-26）。

（5）刮。用拇指抵住针尾、食指或中指指甲轻刮针柄，以加强针感、促进针感的扩散（图4-1-27）。

(6) 摇。用手捏住针柄轻轻摇动针体（图 4-1-28）。直立针身而摇可增强针感，卧倒针身而摇可促使针感向一定方向传导，使针下之气直达患部。

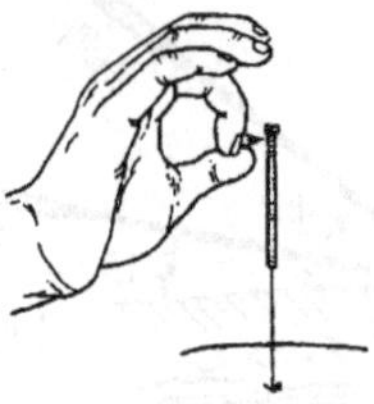

图 4-1-26　弹

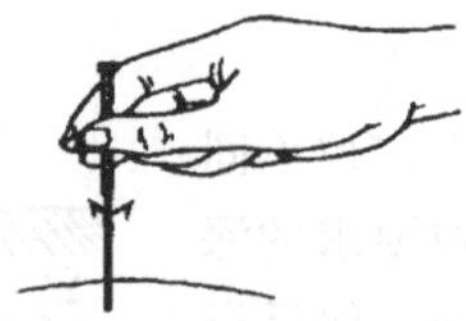

图 4-1-27　刮

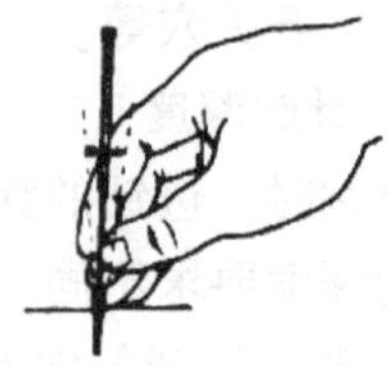

图 4-1-28　摇

临床上大多采用复式行针法，其中提插、捻转最为常用。施术时要根据患病动物体质、疾病状态，选择合适的行针手法。

（六）刺激强度

(1) 强刺激。进针较深，较大幅度和较快频率的行针。一般多用于体质较好的动物，针刺麻醉时也常应用。

(2) 弱刺激。进针较浅，较小幅度和较慢频率的行针。一般多用于老弱年幼的动物，以及内有重要脏器的穴位。

(3) 中刺激。刺激强度介于上述两者之间，行针幅度和频率均取中等。适用于一般动物。

（七）留针与起针

1. 留针

留针指得气后根据病情需要把针留置在穴位内一定时间。针刺治病达到较好的效果，不仅需要达到一定的刺激量，还需要适度的刺激强度及刺激时间。留针多用于毫针术、圆利针术及火针术。

留针的时间的长短要依据病情、得气情况及患病动物具体情况而定。一般情况下，表、热、实证多急出针，里、寒、虚证及经久不愈者多留针。得气慢者，则需长时间留针；患病动物骚动不安可不留针。留针时间一般为 10～30 min，火针留针 5～10 min。而针刺麻醉药留针到手术结束。

2. 起针

针刺达到一定的刺激量后，便可起针。起针法有两种。

(1) 捻转起针法。押手轻按穴旁的皮肤，手持针柄，缓慢捻转出针。

(2) 抽拔起针法。押手或不押手轻按穴旁皮肤，刺手捏住针柄，快速拔出针体。对不温顺的患病动物起针时多用此法。

（八）施针时意外情况处理

1. 弯针

(1) 原因。病动物肌肉紧张，剧烈收缩；或因骚动不安；或因进针时用力过猛、捻转、提插时指力不均均可引起弯针现象。

（2）处理。针身弯曲较小，用左手按压针下皮肤肌肉，右手持针柄不捻转、顺弯曲方向将针取出；若弯曲较大，需轻提轻按，两手配合，顺弯曲方向，慢慢取出，切不可强力猛抽，防止折针。

2. 折针

（1）原因。进针前失于检查，针体已有缺损；进针后捻针用力过猛；动物突然骚动不安等均可致折针。

（2）处理。如折针断端在皮肤外，用左手压紧断针周围的皮肤，右手用镊子夹住折断的针身用力拔出；如折针断端在皮肤内，则施外科手术切开取出。

3. 滞针

（1）原因。肌肉紧张、强力收缩均可导致肌纤维夹持针体，使针体无法取出。

（2）处理。停止施术，轻柔局部，待患病动物安静后轻轻捻转针体将其取出。

4. 晕针

针刺过程中，个别患病动物突然出现如站立不稳，昏迷、出汗等情况，多为晕针。

（1）原因。过猛或行针过强均可导致晕针，多见于虚弱的动物。

（2）处理。立即停针，使动物安静。若症状较重，可针分水、水沟、通关等穴。

5. 血针出血不止

（1）原因。用力过大或用力过猛刺伤附近动脉；或操作时患病动物突然骚动不安刺破血管均可导致出血不止。

（2）处理。轻者局部涂擦碘酊，重者可根据不同情况进行全身或局部处理。

任务实施

步骤一：根据本任务内容，通过查阅图书或网络资源，收集相关资料及在中兽医临床上的应用案例资料，并整理分析，列出大纲。

步骤二：根据个人理解，将主要内容进行总结，并绘制思维导图；思维导图应包括三个方面的内容，即针具的基本特征、针灸取穴的方法和施针的基本技术。

步骤三：将个人绘制好的思维导图通过软件上传或在班级群中进行展示，供其他同学参阅，并提出优缺点。

步骤四：根据其他同学的意见或建议进一步完善思维导图，进一步理解课堂内容。

任务检测

请扫描二维码 4-1-1 进入在线测试，可反复多次答题，直到获得满意的结果。

二维码 4-1-1　项目四任务一检测

任务评价

根据本任务表现及思维导图绘制情况进行评价，具体评价见表 4-1-1。

表 4-1-1 任务完成过程评价

<table>
<tr><td colspan="2">班级：</td><td colspan="2">组别：</td><td>姓名：</td></tr>
<tr><td>任务</td><td>评分标准</td><td>自我评价</td><td>小组评价</td><td>教师评价</td></tr>
<tr><td rowspan="3">形式方面</td><td>整体布局合理，核心主题明确（20 分）</td><td></td><td></td><td></td></tr>
<tr><td>颜色对比明显，分支颜色有所区别（10 分）</td><td></td><td></td><td></td></tr>
<tr><td>部分内容有相应图片展示（20 分）</td><td></td><td></td><td></td></tr>
<tr><td rowspan="3">内容方面</td><td>内容正确，包括概念和关系的准确性（10 分）</td><td></td><td></td><td></td></tr>
<tr><td>内容知识点完整，主次分明（20 分）</td><td></td><td></td><td></td></tr>
<tr><td>内容简洁扼要，层次清晰（20 分）</td><td></td><td></td><td></td></tr>
<tr><td colspan="2">合计</td><td></td><td></td><td></td></tr>
<tr><td>自我评价与总结</td><td colspan="4"></td></tr>
<tr><td>教师点评</td><td colspan="4"></td></tr>
</table>

技能 针具的识别及使用

- **活动目的**

1. 能够识别常用的各种针具。
2. 初步掌握各种常用针具的使用方法。
3. 初步掌握针刺的方法要领。

- **活动材料**

针具若干，不同动物针灸模型若干，仿真皮肤模型若干，动物的穴位图谱。

- **活动准备**

准备实训器材，学习实训步骤。

- **活动方法**

1. 针具的识别

（1）教师讲解针具的形状、特性，及针具的使用方法。

（2）学生通过观察、小组讨论仔细识别各类针具，包括白针用具、血针用具、火针用具、现代针灸仪器。

2. 学习针具的使用方法

（1）术前准备。妥善保定动物，认真检查针具，实验动物术部剪毛、消毒，术者手部消毒、针具消毒。

（2）白针针法。施术时，右手拇指、食指夹持针柄，左手拇指、食指、中指持酒精棉球包裹针身，以针尖对准穴位，右手旋转针柄急刺。针尖刺入皮下后，缓缓进针，直至“得气”或所要求的深度时留针。退针时，左手持酒精棉球包裹针身，按在穴位上右手持针柄捻转抽出，消毒针孔。

（3）火针针法。选择好火针后，用脱脂棉将针尖和针身裹，浸入植物油中并迅速取出，稍待片刻，使油浸透脱脂棉。点燃脱脂棉，待火快熄灭时，轻轻搓动后甩掉燃烧的棉球，迅速刺入穴位。留针 5 min，中间捻转醒针 1 次。退针时，以酒精棉球压住穴位，在捻转中迅速抽出。出针后以药膏封闭针眼。

火针穴位与白针的穴位基本相同，但在血管和四肢关节上不得使用火针。

（4）血针针法。进针时，针刃必须与血管走向平行。进针要快速、准确，一次穿透皮肤和血管，做到针到血出。退针也要迅速。

- **活动要求**

1. 施针之前，需切实保定动物。施针时，做到仔细消毒；并注意人畜安全。
2. 学生不得用针具对旁边的同学身上施针。

- **活动实施**

学生根据表 4–1–2 操作环节开展活动。

表 4–1–2　活动实施环节

环节	操作
环节一	学生分组识别常用针具，熟悉不同针具的形态特征
环节二	学生利用皮肤模型，学习不同针具施针的技术
环节三	教师指导，查找不足
环节四	学生互评，教师点评

- **课后作业**

根据技能活动情况完成实训报告。

- **活动评价**

活动过程中，根据活动情况进行评价，具体评价如表 4–1–3 所示。

表 4–1–3　工作活动完成过程评价

班级：		组别：		姓名：
项目	评分标准	自我评价	小组评价	教师评价
小组操作（60 分）	能够识别常用针具（20 分）			
	能够正确使用施针技术（40 分）			

续表

班级：		组别：	姓名：	
项目	评分标准	自我评价	小组评价	教师评价
正确识别针具并使用施针技术（40 分）	优秀为 36~40 分； 良好为 31~35 分； 一般为 25~30 分			
合计				
自我评价与总结				
教师点评				

任务二 常用的针灸穴位及针治

学习情境

穴位具有从属经络、输注气血、反应病痛、感受信息等作用。穴位通过经络与脏腑相联系，正常情况下，穴位为经络气血的集散地，病理情况下，穴位通过感觉、色泽、形态的变化，反映脏腑的病变。

例如，脏腑有病变时，穴位处常会出现疼痛、结节等异常反应。在穴位上给予一定的刺激，能起到疏通经络、调节气血、扶正祛邪、补虚泻实等作用。

学生通过查阅图书或网络资源，查找与针灸穴位和针灸相关的资料，及兽医临床应用，并制作思维导图。

任务准备

一、牛的常用针灸穴位及针治

（一）牛的常用针灸穴位

1. 头部穴位（表 4-2-1）

表 4-2-1　牛头部常用针灸穴位

序号	穴名	取穴部位	针法	主治
1	山根	主穴在鼻唇镜上缘正中有毛无毛交界处，两副穴在左右鼻孔背角处，共三穴	小宽针向后下方斜刺 1 cm，出血	中暑，感冒，腹痛，癫痫

续表

序号	穴名	取穴部位	针法	主治
2	鼻中	两鼻孔下缘连线中点，一穴	小宽针或三棱针直刺1 cm，出血	慢草，热病，唇肿，衄血，黄疸
3	唇内（内唇阴）	上唇内面，正中线两侧约2 cm的上唇静脉上，左右侧各一穴	外翻上唇，以三棱针直刺1 cm，出血；也可在上唇黏膜肿胀处散刺	唇肿，口疮，慢草，热证
4	顺气（嚼眼）	口内硬腭前端切齿乳头两侧的鼻腭管开口处，左右侧各一穴	将去皮、节的鲜细柳（榆）枝端部削成钝圆形，徐徐插入20～30 cm，剪去外露部分，留置2～3 h或不取出	肚胀，感冒，睛生翳膜
5	通关	舌体腹侧面，舌系带两旁的舌下静脉上，左右侧各一穴	将舌拉出，向上翻转，小宽针或三棱针刺入1cm，出血	慢草，木舌，中暑，春、秋季开针洗口有防病作用
6	承浆	下唇下缘正中有毛无毛交界处，一穴	中、小宽针向后下方刺入1 cm，出血	下颌肿痛，五脏积热，慢草
7	锁口	口角后上方约3 cm口轮匝肌凹陷处，左右侧各一穴	小宽针或火针向后上方平刺3 cm，毫针4～6 cm，或透刺开关穴	牙关紧闭，歪嘴风
8	开关	口角向后的延长线与咬肌前缘相交处，左右侧各一穴	中宽针、圆利针或火针向后上方刺入2～3 cm，毫针4～6 cm，或透刺锁口	破伤风，歪嘴风，腮黄
9	鼻俞	鼻孔上方4.5 cm处（鼻颌切迹内），左右侧各一穴	三棱针或小宽针直刺1.5 cm，或透刺到对侧，出血	肺热，感冒，中暑，鼻肿
10	三江	内眼角下方约4.5cm处的眼角静脉分叉处，左右侧各一穴	低拴牛头，使血管怒张，用三棱针或小宽针刺入1 cm，出血	疝痛，肚胀，肝热传眼
11	睛明（睛灵）	下眼眶上缘，两眼角内、中1/3交界处，左右眼各一穴	上推眼球，毫针沿眼球与泪骨之间向内下方刺入3 cm；或三棱针在下眼睑黏膜上散刺，出血	肝热传眼，睛生翳膜
12	睛俞	上眼眶下缘正中的凹陷中，左右眼各一穴	下压眼球，毫针沿眶上突下缘向内上方刺入2～3 cm；或三棱针在上眼睑黏膜上散刺，出血	肝经风热，肝热传眼，眩晕
13	太阳	外眼角后方约3 cm处的颞窝中，左右侧各一穴	小宽针刺入1～2 cm，出血；或毫针刺入3～6 cm；或施水针	中暑，感冒，癫痫，肝热传眼，睛生翳膜
14	通天	两内眼角连线正中上方6～8 cm处，一穴	火针沿皮下向上平刺2～3 cm，或火烙；治脑包虫可施开颅术	感冒，脑黄，癫痫，破伤风，脑包虫

续表

序号	穴名	取穴部位	针法	主治
15	耳尖	耳背侧距尖端 3 cm 的耳静脉上，左右耳各三穴	捏紧耳根，使血管怒张，用中宽针或大三棱针刺破血管，出血	中暑，感冒，中毒，腹痛，热性病
16	耳根	耳根后方，耳根与寰椎翼前缘之间的凹陷中，左右侧各异穴	中宽针或火针向内下方刺入 1~1.5 cm，圆利针或毫针刺入 3~6 cm	感冒、过劳、腹痛、风湿
17	天门	两耳根连线正中点后方，即枕寰关节背侧的凹陷中，一穴	火针、小宽针或圆利针向后下方斜刺 3 cm，毫针 3~6 cm，或火烙	感冒，脑黄，癫痫，眩晕，破伤风

2. 躯干部穴位（表 4-2-2）

表 4-2-2　牛躯干部常用针灸穴位

序号	穴名	取穴部位	针法	主治
1	颈脉	颈静脉沟上、中 1/3 交界处的颈静脉上，左右侧各一穴	高拴牛头，徒手按压或扣颈绳，大宽针刺入 1 cm，出血	中暑，中毒，脑黄，肺风毛燥
2	丹田	第 1~2 胸椎棘突间的凹陷中，一穴	小宽针、圆利针或火针向前下方刺入 3 cm，毫针 6 cm	中暑，过劳，前肢风湿，肩痛
3	鬐甲（三台）	第 3~4 胸椎棘突间的凹陷中，一穴	小宽针或火针向前下方刺入 1.5~2.5 cm，毫针 4~5 cm	前肢风湿，肺热咳嗽，脱膊，肩肿
4	通窍	倒数第 4~7 肋间，髂骨翼上角水平线处的髂肋肌沟中，左右侧各四穴	小宽针、圆利针或火针向内下方刺入 3 cm，毫针 6 cm	肺痛，咳嗽，过劳，风湿
5	肺俞	倒数第 6 肋间，肩、髋关节连线的交点处，左右侧各一穴	小宽针、圆利针或火针向内下方刺入 3 cm，毫针 6 cm	肺热咳嗽，感冒，宿草不转
6	六脉	倒数第 1~3 肋间，髂骨翼上角水平线处的髂肋肌沟中，左右侧各三穴	小宽针、圆利针或火针向内下方刺入 3 cm，毫针 6 cm	便秘，肚胀，积食，泄泻，慢草
7	脾俞（六脉第一穴）	倒数第 3 肋间，髂骨翼上角水平线处的髂肋肌沟中，左右侧各一穴	小宽针、圆利针或火针向内下方刺入 3 cm，毫针 6 cm	消化不良，肚胀，积食，泄泻
8	苏气	第 8~9 胸椎棘突间的凹陷中，一穴	小宽针、圆利针或火针向前下方刺入 1.5~2.5 cm，毫针 3~4.5 cm	肺热，咳嗽，气喘
9	食胀	左侧倒数第 2 肋间与髋结节下角水平线相交处，一穴	小宽针、圆利针或毫针向内下方刺入 9 cm，达到瘤胃背囊内	宿草不转，肚胀，消化不良

续表

序号	穴名	取穴部位	针法	主治
10	关元俞	最后肋骨与第1腰椎横突顶端之间的髂肋肌沟中，左右侧各一穴	小宽针、圆利针或火针向内下方刺入3 cm，毫针4.5 cm；亦可向脊椎方向刺入6~9 cm	慢草，便结，肚胀，积食，泄泻
11	天平	最后胸椎与第1腰椎棘突间的凹陷中，一穴	小宽针、圆利针或火针直刺2 cm，毫针3~4 cm	尿闭，肠黄，尿血、便血、阉割后出血
12	后丹田	第1~2腰椎棘突间的凹陷中，一穴	小宽针、圆利针或火针直刺3 cm，毫针4.5 cm	慢草，腰胯痛，尿闭
13	命门	第2~3腰椎棘突间的凹陷中，一穴	小宽针、圆利针或火针直刺3 cm，毫针3~5 cm	腰痛，尿闭，血尿，胎衣不下，慢草
14	安肾	第3~4腰椎棘突间的凹陷中，一穴	小宽针、圆利针或火针直刺3 cm，毫针3~5 cm	腰胯痛，肾痛，尿闭，胎衣不下，慢草
15	百会	腰荐十字部，即最后腰椎与第1荐椎棘突间的凹陷中，一穴	小宽针、圆利针或火针直刺3~4.5 cm，毫针刺入6~9 cm	腰胯风湿、闪伤，二便不利，后躯瘫痪
16	肷俞	左侧肷窝部，即肋骨后、腰椎下与髂骨翼前形成的三角区内	套管针或大号采血针向内下方刺入6~9 cm，徐徐放出气体	急性瘤胃臌气
17	肾俞	百会穴旁开6 cm处，左右侧各一穴	小宽针、圆利针或火针直刺3 cm，毫针3~4.5 cm	腰胯风湿、闪伤
18	穿黄（吊黄）	胸前，腹正中线旁开1.5 cm处，一穴	拉起皮肤，用带马尾的穿黄针左右对穿皮肤，马尾留置穴内，两端拴上适当重物，引流黄水	胸黄
19	胸堂	胸骨两旁，胸外侧沟下部的静脉上，左右侧各一穴	用中宽针急刺1 cm，出血	心肺积热，胸膊痛，中暑、失膊
20	带脉	肘后10cm的胸外静脉上，左右侧各一穴	中宽针顺血管刺入1 cm，出血	肠黄，腹痛，中暑，感冒
21	滴明	脐前约15 cm，腹中线旁开约12 cm处的腹壁皮下静脉上，左右侧各一穴	中宽针顺血管刺入2 cm，出血	乳黄，尿闭
22	云门	脐旁开3 cm，左右侧各一穴	治肚底黄用大宽针在肿胀处散刺；治腹水先用大宽针破皮，再插入宿水管	肚底黄，腹水
23	阳明	乳头基部外侧，每个乳头一穴	小宽针向内上方刺入1~2 cm，或激光照射	乳黄，尿闭
24	阴俞（会阴）	肛门与阴门或阴囊中间的中心缝上，一穴	毫针、圆利针或火针直刺1~2 cm	阴道脱，子宫脱；阴囊肿胀

续表

序号	穴名	取穴部位	针法	主治
25	后海	肛门上、尾根下的凹陷处正中，一穴	小宽针、圆利针或火针向前上方刺入3～4.5 cm，毫针6～10 cm	久痢，泄泻，胃肠热结，脱肛，不孕症
26	尾根	尾背侧正中，荐尾结合部棘突间的凹陷中，以手摇尾动与不动前的凹陷处，一穴	小宽针、圆利针或火针直刺1～2 cm，毫针3 cm	便秘，热泻，脱肛，热性病
27	尾本	尾腹面正中，距尾基部6 cm处尾静脉上，一穴	中宽针刺入1 cm，出血	腰风湿，尾神经麻痹，便秘
28	尾尖	尾尖末端，一穴	中宽针直刺1 cm或将尾尖十字劈开，出血	中暑，中毒，感冒，过劳，热性病

3. 前肢穴位（表4-2-3）

表4-2-3 牛前肢常用针灸穴位

序号	穴名	取穴部位	针法	主治
1	轩堂	鬐甲两侧，肩胛软骨上缘正中，左右肢各一穴	中宽针、圆利针或火针沿肩胛骨内侧向内下方刺入9 cm，毫针10～15 cm	失膊，夹气痛
2	膊尖（云头）	肩胛骨与肩胛软骨结合处，左右肢各一穴	小宽针、圆利针或火针沿肩胛骨内侧向后下方斜刺3～6 cm，毫针9 cm	失膊，前肢风湿
3	膊栏（爬壁）	肩胛骨后角与肩胛骨软骨结合处，左右肢各一穴	小宽针、圆利针或火针沿肩胛骨内侧向前下方斜刺3 cm，毫针6～9 cm	失膊，前肢风湿
4	肩井	肩关节前上缘，臂骨大结节外上缘的凹陷中，左右肢各一穴	小宽针、圆利针或火针向内下方斜刺3～4.5 cm，毫针6～9 cm	失膊，前肢风湿、肿痛、肩甲上神经麻痹
5	抢风	肩关节后下方，三角肌后缘与臂三头肌长头、外头形成的凹陷中，左右肢各一穴	小宽针、圆利针或火针直刺3～4.5 cm，毫针6 cm	脱膊，前肢风湿、肿痛、神经麻痹
6	肘俞	臂骨外上髁与肘突之间的凹陷中，左右肢各一穴	小宽针、圆利针或火针向内下方斜刺3 cm，毫针4.5 cm	肘部肿胀，前肢风湿、闪伤、麻痹
7	夹气	前肢与躯干相接处的腋窝正中，左右侧各一穴	先用大宽针刺破皮肤，然后以涂油的夹气针向同侧抢风穴方向刺入10～15 cm，达肩胛下肌与胸下锯肌之间的疏松结缔组织内，出针消毒后摇动患肢数次	肩胛痛，内夹气

续表

序号	穴名	取穴部位	针法	主治
8	腕后（追风，曲尺）	腕关节后面正中凹陷中，左右肢各一穴	中、小宽针直刺 1.5 ~ 2.5 cm	腕部肿痛，前肢风湿
9	膝眼（跪膝）	腕关节背外侧下缘的陷沟中，左右肢各一穴	中、小宽针向后上方刺入 1 cm，放出黄水	腕部肿痛，膝黄
10	膝脉	前肢内侧，副腕骨下方 6 cm 处的静脉上，左右肢各一穴	中、小宽针沿血管刺入 1 cm，出血	腕关节肿痛，攒筋肿痛
11	缠腕（前肢称前缠腕，后肢称后缠腕）	四肢球节上方两侧，掌/跖内、外侧沟末端的静脉上，每肢左右侧各一穴	中、小宽针沿血管刺入 1.5 cm，出血	蹄黄，球节肿痛，扭伤
12	涌泉（后蹄称滴水）	蹄叉前缘正中稍上方凹陷中，每肢各一穴	中、小宽针直刺 1 ~ 1.5 cm，出血	蹄肿，扭伤，风湿，中暑
13	蹄头（八字，前蹄称前蹄头，后蹄称后蹄头）	第三、四指（趾）的蹄匣上缘正中，有毛与无毛交界处，每蹄内外侧各一穴	中宽针直刺 1 cm，出血	蹄黄，扭伤，便结，腹痛，中暑，感冒

4. 后肢穴位（表 4–2–4）

表 4–2–4 牛后肢常用针灸穴位

序号	穴名	取穴部位	针法	主治
1	居髎	髋结节后下方，臀肌下缘的凹陷中，左右肢各一穴	圆利针或火针直刺 3 ~ 4.5 cm，毫针 6 cm	腰胯风湿，后肢麻木，不孕症
2	环跳	髋关节前上缘，股骨大转子前方，臀肌下缘的凹陷中，左右肢各一穴	小宽针、圆利针或火针直刺 3 ~ 4.5 cm，毫针 6 cm	腰胯痛，后肢风湿、麻木
3	大转	髋关节前下缘，股骨大转子正前方约 6 cm 处的凹陷中，左右肢各一穴	小宽针、圆利针或火针直刺 3 ~ 4.5 cm，毫针 6 cm	后肢风湿、麻木，腰胯闪伤
4	大胯	髋关节上缘，股骨大转子正上方 9~1 2 cm 处的凹陷中，左右肢各一穴	小宽针、圆利针或火针直刺 3 ~ 4.5 cm，毫针 6 cm	后肢风湿、麻木，腰胯闪伤
5	小胯	髋关节下缘、股骨大转子正下方约 6 cm 处的凹陷中，左右肢各一穴	小宽针、圆利针或火针直刺 3 ~ 4.5 cm，毫针 6 cm	后肢风湿、麻木，腰胯闪伤
6	邪气（黄金）	股骨大转子和坐骨结节连线与股二头肌沟相交处，左右肢各一穴	小宽针、圆利针或火针直刺 3 ~ 4.5 cm，毫针 6 cm	后肢风湿、闪伤、麻痹，胯部肿痛

续表

序号	穴名	取穴部位	针法	主治
7	仰瓦	汗沟穴下 12 cm 处的同一肌沟中，左右肢各一穴	小宽针、圆利针或火针直刺 3～4.5 cm，毫针 6 cm	后肢风湿、闪伤、麻痹，胯部肿痛
8	肾堂	股内侧，大腿褶下方约 9 cm 的隐静脉上，左右肢各一穴	提举保定对侧后肢，以中宽针顺血管刺入 1 cm，出血	外肾黄，五攒痛后肢风湿
9	掠草	膝关节前外侧的凹陷中，左右肢各一穴	圆利针或火针向后上方斜刺 3～4.5 cm	掠草痛，后肢风湿
10	后三里	小腿外侧上部，腓骨小头下部的肌沟中，左右肢各一穴	毫针向内后下方刺入 6～7.5 cm	脾胃虚弱，后肢风湿、麻木
11	曲池（承山）	跗关节背侧稍偏外，中横韧带下方，趾长伸肌外侧的跖外侧静脉上，左右肢各一穴	中宽针刺入 1 cm，出血	跗骨肿痛，后肢风湿

图 4-2-1 和图 4-2-2 分别为牛的肌肉和骨骼及其常用针灸穴位示意。

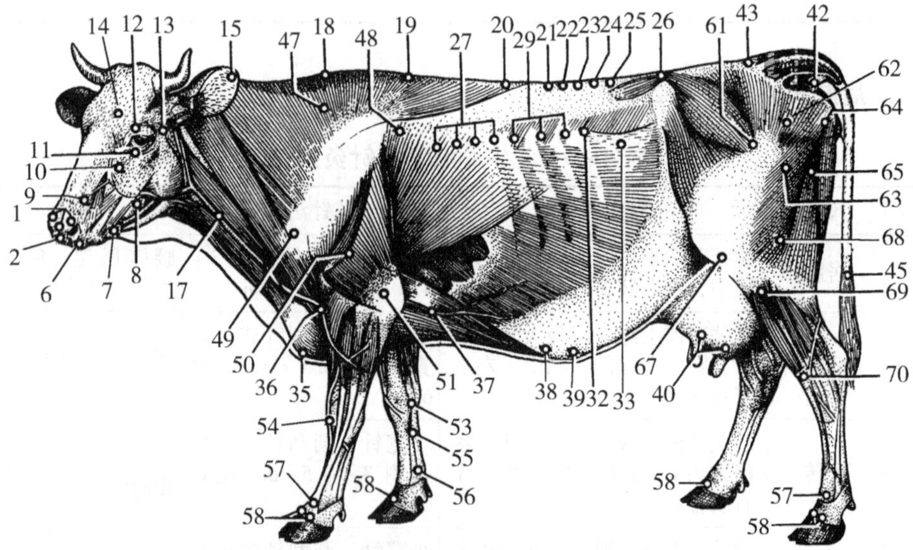

1. 山根；2. 鼻中；6. 承浆；7. 锁口；8. 开关；9. 鼻俞；10. 三江；11. 睛明；12. 睛俞；13. 太阳；14. 通天；15. 耳尖；17. 颈脉；18. 丹田；19. 鬐甲；20. 苏气；21. 安福；22. 天平；23. 后丹田；24. 命门；25. 安肾；26. 百会；27. 通窍；29. 六脉；32. 关元俞；33. 肷俞；35. 穿黄；36. 胸堂；37. 带脉；38. 滴明；39. 云门；40. 阳明；42. 后海；43. 尾根；45. 尾尖；47. 膊尖；48. 膊栏；49. 肩井；50. 抢风；51. 肘俞；53. 腕后；54. 膝眼；55. 膝脉；56. 缠腕；57. 涌泉、滴水；58. 蹄头；61. 大转；62. 大胯；63. 小胯；64. 邪气；65. 仰瓦；67. 掠草；68. 阳陵；69. 后三里；70. 曲池。

图 4-2-1 牛的肌肉及常用针灸穴位

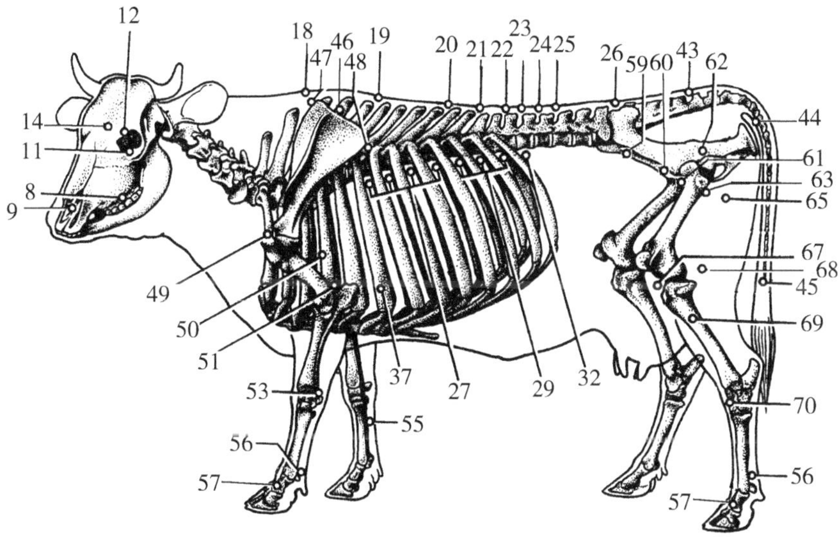

8. 开关；9. 鼻俞；11. 睛明；12. 睛俞；14. 通天；18. 丹田；19. 鬐甲；20. 苏气；21. 安福；22. 天平；23. 后丹田；24. 命门；25. 安肾；26. 百会；27. 通窍；29. 六脉；32. 关元俞；37. 带脉；43. 尾根；44. 尾本；45. 尾尖；46. 轩堂；47. 膊尖；48. 膊栏；49. 肩井；50. 抢风；51. 肘俞；53. 腕后；55. 膝脉；56. 缠腕；57. 涌泉、滴水；59. 居髎；60. 环跳；61. 大转；62. 大胯；63. 小胯；65. 仰瓦；67. 掠草；68. 阳陵；69. 后三里；70. 曲池。

图 4-2-2 牛的骨骼及常用针灸穴位

（二）牛常发病针灸治疗（表 4-2-5）

表 4-2-5 牛常发病针灸治疗

疾病名称	穴位及针治
风寒感冒	水针：主穴为百汇，配穴为苏气、肺俞 白针：主穴为肺俞、苏气，配穴位睛明、百会、丹田 血针：主穴为山根、耳尖、通关，配穴为尾尖、蹄头
风热感冒	水针：主穴为丹田，配穴为苏气、肺俞 血针：主穴为鼻俞、山根，配穴为通关、尾尖、耳尖，病情重者放颈脉血 电针：主穴为天门，配穴为肺俞、百会
肺热咳嗽，即肺炎	水针：主穴为丹田，配穴为苏气、肺俞 白针：主穴为肺俞，配穴为百会、苏气 血针：主穴为鼻俞，配穴为胸堂、颈脉、耳尖、通关
喉黄	白针：主穴为喉门，配穴为肺俞 血针：主穴为颈脉，配穴为鼻俞、玉堂、通关、山根、蹄头 巧治：软肿者用针刺核后出脓即愈；硬肿者切开皮肤后割去其核；窒息者危险时切开气管
豆谷疯	血针：主穴为山根，配穴为耳尖、蹄头 水针：百会穴注入镇静类注射液

续表

疾病名称	穴位及针治
脾虚慢草，即消化不良	水针：主穴为健脾，配穴为脾俞、后三里，注射葡萄糖或新斯的明注射液 白针：主穴为脾俞，配穴为六脉、关元俞、食胀、后三里 血针：主穴为通关，配穴为山根、蹄头 电针：主穴为百会，配穴为关于俞、脾俞 巧治：顺气穴插枝
草噎，即食道梗塞	外治法：若阻塞物位于咽部或靠近咽部时，用开口器开口后手取出即可；若阻塞物在食道的位置靠近胃部时，用胃管推送或结合打水、打气；若阻塞物较柔软，用按摩法；若阻塞物为细粉饲料时，用胃管灌水冲洗数次
瘤胃臌气	白针：主穴为脾俞、关元俞，配穴为百会、后海、苏气 血针：主穴为滴明、通关，配穴为山根、蹄头、耳尖、尾尖 电针：主穴为关元俞，配穴为食胀、后海 巧治：肷俞穴，套管针穿刺放气
宿草不转，即瘤胃积食	水针：主穴为食胀，配穴为关于俞 白针：主穴为脾俞，配穴为百会、后海、关元俞 血针：主穴为通关，配穴为蹄头、滴明、耳尖、山根、尾尖 电针：主穴为关元俞，配穴为食胀
百叶干，即瘤胃秘结	白针：主穴为脾俞，配穴为百会、后丹田 血针：主穴为带脉，配穴为蹄头、耳尖、山根 水针：后海穴
泄泻	白针：主穴为后海，配穴为脾俞、关元俞、后三里 血针：主穴为带脉，配穴为蹄头、三江、通关、玉堂 水针：后三里，注射葡萄糖或抗生素注射液 激光针：后海、脾俞、六脉
肠黄	白针：主穴为脾俞，配穴为后三里 血针：主穴为带脉，配穴为玉堂、山根、尾尖 穴位埋线：主穴为脾俞，配穴为后海、膀胱俞
便秘	水针：主穴为关元俞，配穴为后三里 白针：主穴为脾俞、后海，配穴为后三里、尾根 血针：主穴为蹄头、三江，配穴为通关、耳尖、尾尖、尾本 电针：关元俞、脾俞，或两侧关元俞 巧治：掏结术
便血	水针：天平穴 白针：主穴为天平、脾俞，配穴为后海、后三里、百会、大肠俞、后丹田
肝热传眼	水针：睛明、睛俞 血针：主穴为太阳，配穴为三江、睛俞、睛明
肺热气喘	水针：主穴为丹田，配穴为苏气、肺俞，注射柴胡注射液或抗生素 白针：主穴为肺俞，配穴为百会、苏气 血针：主穴为鼻俞，配穴为颈脉、耳尖、通关

续表

疾病名称	穴位及针治
宿水停脐，即腹水	火针或白针：主穴为脾俞，配穴为百会、六脉 巧治：云门穴，插入宿水管缓慢放出腹水
胞转，即尿闭	白针：主穴为命门、云门，配穴为百会、肾俞、后海 血针：主穴为肾堂，配穴三江、尾尖、尾本、滴明、山根 火针：主穴为百会，配穴为安肾 电针：主穴为百会，配穴为尾根、大胯
胞黄，即膀胱炎	水针：主穴为百会，配穴为肾俞、命门 血针：主穴为肾堂，配穴为尾本、尾尖
乳痈	水针：阳明、百会 血针：主穴为滴明，配穴为颈脉、滴水 激光针：阳明 TDP：患区照射
不孕症	水针：主穴为百会，配穴为雁翅 白针：主穴为后海，配穴为百会、雁翅 电针：主穴为百会，配穴为后海、雁翅、关元俞 激光针：主穴为阴蒂，配穴为后海 TDP 疗法：后海、阴门区照射
胎风，即产后瘫痪	水针：主穴为抢风、大胯，配穴为肘俞、小胯、后三里 火针：主穴为百会，配穴为大胯、小胯、抢风、邪气、仰瓦 电针：主穴为百会，配穴为气门、大胯、小胯
风湿症	水针：患部穴位，注射抗风湿药 火针：前肢风湿，主穴为抢风，配穴为冲天、肩外俞、肘俞；后肢风湿，主穴为气门，配穴为大胯、小胯、邪气、仰瓦、阳陵、掠草；腰部风湿，主穴为百会，配穴为肾俞；全身性风湿，主穴为百会，配穴为安肾、抢风、气门 灸法：醋酒灸或醋麸灸；软烧法；艾灸 TDP 疗法：病区照射
阴道脱和子宫脱	巧治：脱出物清洗消毒整复。配合以下针法固定 水针：两侧阴脱穴（参考马），分别注射 95% 乙醇 10 mL 白针：主穴为百会，配穴为命门、尾根 电针：阴脱、后海
胎衣不下	水针：主穴为百会，配穴为肾俞，注射缩宫素 白针或电针：主穴为百会、后海，配穴为天平、尾根、关元俞
破伤风	水针：百会，注射破伤风抗毒素 火针：主穴为百会，配穴为锁口、开关 醋麸灸背腰部

二、猪的常用针灸穴位及针治

（一）猪的常用针灸穴位

1. 头部穴位（表 4-2-6）

表 4-2-6 猪头部常用针灸穴位

序号	穴名	定位	针法	主治
1	山根	吻突上缘弯曲部向后第 1 条皱纹正中为主穴，两侧各旁开 1.5 cm 为二副穴，共三穴	小宽针或三棱针直刺 0.5~1 cm，出血	中暑，感冒，消化不良，休克，热性病
2	鼻中	两鼻孔之间，鼻中隔正中处，一穴	小宽针或三棱针直刺 0.5 cm，出血	感冒，肺热等热性病
3	玉堂	口腔内，上腭第 3 腭褶正中旁开 0.5 cm 处，左右侧各一穴	用木棒或开口器开口，以小宽针或三棱针从口角斜刺 0.5~1 cm，出血	胃火，食欲不振，舌疮，心肺积热
4	承浆	下唇正中，有毛无毛交界处，一穴	小宽针或三棱针直刺 0.5~1 cm，出血；白针向上斜刺 1~2 cm	下唇肿，口疮，歪嘴风
5	锁口	口角后方约 2 cm 的口轮匝肌外缘处，左右侧各一穴	毫针或圆利针向前下方刺入 1~3 cm，或向后上方平刺 3~4 cm	破伤风，歪嘴风，中暑，感冒，热性病
6	开关（牙关）	口角后上方，咬肌前缘，即从外眼角向下引一垂线与口角延长线的相交处，左右侧各一穴	毫针或圆利针向后上方刺入 1.5~3 cm，或灸烙	歪嘴风，破伤风，牙关紧闭，颊肿
7	睛明（睛灵）	下眼眶上缘，两眼角内、中 1/3 交界处，左右眼各一穴	上推眼球，毫针沿眼球与泪骨之间向内下方刺入 2~3 cm	肝热传眼，睛生翳膜，感冒
8	睛俞	上眼眶下缘正中的凹陷中，左右眼各一穴	下压眼球，毫针沿眼球与额骨之间内上方刺入 2~3 cm	肝热传眼，睛生翳膜，感冒
9	太阳	外眼角后上方，下颌关节前缘的凹陷处，左右侧各一穴	低头保定，使血管怒张，以小宽针刺入血管，出血；或避开血管以毫针直刺 2~3 cm	肝热传眼，脑黄，感冒，中暑，癫痫
10	脑俞	下颌关节前上缘的凹陷中，即有外眼角到耳根内侧连线的正中处，作用侧各一穴	毫针或圆利针斜向前下方对侧眼球方向刺入 1~2 cm	癫痫、脑黄、感冒
11	耳根	耳根正后方，寰椎翼前缘的凹陷处，左右侧各一穴	毫针或圆利针向内下方刺入 2~3 cm，	中暑，感冒，热性病，歪嘴风

续表

序号	穴名	定位	针法	主治
12	安神	耳根后方，寰椎翼前缘连线的中、下 1/3 交点处，左右侧各一穴	毫针向前内下方、同侧下颌最后一对臼齿方向刺入 8~12 cm	用于针刺麻醉，可施行颈、胸、腹部等外科手术
13	卡耳	耳廓中下部避开血管处（内外侧均可），左右耳各一穴	用宽针在皮下做成一皮囊，嵌入适量白砒或蟾酥，再滴入适量白酒，轻揉即可	感冒，热性病，猪丹毒，风湿症
14	耳尖（血印）	耳背侧，距耳尖约 2 cm 处的三条耳静脉上，每耳任取一穴	小宽针刺破血管，出血，或在耳尖部剪口放血	中暑，感冒，中毒，热性病，消化不良
15	天门	两耳根后缘连线中点，即枕寰关节背侧正中点的凹陷中，一穴	毫针、圆利针或火针向后下方斜刺 3~6 cm	中暑，感冒，癫痫，脑黄，破伤风

2. 躯干部穴位（表 4-2-7）

表 4-2-7 猪躯干部常用针灸穴位

序号	穴名	定位	针法	主治
1	刮喉	咽喉部至胸骨突部的皮肤上	先擦以盐水，然后用金属刮痧器逆毛刮至有瘀血斑为度	咽喉肿痛，感冒，肺热
2	大椎	第 7 颈椎与第 1 胸椎棘突间的凹陷中，一穴	毫针、圆利针或小宽针稍向前下方刺入 3~5 cm，或灸烙	感冒，肺热，脑黄，癫痫，血尿
3	身柱	第 3~4 胸椎棘突间的凹陷中，一穴	毫针、圆利针或小宽针向前下方刺入 3~5 cm	脑黄，癫痫，感冒，肺热
4	苏气	第 4~5 胸椎棘突间的凹陷中，一穴	毫针或圆利针顺棘突向前下方刺入 3~5 cm	肺热，咳嗽，气喘，感冒
5	断血（天平）	最后胸椎与第 1 腰椎棘突间的凹陷中为主穴；向前、后各移一脊椎为副穴，共三穴	毫针或圆利针直刺 2~3 cm	尿血，便血，衄血，阉割后出血
6	肾门	第 3~4 腰椎棘突间的凹陷中，一穴	毫针或圆利针直刺 2~3 cm	腰胯风湿，尿闭，内肾黄
7	百会	腰荐十字部，即最后腰椎与第 1 荐椎棘突间的凹陷中，一穴	毫针、圆利针或小宽针直刺 3~5 cm，或灸烙	腰胯风湿，后肢麻木，二便闭结，脱肛，痉挛抽搐
8	肺俞	倒数第 6 肋间，距背中线约 10 cm 的髂肋肌沟中，左右侧各一穴	毫针、圆利针或小宽针向内下方刺入 2~3 cm，或拔火罐、艾灸	肺热，咳喘，感冒

续表

序号	穴名	定位	针法	主治
9	六脉	倒数第1~3肋间，距背中线6 cm的髂肋肌沟中，左右侧各三穴	毫针、圆利针或小宽针向内下方刺入2~3 cm	脾胃虚弱，便秘，泄泻，感冒，风湿症，腰麻痹，膈肌痉挛
10	脾俞	倒数第2肋间距背中线6 cm的髂肋肌沟中，左右侧各一穴	毫针、圆利针或小宽针向内下方刺入2~3 cm	脾胃虚弱，便秘，泄泻，膈肌痉挛，腹痛，腹胀
11	关元俞	最后肋骨后缘与第1腰椎横突之间的髂肋肌沟中，左右侧各一穴	毫针或圆利针向内下方刺入2~4 cm	便秘，泄泻，积食，食欲不振，腰风湿
12	六眼	第1~3荐椎棘突间旁开4.5 cm（荐结节水平线）处，左右侧各三穴	毫针或圆利针向内下方刺入3~5 cm	腰胯痛，后肢风湿，阳痿，尿闭
13	三脘	胸骨后缘与脐的连线四等份，分点依次为上、中、下脘，共三穴	毫针或圆利针直刺2~3 cm，或艾灸3~5 min	胃寒，腹痛，泄泻，咳喘
14	乳基	近脐部的一对乳头及其前后各隔一对乳头的外侧基部，左右侧各三穴	毫针或圆利针向内上方斜刺2~3 cm，或艾灸	乳房炎，子宫内膜炎，热毒症
15	阳明	最后两对乳头基部外侧旁开1.5 cm处，左右侧各二穴	毫针或圆利针向内上方斜刺2~3 cm，或激光灸	乳房炎，不孕症，乏情，乳闭
16	后海	尾根与肛门间的凹陷中，一穴	毫针、圆利针或小宽针稍向前上方刺入3~9 cm	泄泻，便秘，少食，脱肛
17	莲花	脱出的直肠黏膜上	温水洗净，去除坏死皮膜，2%明矾水、生理盐水冲洗，涂上植物油，缓缓整复	脱肛
18	尾根	荐椎与尾椎棘突间的凹陷中，即摇动尾根时，动与不动处，一穴	毫针或圆利针直刺1~2 cm	后肢风湿，便秘，少食，热性病
19	尾本	尾部腹侧正中，距尾根部1.5 cm处的尾静脉上，一穴	将尾巴提起，以小宽针直刺1 cm，出血	中暑，肠黄，腰胯风湿，热性病
20	尾尖	尾尖顶端，一穴	用小宽针将尾尖部穿通，或十字切开放血	中暑，感冒，风湿症，肺热，少食，饲料中毒

3. 前肢穴位（表 4-2-8）

表 4-2-8　猪前肢常用针灸穴位

序号	穴名	定位	针法	主治
1	抢风（肱俞）	肩关节与肘突连线近中点的凹陷中，左右侧各一穴	毫针、圆利针或小宽针直刺 2~4 cm	肩臂部及前肢风湿，前肢扭伤、麻木
2	七星（曲尺）	腕后内侧的黑色小点上，取正中或近正中处一点为穴，左右肢各一穴	将前肢提起，毫针或圆利针刺入 1~1.5 cm，或刮灸	风湿症，前肢瘫痪，腕肿
3	缠腕	四肢内外侧悬蹄稍上方的凹陷处的血管上，每肢内外侧各一穴	将术肢后曲，固定穴位，用小宽针直刺 1~2 cm	球节扭伤，风湿症，蹄黄，中暑
4	涌泉（后肢称滴水）	蹄叉正中上方约 2cm 处的凹陷中，每肢各一穴	小宽针向后上方刺入 1~1.5 cm，出血	蹄黄，风湿，扭伤，中毒，中暑，感冒
5	蹄头	蹄甲背侧，蹄冠正中有毛与无毛交界处，每蹄内外各一穴，共八穴	小宽针直刺 0.5~1 cm，出血	风湿，扭伤，腹痛，感冒，中暑，中毒

4. 后肢穴位（表 4-2-9）

表 4-2-9　猪后肢常用针灸穴位

序号	穴名	定位	针法	主治
1	大胯	髋关节前缘，即股骨大转子稍前下方 3 cm 处的凹陷中，左右后肢各一穴	毫针或圆利针直刺 2~3 cm	后肢风湿，闪伤，瘫痪
2	小胯	大胯穴后下方，即股骨后缘、臀端到膝盖骨连线中点处，左右肢各一穴	毫针或圆利针直刺 2~3 cm	后肢风湿，闪伤，瘫痪
3	汗沟	股二头肌沟中，与坐骨弓水平线相交处，左右肢各一穴	毫针或圆利针直刺 3 cm	后肢风湿，麻木
4	后三里	小腿外侧上部，腓骨小头下端，第 3 腓骨肌与腓骨长肌的肌沟内，左右肢各一穴	毫针、圆利针或小宽针向腓骨间隙刺入 3~4.5 cm，或艾灸 3~5 min	少食，肠黄，腹痛，仔猪泄泻，后肢瘫痪
5	曲池（追风）	跗关节前方稍偏内侧凹陷中的胫前静脉上，左右肢各一穴	小宽针直刺血管，出血；毫针或圆利针避开血管直刺 1~2 cm	风湿症，跗关节炎，少食，肠黄

图 4-2-3 和图 4-2-4 分别为猪的肌肉和骨骼及其常用针灸穴位。

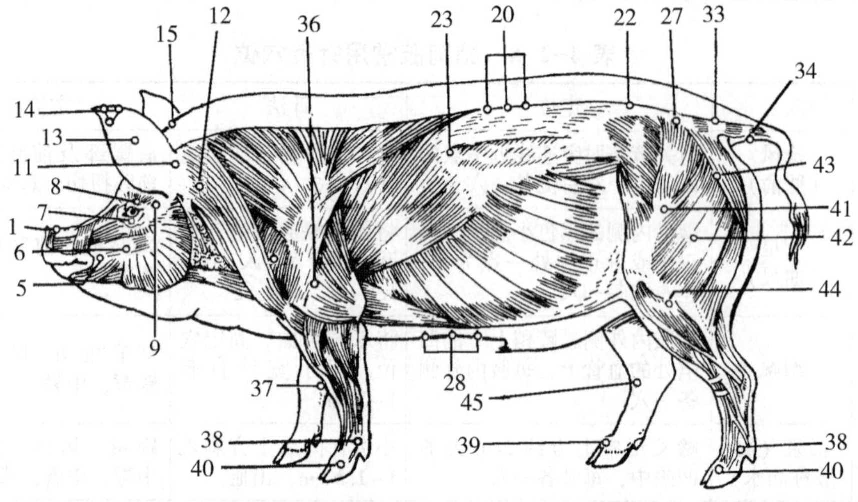

1. 山根；5. 锁口；6. 开关；7. 睛明；8. 睛俞；9. 太阳；11. 耳根；12. 安神；13. 卡耳；14. 耳尖；15. 天门；20. 断血；22. 百会；23. 肺俞；27. 六眼；28. 三脘；33. 尾根；34. 尾本；36. 抢风；37. 七星；38. 缠腕；39. 涌泉、滴水；40. 蹄头；41. 大胯；42. 小胯；43. 汗沟；44. 后三里；45. 曲池。

图 4-2-3　猪的肌肉及常用针灸穴位

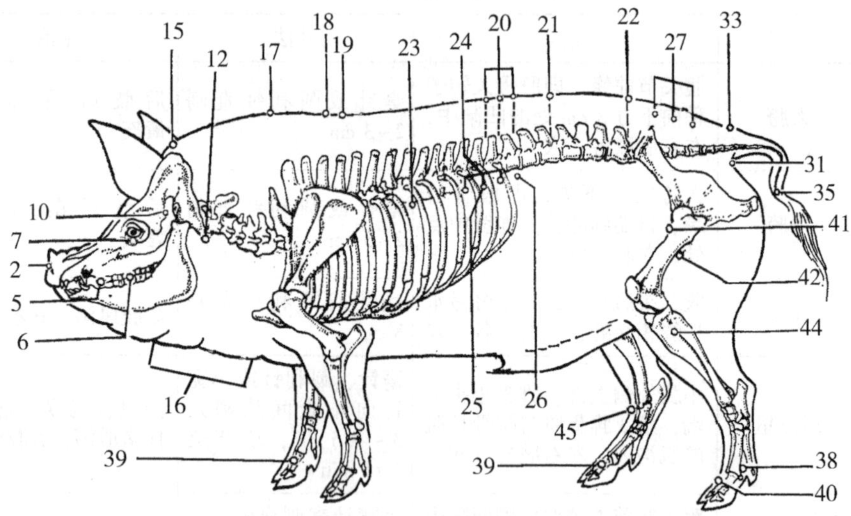

2. 鼻梁；5. 锁口；6. 开关；7. 睛明；10. 脑俞；12. 安神；15. 天门；16. 刮喉；17. 大椎；18. 身柱；19. 苏气；20. 断血；21. 肾门；22. 百会；23. 肺俞；24. 六脉；25. 脾俞；26. 关元俞；27. 六眼；31. 后海；33. 尾根；35. 尾尖；38. 缠腕；39. 涌泉、滴水；40. 蹄头；41. 大胯；42. 小胯；44. 后三里；45. 曲池。

图 4-2-4　猪的骨骼及常用针灸穴位

（二）猪常发病针灸治疗（表 4-2-10）

表 4-2-10　猪常发病针灸治疗

疾病名称	穴位及针法
感冒	水针：大椎、苏气、百会，注射柴胡或穿心莲注射液，或解热镇痛药 白针：主穴为百会、苏气，配穴为大椎、七星 血针：主穴为山根，配位为耳尖、尾尖、涌泉、滴水 巧治：顺气穴插枝
肺热咳嗽，即肺炎	水针：苏气、肺俞穴，注射鱼腥草注射液或注射抗生素 白针：主穴为苏气、肺俞，配穴为百会、膻中、大椎 血针：主穴为山根，配穴为玉堂、耳尖、尾尖 巧治：顺气穴快速插枝，使两鼻孔出血
气喘	水针：苏气、肺俞、膻中、六脉 白针：主穴为苏气、肺俞，配穴为膻中、睛明、六脉 血针：主穴为山根，配穴为尾尖、蹄头 埋植疗法：卡尔穴，或肺俞、苏气、膻中
脾胃虚弱，即消化不良	水针：脾俞、耳根、后三里，注射葡萄糖生理盐水注射液，或维生素 B_1 注射液 血针：主穴为山根、玉堂，配穴为尾尖、耳尖或蹄头 温针：主穴为百会、脾俞，配穴为海门、后三里 电针：两侧关元俞，或百会、脾俞，或后海、后三里，或左右蹄叉穴
胃食滞，即伤食	水针：关元俞、六脉 白针：主穴为后海、脾俞，配穴为后三里、七星 血针：主穴为玉堂、山根，配穴为蹄头、鼻中 电针：主穴为关元俞，配穴为六脉
便秘	白针：主穴为脾俞、后海，配穴为后三里、七星、六脉、关元俞 血针：主穴为山根、玉堂，配穴为蹄头、尾本、尾尖 电针：两侧关元俞穴，或百会、后三里，或后海、脾俞
泄泻	水针：后海穴，注射穿心莲注射液 激光针：后海穴，注射 艾灸：脾俞、百会、后三里
仔猪下痢	激光针：后海、后三里，照射 埋线：主穴为后海，配穴为后三里、脾俞 艾灸：三脘穴
中毒	白针：天门、七星、蹄叉等 血针：主穴为耳尖、尾尖，剪开放出毒血；配穴为鼻中、山根、尾本
不孕症	白针：主穴为百会，配穴为后海 电针：两侧肾俞穴；或百会配后海
产后瘫痪	水针：百会、肾门、三台、开风、风门、肩井、抢风、大胯、后三里等穴位，根据患病部位选择不同穴位 火针：主穴为百会、风门、肾门，配穴为肩井、抢风或大胯、后三里 电针：主穴为百会，配穴为大胯、小胯、抢风、开风、三台、肾门、脾俞、后三里、蹄叉

续表

疾病名称	穴位及针法
风湿症	水针：前肢风湿，强风格、前蹄叉；后肢风湿，百会、后海穴；全身风湿，三台、百会、蹄叉，注射当归红花注射液 血针：缠腕、蹄头 火针或电针：前肢风湿，主穴为抢风，配穴为蹄叉；后肢风湿，主穴为百会，配穴为大胯、小胯、后三里；腰背部风湿，主穴为百会，配穴为三台、肾门 灸熨：隔姜灸，百会、肾门；醋酒灸，腰背部；软烧术，体侧部

三、马的常用针灸穴位及针治

（一）马的常用针灸穴位

1. 头部穴位（表 4-2-11）

表 4-2-11　马头部常用针灸穴位

序号	穴名	定位	针法	主治
1	分水	上唇外面旋毛正中点，一穴	小宽针或三棱针刺入 1~2 cm，出血	中暑，冷痛，歪嘴风
2	唇内（内唇阴）	上唇内面，正中线两侧约 2 cm 的上唇静脉上，左右侧各一穴	外翻上唇，以三棱针刺入 1 cm，出血；也可在上唇黏膜肿胀处散刺	唇肿，口疮，慢草
3	玉堂	口内上腭第三腭褶正中旁开 1.5 cm 处，左右侧各一穴	将舌拉出，以拇指顶住上腭，用玉堂钩钩破穴点；或用三棱针或小宽针向前上方斜刺 0.5~1 cm，出血，以盐擦之	胃热，舌疮，上腭肿胀、中暑
4	通关	舌体腹侧面，舌系带两旁的舌下静脉上，左右侧各一穴	将舌拉出，向上翻转，三棱针或小宽针刺入 0.5~1 cm，出血	木舌，舌疮，胃热、慢草、黑汗风
5	锁口	口角后上方约 2 cm 的口轮匝肌外缘处，左右侧各一穴	圆利针或毫针透刺开关穴；火针斜刺 3 cm，或间接烧烙 3 cm	破伤风，歪嘴风，锁口黄
6	开关	口角向后的延长线与咬肌前缘相交处，左右侧各一穴	圆利针或火针向后上方平刺 2~3 cm，毫针 9 cm，或向前下方透刺锁口穴，或灸烙	破伤风，歪嘴风，面颊肿胀
7	抽筋	两鼻孔内下缘连线中点稍上方，一穴	拉紧上唇，用大宽针切开皮肤，用抽筋钩钩出上唇提肌腱，用力牵引数次或切断	肺把低头难（颈肌风湿）
8	鼻前（降温）	两鼻孔下缘连线上，鼻内翼内侧 1 cm 处，左右侧各一穴	小宽针或圆利针直刺 1~3 cm，毫针 2~3 cm，捻针后可适当留针	发热，中暑，感冒，过劳

续表

序号	穴名	定位	针法	主治
9	姜牙	鼻孔外侧缘下方，鼻翼软骨（姜牙骨）顶端处，左右侧各一穴	将上唇向另一侧拉紧，使姜牙骨充分显露，以大宽针切开皮肤，挑破或割去软骨端；或用姜牙钩钩拉软骨尖	冷痛及其他腹痛
10	鼻俞	鼻孔上缘 3 cm 处的鼻颌切迹内，左右侧各一穴	以小宽针横刺穿透鼻中隔，出血（如出血不止可高吊马头，用冷水、冰块冷敷或采取其他止血措施）	肺热，感冒，中暑，鼻肿痛
11	三江	内眼角下方约 3 cm 处的眼角静脉分叉处，左右侧各一穴	低拴马头，使血管怒张，用三棱针或小宽针顺血管刺入 1 cm，出血	冷痛，肚胀，月盲，肝热传眼
12	睛明	下眼眶上缘，两眼角内、中 1/3 交界处，左右眼各一穴	上推眼球，毫针沿眼球与泪骨之间向内下方刺入 3 cm，或在下眼睑黏膜上点刺出血	肝经风热，肝热传眼，睛生翳膜
13	睛俞	上眼眶下缘正中，左右眼各一穴	下压眼球，毫针沿眼球与额骨之间向内后上方刺入 3 cm，或在上眼睑黏膜上点刺出血	肝经风热，肝热传眼，睛生翳膜
14	开天	黑睛下缘、白睛上缘（眼球角膜与巩膜交界处）的中心点上，一穴	将头牢固保定，冷水冲眼或滴表面麻醉剂使眼球不动，待虫体游至眼前房时，用三弯针轻手急刺 0.3 cm，虫随眼房水流出；也可用注射器吸取虫体或注入 3%精制敌百虫杀死虫体	浑睛虫病
15	太阳	外眼角后方约 3 cm 处的面横静脉上，左右侧各一穴	低拴马头，使血管怒张，用小宽针或三棱针顺血管刺入 1 cm，出血；或用毫针避开血管直刺 5~7 cm	肝热传眼，肝经风热，中暑，脑黄
16	上关	下颌关节后上方的凹陷中，左右侧各一穴	圆利针或火针向内下方刺入 3 cm，毫针 4.5 cm	歪嘴风，破伤风，下颌脱臼
17	下关	下颌关节下方，外眼角后上方的凹陷中，左右侧各一穴	圆利针或火针向内上方刺入 2 cm，毫针 2~3 cm	歪嘴风，破伤风
18	大风门	头顶部，门鬃下缘顶骨矢状嵴分叉处为主穴，沿顶骨外嵴向两侧各旁开 3 cm 为二副穴，共三穴	毫针、圆利针或火针沿皮下由主穴向副穴或由副穴向主穴平刺 3 cm，艾灸或烧烙	破伤风，脑黄，脾虚湿邪，心热风邪
19	耳尖	耳背侧尖端的耳静脉上，左右耳各一穴	捏紧耳尖，使血管怒张，小宽针或三棱针刺入 1 cm，出血	冷痛、感冒、中暑
20	天门	两耳根连线正中，即枕寰关节背侧的凹陷中，一穴	圆利针或火针向后下方刺入 3 cm，毫针 3~4.5 cm	脑黄，黑汗风，破伤风，感冒

2. 躯干部穴位（表 4–2–12）

表 4–2–12　马躯干部常用针灸穴位

序号	穴名	定位	针法	主治
1	风门	耳后 3 cm，寰椎翼前缘的凹陷处，左右侧各一穴	毫针向内下方刺入 6 cm，火针刺入 2~3 cm，或灸、烧烙	破伤风，颈风湿，风邪证
2	伏兔	耳后 6 cm，寰椎翼后缘的凹陷处，左右侧各一穴	毫针向内下方刺入 6 cm，火针 2~3 cm，或灸	破伤风，颈风湿，风邪证
3	九委（上上委、上中委、上下委、中上委、中中委、中下委、下上委、下中委、下下委）	颈侧菱形肌下缘弧形肌沟内。上上委在伏兔穴后下方 3 cm，距鬣下缘约 3.5 cm 处；下下委在膊尖穴前方 4.5 cm，距鬣下缘约 5 cm 处。两穴之间八等分，分点处为其余七穴，左右侧各九穴	毫针直刺 4.5~6 cm，火针 2~3 cm	颈风湿症，破伤风
4	颈脉（鹘脉）	颈静脉沟上、中 1/3 交界处的颈静脉上，左右侧各一穴	高拴马头，颈基部拴一细绳，打活结，用大宽针对准穴位急刺 1 cm，出血。术后松开绳扣，即可止住出血	脑黄，中暑，中毒，遍身黄，肺热
5	大椎	第 7 颈椎与第 1 胸椎棘突间的凹陷中，一穴	毫针或圆利针稍向前下方刺入 6~9 cm	感冒，咳嗽，发热，癫痫，腰背风湿
6	鬐甲	鬐甲最高点前方，第 3~4 胸椎棘突顶端的凹陷中，一穴	毫针向前下方刺入 6~9 cm，火针刺入 3~4 cm；治鬐甲肿胀时用宽针散刺	咳嗽，气喘，肚痛，腰背风湿，鬐甲痈肿
7	断血	最后胸椎与第 1 腰椎棘突间的凹陷中为主穴；向前、后各移一脊椎为副穴，共三穴	毫针、圆利针或火针直刺 2.5~3 cm	阉割后出血，便血，尿血等各种出血证
8	命门	第 2~3 腰椎棘突间的凹陷中，一穴	毫针、圆利针或火针直刺 3 cm	闪伤腰胯，寒伤腰胯，破伤风
9	百会	腰荐十字部，即最后腰椎与第 1 荐椎棘突间的凹陷中，一穴	火针或圆利针直刺 3~4.5 cm，毫针 6~7.5 cm	腰胯闪伤，风湿，破伤风，便秘，肚胀，泄泻，疝痛，不孕症
10	肺俞	倒数第 9 肋间，距背中线 12 cm 的髂肋肌沟中，左右侧各一穴	圆利针或火针直刺 2~3 cm，毫针向上或向下斜刺 4~5 cm	肺热咳嗽，肺把胸膊痛，劳伤气喘
11	肝俞	倒数第 5 肋间，距背中线 12 cm 的髂肋肌沟中，左右侧各一穴	圆利针或火针直刺 2~3 cm，毫针向上或向下斜刺 3~5 cm	黄疸，肝经风热，肝热传眼

续表

序号	穴名	定位	针法	主治
12	脾俞	倒数第3肋间，距背中线12 cm的髂肋肌沟中，左右侧各一穴	圆利针或火针直刺2~3 cm，毫针向上或向下斜刺3~5 cm	胃冷吐涎，肚胀，结症，泄泻，冷痛
13	大肠俞	倒数第1肋间，距背中线12 cm的髂肋肌沟中，左右侧各一穴	圆利针或火针直刺2~3 cm，毫针3~5 cm	结症，肚胀，肠黄，冷肠泄泻，腰脊疼痛
14	关元俞	最后肋骨后缘，距背中线12 cm的髂肋肌沟中，左右侧各一穴	圆利针或火针直刺2~3 cm，毫针6~8 cm，可达肾脂肪囊内，常做电针治疗，也可上下透刺	结症，肚胀，泄泻，冷痛，腰脊疼痛
15	小肠俞	第1~2腰椎横突间，距背中线12 cm的髂肋肌沟中，左右侧各一穴	圆利针或火针直刺2~3 cm，毫针3~6 cm	结症，肚胀，肠黄，腰痛
16	腰前	第1~2腰椎棘突之间旁开6 cm处，左右侧各一穴	圆利针或火针直刺3~4.5cm，毫针4.5~6 cm，亦可透刺腰中、腰后穴	腰胯风湿、闪伤，腰痿
17	腰中	第2~3腰椎棘突之间旁开6 cm处，左右侧各一穴	圆利针或火针直刺3~4.5 cm，毫针4.5~6 cm，亦可透刺腰前、腰后穴	腰胯风湿、闪伤，腰痿
18	腰后	第3~4腰椎棘突之间旁开6 cm处，左右侧各一穴	圆利针或火针直刺3~4.5 cm，毫针4.5~6 cm，亦可透刺腰中、肾俞穴	腰胯风湿、闪伤，腰痿
19	肾棚	肾俞穴前方6 cm，距背中线6 cm处，左右侧各一穴	火针或圆利针直刺3~4.5 cm，毫针6 cm，亦可透刺腰后、肾俞穴	腰痿，腰胯风湿、闪伤
20	肾俞	百会穴旁开6 cm处，左右侧各一穴	火针或圆利针直刺3~4.5 cm，毫针6 cm，也可透刺肾棚、肾角穴	腰痿，腰胯风湿、闪伤
21	肾角	肾俞穴后方6 cm，距背中线6 cm处，左右侧各一穴	火针或圆利针直刺3~4.5 cm，毫针6 cm，也可透刺肾俞穴	腰痿，腰胯风湿、闪伤
22	八窖（上、次、中、下窖）	各脊椎棘突间，正中线旁开4.5 cm，左右侧各四穴	火针或圆利针向椎间孔方向斜刺2.5~3 cm，毫针3~6 cm；或同侧四穴相互透刺	腰胯风湿，腰挫伤，腰痿，垂缕不收
23	雁翅	髋结节到背中线所作垂线的中、外1/3交界处，左右侧各一穴	圆利针或火针直刺3~4.5 cm，毫针4~8 cm	腰胯痛，腰胯风湿，不孕症
24	丹田	髋结节前下方4.5 cm处凹陷中，左右侧各一穴	圆利针或火针直刺2~3 cm，毫针刺入3~4 cm	腰胯痛，雁翅痛，不孕症

续表

序号	穴名	定位	针法	主治
25	穿黄	胸前正中线旁开 2 cm，左右侧各一穴	拉起皮肤，用穿黄针穿上马尾穿通两穴，马尾两端拴上适当重物，引流黄水；或用宽针局部散刺	胸黄，胸部浮肿
26	胸堂	胸骨两旁，胸外侧沟下部的臂头静脉上，左右侧各一穴	高拴马头，用中宽针沿血管急刺 1 cm，出血	心肺积热，胸膊痛，五攒痛，前肢闪伤
27	带脉	肘后 6 cm 的胸外静脉上，左右侧各一穴	大、中宽针顺血管刺入 1 cm，出血	肠黄，中暑，冷痛
28	黄水	胸骨后、包皮前，两侧带脉下方的胸腹下肿胀处	避开大血管和腹白线，用大宽针在局部散刺 1 cm	肚底黄，胸腹部浮肿
29	云门	脐前 9 cm，腹中线旁开 2 cm，左右均可，任取一穴	以大宽针刺破皮肤及腹黄筋膜，插入宿水管放出腹水	宿水停脐（腹水）
30	巴山	百会穴与股骨大转子连线的中点处，左右侧各一穴	圆利针或火针直刺 3～4.5 cm，毫针 10～12 cm	腰胯风湿、闪伤，后肢风湿、麻木
31	路股	百会穴与股骨大转子连线的中、下 1/3 交界处，左右侧各一穴	圆利针或火针直刺 3～4.5 cm，毫针 8～10 cm	腰胯风湿、闪伤，后肢麻木
32	后海	肛门上、尾根下的凹陷中，一穴	火针或圆利针向前上方刺入 6～10 cm，毫针 12～18 cm	结症，泄泻，直肠麻痹，不孕症
33	阴俞	肛门与阴门或阴囊中点的中心缝上，一穴	火针或圆利针直刺 2～3 cm，毫针 4～6 cm；或艾卷灸	阴道脱，子宫脱，带下；阴肾黄，垂缕不收
34	尾根	尾背侧，第 1～2 尾椎棘突间，一穴	火针或圆利针直刺 1～2 cm，毫针 3 cm，可灸	腰胯闪伤、风湿，破伤风
35	尾本	尾腹面正中，距尾基部 6cm 处的尾静脉上	中宽针向上顺血管刺入 1 cm，出血	腰胯闪伤、风湿，肠黄，尿闭
36	尾尖	尾尖顶端	中宽针直刺 1～2 cm，或将尾尖十字劈开，出血	冷痛，感冒，中暑，过劳

3. 前肢穴位（表 4-2-13）

表 4-2-13　马前肢常用针灸穴位

序号	穴名	定位	针法	主治
1	膊尖	肩胛骨前角与肩胛软骨结合处，左右肢各一穴	圆利针或火针沿肩胛骨内侧向后下方刺入 3～6 cm，毫针 12 cm	前肢风湿，肩膊闪伤、肿痛

续表

序号	穴名	定位	针法	主治
2	髆栏	肩胛骨后角与肩胛软骨结合处，左右肢各一穴	圆利针或火针沿肩胛骨内侧向前下方刺入 3~5 cm，毫针 10~12 cm	前肢风湿，肩髆闪伤、肿痛
3	肺门	髆尖穴与髆中穴连线的中点，左右肢各一穴	圆利针或火针沿肩胛骨内侧向后下方刺入 3~5 cm，毫针 8~10 cm	肺气把髆，寒伤肩髆痛，肩髆麻木
4	肺攀	髆栏穴前下方，肩胛骨上、中 1/3 交界处处，左右肢各一穴	圆利针或火针沿肩胛骨内侧向前下方刺入 3~5 cm，毫针 8~10 cm	肺气痛，咳嗽肩髆风湿
5	弓子	肩胛冈后方，肩胛软骨上缘正中点的直下方约 10 cm 处，左右肢各一穴	用大宽针刺破皮肤，两手提拉切口周围皮肤，让空气进入，或以 16 号注射针头刺入穴位皮下，用注射器注入滤过的空气，然后用手向周围推压，使空气扩散到所需范围	肩髆麻木，肩髆部肌肉萎缩
6	髆中	肺门穴前下方，髆尖穴与肩井穴连线的中点处，左右肢各一穴	圆利针或火针沿肩胛骨内侧向后下方刺入 3~5 cm，毫针 8~10 cm	肺气把髆，寒伤肩髆痛，肩髆麻木，肺气痛
7	肩井	肩端，臂骨大结节外上缘的凹陷中，左右肢各一穴	火针或圆利针向后下方刺入 3~4.5 cm，毫针 6~8 cm	抢风痛，前肢风湿，肩臂麻木
8	肩髃	肩端节前下缘，臂骨大结节下缘的凹陷处，左右肢各一穴	火针或圆利针向内上方刺入 2.5 cm，毫针 3~4 cm	肩髆痛，抢风痛，前肢风湿
9	肩外髃	肩关节后缘、臂骨大结节后缘的凹陷中，左右肢各一穴	火针或圆利针向内下方刺入 3~4.5 cm，毫针 6~7.5 cm	肩髆痛，抢风痛，前肢风湿
10	抢风	肩关节后下方，三角肌后缘与臂三头肌长头、外头形成的凹陷中，左右肢各一穴	圆利针或火针直刺 3~4 cm，毫针 8~10 cm	闪伤夹气，前肢风湿，前肢麻木
11	冲天	肩胛骨后缘中部，抢风穴后上方 6 cm，三角肌后缘的凹陷中，左右肢各一穴	圆利针或火针直刺 3~4.5 cm，毫针 8~10 cm	前肢风湿，前肢麻木，肺气把髆
12	肩贞	抢风穴前上方 6 cm 处，与冲天穴在同一水平线上，左右肢各一穴	火针或圆利针直刺 3~4 cm，毫针 6 cm	肩髆闪伤，抢风痛，肩髆风湿，肩髆麻木
13	天宗	抢风穴正上方约 10 cm 处，与抢风、冲天、肩贞呈菱形排列，左右肢各一穴	火针或圆利针直刺 3~4 cm，毫针 6 cm	闪伤夹气痛，前肢风湿，前肢麻木

续表

序号	穴名	定位	针法	主治
14	夹气	腋窝正中，左右肢各一穴	先用大宽针刺破皮肤，然后以涂油的夹气针向同侧抢风穴方向刺入 20～25 cm，达肩胛下肌与胸下锯肌之间的疏松结缔组织内，出针消毒后前后摇动患肢数次	闪伤里夹气
15	肘俞	臂骨外上髁与肘突之间的凹陷中，左右肢各一穴	火针或圆利针直刺 3～4 cm，毫针 6 cm	肘部肿胀、风湿、麻痹
16	掩肘	肘突后上方 3 cm，前臂筋膜张肌后缘的凹陷中，左右侧各一穴	火针或圆利针向前下方刺入 3 cm，毫针 3～5 cm	肘头肿胀，肘部风湿，肩肘麻木
17	乘镫	肘突穴后下方 6 cm 的凹陷中，左右肢各一穴	火针或圆利针向前上方刺入 3 cm，毫针 3～5 cm	肘部风湿，肘头肿胀，扭伤
18	乘重	桡骨近端外侧韧带结节下部的凹陷中，左右肢各一穴	火针或圆利针稍斜向前刺入 2～3 cm，毫针 4.5～6 cm	乘重肿痛，前臂麻木
19	前三里	前臂外侧上部，桡骨上、中 1/3 交界处，腕桡侧伸肌与指总伸肌之间的肌沟中，左右肢各一穴	火针或圆利针向后上方刺入 3 cm，毫针 4.5 cm	脾胃虚弱，前肢风湿
20	膝眼	腕关节背侧面正中，腕前黏液囊肿胀最低处，左右肢各一穴	提起患肢，中宽针直刺 1 cm，放出水肿液	腕前黏液囊肿
21	膝脉	腕关节内侧下方约 6 cm 处的静脉上，左右肢各一穴	小宽针沿血管刺入 1 cm，出血	腕关节肿痛，屈腱炎
22	缠腕（前肢称前缠腕，后肢称后缠腕）	四肢球节上方两侧，掌（跖）内、外侧沟末端的指（趾）内、外侧静脉上，每肢内外侧各一穴	小宽针沿血管刺入 1 cm，出血	球节肿痛，屈腱炎
23	蹄头（前蹄称前蹄头，后蹄称后蹄头）	蹄背面，蹄缘（毛边）上 1 cm 处，前蹄在正中线外侧旁开 2 cm 处，后蹄在正中线上，每蹄各一穴	中宽针向蹄内直刺 1 cm，出血	五攒痛，球节痛，蹄头痛，冷痛，结症
24	滚蹄	前、后肢系部，掌/跖侧正中凹陷中，每肢各一穴	横卧保定，患蹄推磨式固定于木桩上，局部剪毛消毒，大宽针针刃平行于系骨刺入，轻症劈开屈肌腱，重症横转针刃，推动“磨杆”至蹄伸直，被动切断部分屈肌腱	滚蹄（屈肌腱挛缩）

4. 后肢穴位（表 4-2-14）

表 4-2-14 马后肢常用针灸穴位

序号	穴名	定位	针法	主治
1	居髎	髋结节后下方的凹陷中，左右肢各一穴	圆利针或火针直刺 3～4.5 cm，毫针 6～8 cm	雁翅痛，后肢风湿、麻木
2	环跳	髋关节前缘，股骨大转子前方约 6 cm 的凹陷中，左右肢各一穴	圆利针或火针直刺 3～4.5 cm，毫针 6～8 cm	雁翅肿痛，后肢风湿、麻木
3	大胯	髋关节前下缘，股骨大转子前下方约 6 cm 的凹陷中，左右肢各一穴	圆利针或火针沿股骨前缘向后下方斜刺 3～4.5 cm，毫针 6～8 cm	后肢风湿，闪伤腰胯
4	小胯	股骨第 3 转子后下方的凹陷中，左右肢各一穴	圆利针或火针直刺 3～4.5 cm，毫针 6～8 cm	后肢风湿，闪伤腰胯
5	后伏兔	小胯穴正前方，股骨前缘的凹陷中，左右肢各一穴	圆利针或火针直刺 3～4.5 cm，毫针 6～8 cm	掠草痛，后肢风湿、麻木
6	邪气	尾根切迹平位与股二头肌沟相交处，左右肢各一穴	圆利针或火针直刺 4.5 cm，毫针 6～8 cm	后肢风湿、麻木，股胯闪伤
7	汗沟	邪气穴下 6 cm 处的同一肌沟中，左右肢各一穴	圆利针或火针直刺 4.5 cm，毫针 6～8 cm	后肢风湿、麻木，股胯闪伤
8	仰瓦	汗沟穴下 6 cm 处的同一肌沟中，左右肢各一穴	圆利针或火针直刺 4.5 cm，毫针 6～8 cm	后肢风湿、麻木，股胯闪伤
9	牵肾	仰瓦穴下 6 cm 处的同一肌沟中，左右肢各一穴	圆利针或火针直刺 4.5 cm，毫针 6～8 cm	后肢风湿、麻木，股胯闪伤
10	肾堂	股内侧距大腿根约 12 cm 的隐静脉上，左右肢各一穴	将对侧后肢提举保定，以中宽针沿血管刺入 1 cm，出血	外肾黄，五攒痛，闪伤腰胯，后肢风湿
11	掠草	膝关节前外侧的凹陷中，左右肢各一穴	圆利针或火针向后上方斜刺 3～4.5 cm，毫针 6 cm	掠草痛，后肢风湿
12	阳陵	膝关节后方，胫骨外髁上缘的凹陷处，左右肢各一穴	圆利针或火针直刺 3 cm，毫针 8～10 cm	掠草痛，后肢风湿，消化不良
13	丰隆	膝关节方 6 cm，胫骨外髁后下缘的肌沟中，左右肢各一穴	圆利针或火针直刺 3 cm，毫针 8～10 cm	掠草痛，后肢风湿，消化不良

续表

序号	穴名	定位	针法	主治
14	后三里	小腿外侧，腓骨小头下方的肌沟中，左右肢各一穴	圆利针或火针直刺 2~4 cm，毫针 4~6 cm	脾胃虚弱，后肢风湿，体质虚弱
15	曲池	跗关节背侧稍偏内的跖背内侧静脉上，左右肢各一穴	小宽针直刺 1 cm，出血	胃热不食，跗关节肿痛

图 4-2-5 和图 4-2-6 分别为马的肌肉和骨骼及其常用针灸穴位。

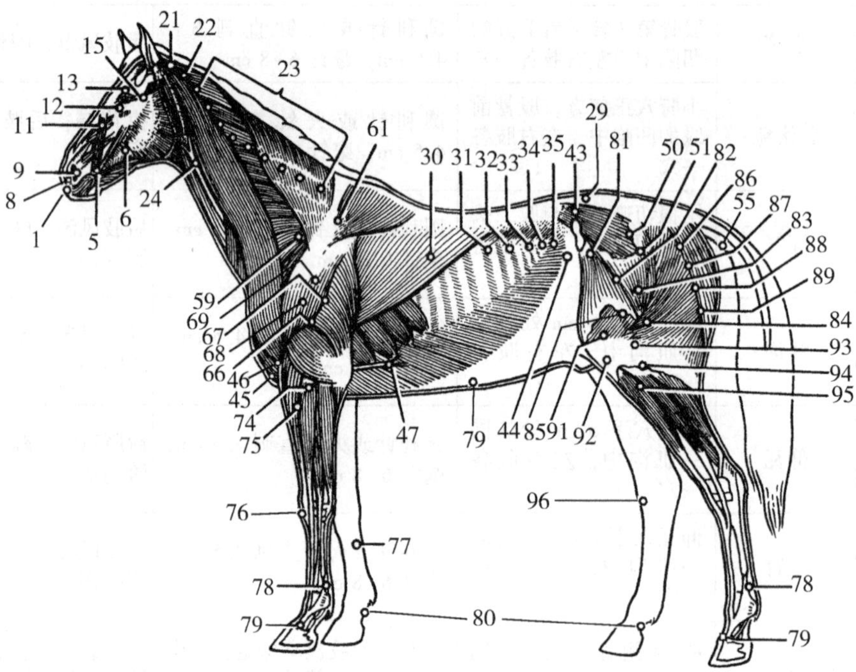

1. 分水；5. 锁口；6. 开关；7. 抽筋；8. 鼻前；9. 姜牙；11. 三江；12. 睛明；13. 睛俞；15. 太阳；21. 风门；22. 伏兔；23. 九委；24. 颈脉；29. 百会；30. 肺俞；31. 肝俞；32. 脾俞；33. 大肠俞；34. 关元俞；35. 小肠俞；43. 雁翅；44. 丹田；45. 穿黄；46. 胸堂；47. 带脉；49. 云门；50. 巴山；51. 路股；55. 尾本；59. 肺门；61. 弓子；66. 抢风；67. 冲天；68. 肩贞；69. 天宗；74. 乘重；75. 前三里；76. 膝眼；77. 膝脉；78. 缠腕；79. 蹄头；80. 滚蹄；81. 居髎；82. 环跳；83. 大胯；84. 小胯；85. 后伏兔；86. 邪气；87. 汗沟；88. 仰瓦；89. 牵肾；91. 阴市；92. 掠草；93. 阳陵；94. 丰隆；95. 后三里；96. 曲池。

图 4-2-5 马的肌肉及常用针灸穴位

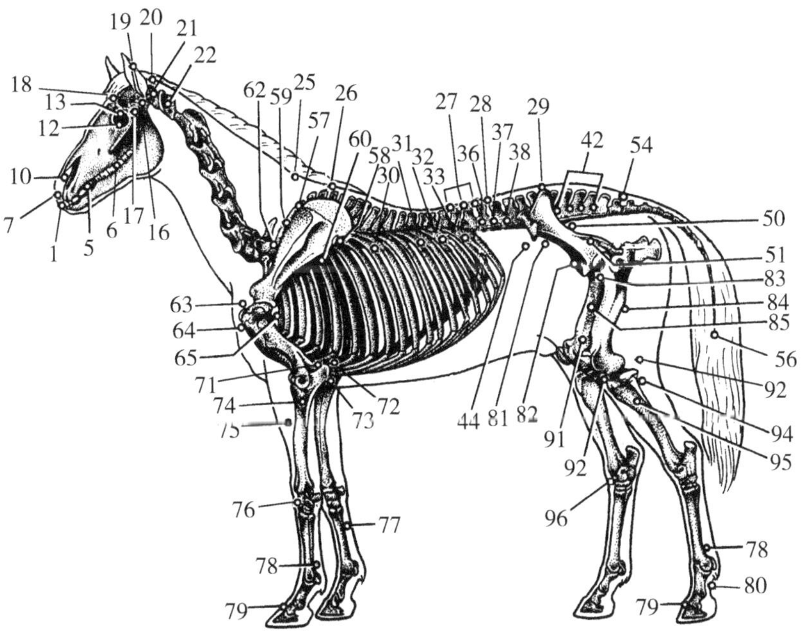

1. 分水；5. 锁口；6. 开关；7. 抽筋；10. 鼻俞；12. 睛明；13. 睛俞；16. 上关；17. 下关；18. 大风门；19. 耳尖；20. 天门；21. 风门；22. 伏兔；25. 大椎；26. 鬐甲；27. 断血；28. 命门；29. 百会；30. 肺俞；31. 肝俞；32. 脾俞；33. 大肠俞；36. 腰前；37. 腰中；38. 腰后；42. 八窖；44. 丹田；50. 巴山；51. 路股；54. 尾根；56. 尾尖；57. 膊尖；58. 膊栏；59. 肺门；60. 肺攀；62. 膊中；63. 肩井；64. 肩俞；65. 肩外俞；71. 肘俞；72. 掩肘；73. 乘镫；74. 乘重；75. 前三里；76. 膝眼；77. 膝脉；78. 缠腕；79. 蹄头；80. 滚蹄；81. 居髎；82. 环跳；83. 大胯；84. 小胯；85. 后伏兔；91. 阴市；92. 掠草；93. 阳陵；94. 丰隆；95. 后三里；96. 曲池。

图 4-2-6　马的骨骼及常用针灸穴位

（二）马常发病针灸治疗（表 4-2-15）

表 4-2-15　马常发病针灸治疗

疾病名称	穴位及针法
风寒感冒	白针：主穴为天门，配穴为伏兔、肺俞 血针：主穴为鼻俞或玉堂、血堂，配穴为耳尖、尾尖、蹄头 电针：主穴为大椎，配穴为百会；或主穴为风门，配穴为百会或尾根；或主穴为天门，配穴为鬐甲
风热感冒	白针：主穴为大椎、天门或鼻前，配穴为风门、肺俞、鼻俞 血针：主穴为鼻俞或血堂，配穴为耳尖、玉堂、颈脉 电针：主穴为大椎，配穴为肺俞、鼻前
肺热咳嗽，即肺炎	白针：主穴为大椎，配穴为肺俞、鼻前 血针：若病情轻微，主穴为血堂，配穴为玉堂或胸堂；若病情严重，颈脉放血 500~1 000 mL

续表

疾病名称	穴位及针法
黑汗风，即中暑	血针：主穴为颈脉，放血 1 000~2 000 mL，配穴位分水、尾尖、蹄头、太阳、三江、带脉、通关等
肝热传眼	水针：太阳、垂睛或上、下眼睑皮下 白针：睛俞、肝俞 血针：主穴为太阳，配穴为眼脉、三江
浑睛虫病	开天穴
脾虚慢草	白针：脾俞、后三里 电针：脾俞、胃俞，每次 15~20 min，隔日 1 次
胃寒	白针：主穴为脾俞、后海，配穴为迷交感、百会 血针：主穴为玉堂，配穴为唇内 火针：主穴为脾俞，配穴为百会、后三里 电针：主穴为脾俞，配穴为后三里
肚胀	白针：主穴为肷俞，配穴为脾俞 血针：主穴为三江，配穴为蹄头 火针：主穴为脾俞，配穴为后海、百会、关元俞 电针：两侧关元俞，弱刺激 20 min 巧治：肷俞穴放气
肠黄，即急性胃肠炎、礼痢疾	水针：主穴为大肠俞、百会，配穴为脾俞、后三里 血针：主穴为带脉，配穴为三江、蹄头、尾尖
冷痛（痉挛疝）	血针：主穴为三江，配穴为分水、耳尖、尾尖、蹄头 火针：主穴为脾俞，配穴为百会、后海 电针：两侧关元俞、脾俞、后海、百会 巧治：姜牙穴
结证（便秘疝）	水针：后海 血针：主穴为三江，配穴为蹄头 电针：两侧关元俞，每次 30 min 巧治：掏结术、捶结术
脾虚泄泻	水针：脾俞、双侧膀胱俞 白针：主穴为脾俞，配穴为百会、胃俞、肝俞、后海、后三里 电针：主穴为脾俞或百会，配穴为胃俞或大肠俞，或后三里、后海 埋线：后海、双侧膀胱俞
脱肛	水针：两侧肛脱穴，分别注入 10 mL 95%酒精 电针：主穴为后海，配穴为肛脱，首次通电 2~4 h，以后每次 1 h，7 d 为一疗程 巧治：莲花穴
尿血	白针或水针，断血穴
不孕症	电针：催情，选命门、阳关、百会、雁翅等；胚胎萎缩，选阳关、百会；子宫迟缓，选后海、雁翅、百会；暖巢囊肿，主穴为同侧肾棚，配穴雁翅、肾俞
阴道脱和子宫脱	水针：阴脱 电针：主穴为阴脱，配穴为后海 巧治：清洗消毒整复脱出的子宫或阴道

续表

疾病名称	穴位及针法
肚底黄	血针：用宽针在患处散刺，或配蹄头、带脉、降压、分水、颈脉
寒伤腰胯	白针或电针：主穴为百会，配穴为腰胯部其他穴位 血针：尾本、肾堂 火针：主穴为百会，配穴为腰胯部其他穴位 温熨：患部醋酒灸
四肢风湿	水针：患部穴位或肌肉起止点，注射祛风湿药 血针：前肢，胸堂穴；后肢肾堂穴 火针、电针、白针：前肢风湿，主穴为抢风，配穴为肩臂部其他穴位；后肢风湿，主穴为巴山，配穴为股部其他穴位
五攒痛（蹄叶炎）	血针：主穴为蹄头，配穴为玉堂、通关，前肢病情重配胸堂穴，后肢病情重配肾堂穴

四、犬的常用针灸穴位

1. 头部穴位（表 4-2-16）

表 4-2-16　犬头部常用针灸穴位

序号	穴名	定位	针法	主治
1	水沟	上唇唇沟上、中 1/3 交界处，一穴	毫针或三棱针直刺 0.5 cm	中风，中暑，支气管炎
2	山根	鼻背正中有毛无毛交界处，一穴	三棱针点刺 0.2～0.5 cm，出血	中暑，感冒，发热
3	三江	内眼角下的静脉上，左右侧各一穴	三棱针点刺 0.2～0.5 cm，出血	便秘，腹痛，目赤肿痛
4	承泣	下眼眶上缘中部，左右侧各一穴	上推眼球，毫针沿眼球与眼眶之间刺入 2～3 cm	目赤肿痛，睛生云翳，白内障
5	睛明	内眼角上、下眼睑交界处，左右眼各一穴	外推眼球，毫针直刺 0.2～0.3 cm	目赤肿痛，眵泪，云翳
6	上关	下颌关节后上方，下颌骨关节突与颧弓之间的凹陷中，左右侧各一穴	毫针直刺 3 cm	歪嘴风，耳聋
7	下关	下颌关节前下方，颧弓与下颌骨角之间的凹陷中，左右侧各一穴	毫针直刺 3 cm	歪嘴风，耳聋
8	翳风	耳基部下颌关节后下方的凹陷中，左右侧各一穴	毫针直刺 3 cm	歪嘴风，耳聋
9	耳尖	耳廓尖端背面的静脉上，左右耳各一穴	三棱针或小宽针点刺，出血	中暑，感冒，腹痛

续表

序号	穴名	定位	针法	主治
10	天门	枕寰关节背侧正中点的凹陷中，一穴	毫针直刺 1～3 cm，或艾灸	发热，脑炎，抽风，惊厥

2. 躯干部穴位（表 4-2-17）

表 4-2-17 犬躯干部常用针灸穴位

序号	穴名	定位	针法	主治
1	大椎	第 7 颈椎与第 1 胸椎棘突间的凹陷中，一穴	毫针直刺 2～4 cm，或艾灸	发热，咳嗽，风湿症，癫痫
2	身柱	第 3～4 胸椎棘突间的凹陷中，一穴	毫针向前下方刺入 2～4 cm，或艾灸	肺热，咳嗽，肩扭伤
3	灵台	第 6～7 胸椎棘突间的凹陷中，一穴	毫针稍向前下方刺入 1～3 cm，或艾灸	胃痛，肝胆湿热，肺热咳嗽
4	中枢	第 10～11 胸椎棘突间的凹陷中，一穴	毫针直刺 1～2 cm，或艾灸	食欲不振，胃炎
5	悬枢	最后（第 13）胸椎与第一腰椎棘突间的凹陷中，一穴	毫针斜向后下方刺入 1～2 cm，或艾灸	风湿症，腰部扭伤，消化不良，腹泻
6	命门	第 2～3 腰椎棘突间的凹陷中，一穴	毫针斜向后下方刺入 1～2 cm，或艾灸	风湿症，泄泻，腰痿，水肿，中风
7	阳关	第 4～5 腰椎棘突间的凹陷中，一穴	毫针斜向后下方刺入 1～2 cm，或艾灸	性机能减退，子宫内膜炎，风湿症，腰部扭伤
8	百会	腰荐十字部，即最后（第 7）腰椎与第 1 荐椎棘突间的凹陷中，一穴	毫针直刺 1～2 cm，或艾灸	腰胯疼痛，瘫痪，泄泻，脱肛
9	肺俞	倒数第 10 肋间背中线约 6 cm 的髂肋肌沟中，左右侧各一穴	毫针沿肋间向下斜刺 1～2 cm，或艾灸	咳喘，气喘
10	心俞	倒数第 8 肋间距背中线 6 cm 的髂肋肌沟中，左右侧各一穴	毫针沿肋间向下斜刺 1～2 cm，或艾灸	心脏疾病，癫痫
11	肝俞	倒数第 4 肋间距背中线 6 cm 的髂肋肌沟中，左右侧各一穴	毫针沿肋间向下斜刺 1～2 cm，或艾灸	肝炎，黄疸，眼病
12	脾俞	倒数第 2 肋间距背中线 6 cm 的髂肋肌沟中，左右侧各一穴	毫针沿肋间向下斜刺 1～2 cm，或艾灸	脾胃虚弱，呕吐，泄泻
13	三焦俞	第 1 腰椎横突末端相对的髂肋肌沟中，左右侧各一穴	毫针直刺 1～3 cm，或艾灸	食欲不振，消化不良，呕吐，贫血

续表

序号	穴名	定位	针法	主治
14	肾俞	第2腰椎横突末端相对的髂肋肌沟中，左右侧各一穴	毫针直刺1～3 cm，或艾灸	肾炎，多尿症，不孕症，腰部风湿、扭伤
15	大肠俞	第4腰椎横突末端相对的髂肋肌沟中，左右侧各一穴	毫针直刺1～3 cm，或艾灸	消化不良，肠炎，便秘
16	关元俞	第5腰椎横突末端相对的髂肋肌沟中，左右侧各一穴	毫针直刺1～3 cm，或艾灸	消化不良，便秘，泄泻
17	二眼	第1～2背荐孔处，每侧各二穴	毫针直刺1～1.5 cm，或艾灸	腰胯疼痛，瘫痪，子宫疾病
18	胸堂	胸前，胸外侧沟中的臂头静脉上，左右侧各一穴	头高位，小宽针或三棱针顺血管直刺1 cm，出血	中暑，肩肘扭伤，风湿症
19	中脘	胸骨后缘与肚脐的连线中点，一穴	毫针向前斜刺0.5～1 cm，或艾灸	消化不良，呕吐，泄泻，胃痛
20	天枢	肚脐旁开3 cm，左右侧各一穴	毫针直刺0.5 cm，或艾灸	腹痛，泄泻，便秘，带症
21	后海	尾根与肛门间的凹陷中，一穴	毫针稍向前上方刺入3～5 cm	泄泻，便秘，脱肛，阳痿
22	尾根	最后荐椎与第1尾椎棘突间的凹陷中，一穴	毫针直刺0.5～1 cm	瘫痪，尾麻痹，脱肛，便秘，腹泻
23	尾本	尾部腹侧正中，距尾根部1 cm处的尾静脉上，一穴	三棱针直刺0.5～1 cm，出血	腹痛，尾麻痹，腰风湿
24	尾尖	尾末端，一穴	毫针或三棱针从末端刺入0.5～0.8 cm	中风，中暑，泄泻

3. 前肢穴位（表4-2-18）

表4-2-18 犬前肢常用针灸穴位

序号	穴名	定位	针法	主治
1	肩井	臂骨大结节上缘，肩峰前下方的凹陷中，左右肢各一穴	毫针直刺1～3 cm	肩部神经麻痹，扭伤
2	肩外俞	臂骨大结节后上缘、肩峰后下方的凹陷中，左右肢各一穴	毫针直刺2 4 cm，或艾灸	肩部神经麻痹，扭伤
3	抢风	肩关节后方，三角肌后缘、臂三头肌长头和外头形成的凹陷中，左右肢各一穴	毫针直刺2～4 cm，或艾灸	前肢神经麻痹，扭伤，风湿症
4	郗上	肩外俞与肘俞连线的下1/4处，左右肢各一穴	毫针直刺2～4 cm，或艾灸	前肢神经麻痹，扭伤，风湿症

续表

序号	穴名	定位	针法	主治
5	肘俞	臂骨外上髁与肘突之间的凹陷中，左右肢各一穴	毫针直刺 2～4 cm，或艾灸	前肢及肘部疼痛，神经麻痹
6	曲池	肘关节前外侧，肘横纹外端凹陷中，左右肢各一穴	毫针直刺 3 cm，或艾灸	前肢及肘部疼痛，神经麻痹
7	前三里	前臂上 1/4 处的肌沟中，左右肢各一穴	毫针直刺 2～4 cm，或艾灸	桡、尺神经麻痹，前肢神经痛，风湿症
8	外关	前臂外侧下 1/4 处，桡、尺骨间隙处，左右肢各一穴	毫针直刺 1～3 cm，或艾灸	桡、尺神经麻痹，前肢风湿，便秘，缺乳
9	内关	前臂内侧下 1/4 处，桡、尺骨间隙处，左右肢各一穴	毫针直刺 1～2 cm，或艾灸	桡、尺神经麻痹，肚痛，中风
10	阳池	腕关节背侧，腕骨与尺骨远端之间的凹陷中，左右肢各一穴	毫针直刺 1 cm，或艾灸	腕、指扭伤，前肢神经麻痹，感冒
11	膝脉	腕关节内侧下方，第 1～2 掌骨间的掌心浅内侧静脉上，左右肢各一穴	三棱针或小宽针顺血管直刺 0.5～1 cm，出血	腕关节肿痛，屈腱炎，指扭伤，风湿症，中暑，感冒，腹痛
12	涌滴（前肢称涌泉，后肢称滴水）	第 3～4 掌（跖）骨间的掌（跖）背侧静脉上，每肢各一穴	三棱针直刺 1 cm，出血	风湿症，感冒
13	指（趾）间（六缝）	足背指（趾）间，掌（跖）、指（趾）关节水平线上，每足三穴	毫针斜刺 1～2 cm，或三棱针点刺	指（趾）扭伤或麻痹

4. 后肢穴位（表 4-2-19）

表 4-2-19　犬后肢常用针灸穴位

序号	穴名	定位	针法	主治
1	环跳	股骨大转子前方，髋关节前缘凹陷中，左右侧各一穴	毫针直刺 2～4 cm，或艾灸	后肢风湿，腰胯疼痛
2	肾堂	股内侧上部皮下隐静脉上，左右肢各一穴	三棱针或小宽针顺血管刺入 0.5～1 cm，出血	腰胯闪伤、疼痛
3	膝上	髌骨上缘外侧 0.5 cm 处，左右肢各一穴	毫针直刺 0.5~1 cm	膝关节炎

续表

序号	穴名	定位	针法	主治
4	膝下 （掠草）	膝关节前外侧，膝中、外直韧带之间的凹陷中，左右肢各一穴	毫针直刺 1～2 cm，或艾灸	膝关节炎，扭伤神经痛
5	后三里	小腿外侧上 1/4 处的胫、腓骨间隙内，左右肢各一穴	毫针直刺 1～2 cm，或艾灸	消化不良，腹痛，泄泻，胃肠炎，后肢疼痛、麻痹
6	阳辅	小腿外侧下 1/4 处的胫骨前缘，左右肢各一穴	毫针直刺 1 cm，或艾灸	后肢疼痛、麻痹，发热，消化不良
7	解溪	跗关节前横纹中点，胫、跗骨间，左右肢各一穴	毫针直刺 1 cm，或艾灸	扭伤，后肢麻痹
8	后跟	跟骨与腓骨远端之间的凹陷中，左右肢各一穴	毫针直刺 1 cm，或艾灸	扭伤，后肢麻痹

图 4-2-7 和图 4-2-8 分别为犬的肌肉和骨骼及其常用针灸穴位。

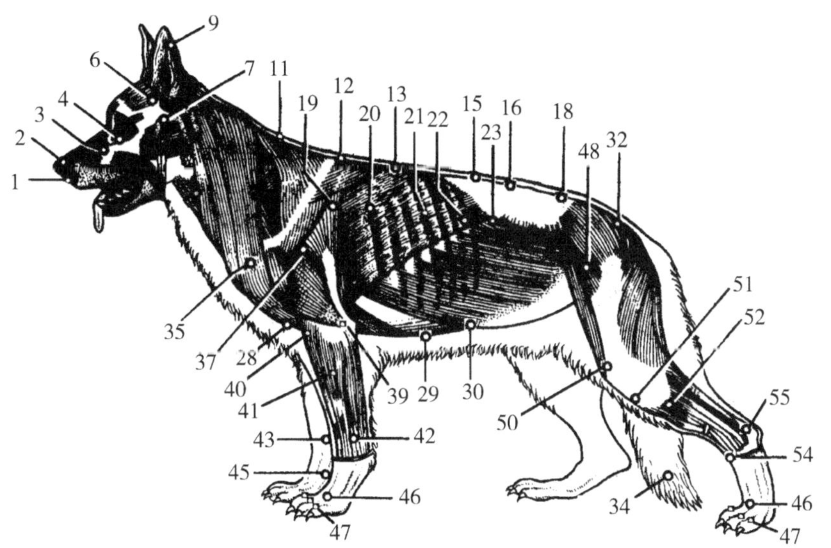

1. 人中；2. 山根；3. 三江；4. 承泣；6. 上关；7. 下关；9. 耳尖；11. 大椎；12. 身柱；13. 灵台；15. 悬枢；16. 命门；18. 百会；19. 肺俞；20. 心俞；21. 肝俞；22. 脾俞；23. 三焦俞；26. 关元俞；28. 胸堂；29. 中脘；30. 天枢；32. 尾根；34. 尾尖；35. 肩井；37. 抢风；38. 郗上；39. 肘俞；40. 曲池；41. 前三里；42. 外关；43. 内关；45. 膝脉；46. 涌滴；47. 六缝；48. 环跳；50. 膝上；51. 膝下；52. 后三里；53. 阳辅；54. 解溪；55. 后跟。

图 4-2-7 犬的肌肉及常用针灸穴位

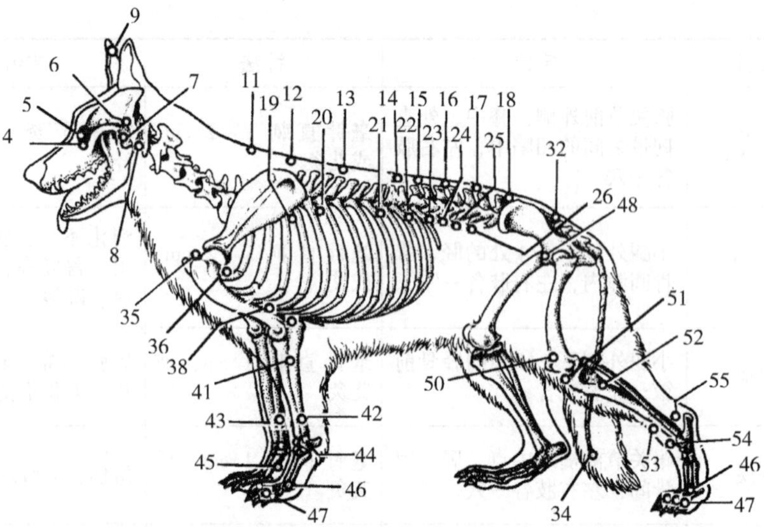

4. 承泣；5. 睛明；6. 上关；7. 下关；8. 翳风；9. 耳尖；11. 大椎；12. 身柱；13. 灵台；14. 中枢；15. 悬枢；16. 命门；17. 阳关；18. 百会；19. 肺俞；20. 心俞；21. 肝俞；22. 脾俞；23. 三焦俞；24. 肾俞；25. 大肠俞；26. 关元俞；32. 尾根；34. 尾尖；35. 肩井；36. 肩外俞；38. 郗上；39. 肘俞；41. 前三里；42. 外关；43. 内关；44. 阳池；45. 膝脉；46. 涌滴；47. 六缝；48. 环跳；50. 膝上；51. 膝下；52. 后三里；53. 阳辅；54. 解溪；55. 后跟。

图 4-2-8　犬的骨骼及常用针灸穴位

五、猫的常用针灸穴位

请扫描二维码 4-2-1 学习“猫的常用针灸穴位”。

二维码 4-2-1　猫的常用针灸穴位

任务实施

步骤一：根据本任务内容，通过查阅图书或网络资源，收集相关资料及在中兽医临床上的应用案例资料，并整理分析，列出大纲。

步骤二：根据个人理解，将主要内容进行总结，并绘制思维导图；思维导图应包括四个方面的内容，即牛常见疾病的针治方法、马常见疾病的针治方法和猪常见疾病的针治方法及犬的常见疾病的针治方法。

步骤三：将个人绘制好的思维导图通过软件上传或在班级群中进行展示，供其他同学参阅，并提出优缺点。

步骤四：根据其他同学的意见或建议进一步完善思维导图，进一步理解课堂内容。

任务检测

请扫描二维码 4-2-2 进入在线测试，可反复多次答题，直到获得满意的结果。

二维码 4-2-2　项目四任务二检测

任务评价

根据本任务表现及思维导图绘制情况进行评价，具体评价见表 4-2-20。

表 4-2-20　任务完成过程评价

班级：		组别：		姓名：
任务	评分标准	自我评价	小组评价	教师评价
形式方面	整体布局合理，核心主题明确（20 分）			
	颜色对比明显，分支颜色有所区别（10 分）			
	部分内容有相应图片展示（20 分）			
内容方面	内容正确，包括概念和关系的准确性（10 分）			
	内容知识点完整，主次分明（20 分）			
	内容简洁扼要，层次清晰（20 分）			
合计				
自我评价与总结				
教师点评				

技能一　大动物穴位的认定

- **活动目的**

1. 明确猪、牛、马取穴的规律及方法。
2. 初步掌握常用针灸穴位的认定。

- **活动材料**

各类实验动物若干，保定栏具按实验动物配备，动物针灸挂图、动物针灸模型、消毒液、脸盆、毛巾等各 1 件，笔记本人手 1 本，技能单人手 1 份。

- **活动准备**

准备活动器材，学习活动方法。

- **活动方法**

1. 识别猪的以下常用穴位：山根、鼻中、玉堂、耳尖、太阳、大椎、断血、百会、后海、尾尖、肛脱、三脘、抢风、涌泉、后三里。

2. 识别牛的以下常用穴位：耳尖、山根、顺气、通关、颈脉、天平、百会、后海、肛脱、脾俞、抢风、涌泉、蹄头、后三里。

3. 识别马的以下常用穴位：通关、耳尖、颈脉、通关、大椎、百会、脾俞、后海、尾尖、抢风、蹄头、后三里。

- **活动实施**

根据表 4-2-21 的操作环节开展活动。

表 4-2-21 活动实施环节

环节	操作
环节一	学生分组识记猪、牛、马常用穴位
环节二	学生分组对猪、牛、马常见穴位进行定位
环节三	教师指导，查找不足
环节四	学生互评，教师点评

- **课后作业**

根据技能活动情况完成实训报告。

- **活动评价**

活动过程中，根据活动情况进行评价，具体评价如表 4-2-22 所示。

表 4-2-22 工作活动完成过程评价

<table>
<tr><td colspan="2">班级：</td><td>组别：</td><td colspan="2">姓名：</td></tr>
<tr><td>项目</td><td>评分标准</td><td>自我评价</td><td>小组评价</td><td>教师评价</td></tr>
<tr><td rowspan="2">小组操作（60 分）</td><td>熟记猪、牛、马常用穴位（20 分）</td><td></td><td></td><td></td></tr>
<tr><td>能够正确定位猪、牛、马常用穴位（40 分）</td><td></td><td></td><td></td></tr>
<tr><td>动物常用穴位识记及定位（40 分）</td><td>优秀为 36~40 分
良好为 31~35 分
一般为 25~30 分</td><td></td><td></td><td></td></tr>
<tr><td colspan="2">合计</td><td></td><td></td><td></td></tr>
<tr><td>自我评价与总结</td><td colspan="4"></td></tr>
<tr><td>教师点评</td><td colspan="4"></td></tr>
</table>

技能二　小动物穴位的认定

- **活动目的**

1. 明确犬取穴的规律及方法。
2. 初步掌握常用针灸穴位的认定。

- **活动材料**

犬，保定栏具按实验动物配备，动物针灸挂图、动物针灸模型、消毒液、脸盆、毛巾等各 1 件，笔记本人手 1 本，技能单人手 1 份。

- **活动方法**

识别犬的以下常见穴位：水沟、山根、耳尖、大椎、身柱、悬枢、脾俞、百会、二眼、中脘、后海、尾尖、抢风、环跳、后三里。

- **活动实施**

根据表 4-2-23 的操作环节开展活动。

表 4-2-23　活动实施环节

环节	操作
环节一	学生分组识记犬常用针灸穴位
环节二	学生分组对犬常用针灸穴位进行定位
环节三	教师指导，查找不足
环节四	学生互评，教师点评

- **课后作业**

根据技能活动情况完成实训报告。

- **活动评价**

活动过程中，根据活动情况进行评价，具体评价如表 4-2-24 所示。

表 4-2-24　工作活动完成过程评价

<table>
<tr><td colspan="2">班级：</td><td>组别：</td><td colspan="3">姓名：</td></tr>
<tr><td>项目</td><td>评分标准</td><td>自我评价</td><td>小组评价</td><td>教师评价</td></tr>
<tr><td rowspan="2">小组操作
（60 分）</td><td>熟记犬常用针灸穴位（20 分）</td><td></td><td></td><td></td></tr>
<tr><td>能够正确定位犬常用针灸穴位（40 分）</td><td></td><td></td><td></td></tr>
<tr><td>犬常用针灸穴位识记及定位(40 分)</td><td>优秀为 36~40 分
良好为 31~35 分
一般为 25~30 分</td><td></td><td></td><td></td></tr>
<tr><td colspan="2">合计</td><td></td><td></td><td></td></tr>
</table>

续表

班级：		组别：	姓名：
自我评价与总结			
教师点评			

任务三 针灸技术

学习情境

针灸不仅具有调节气血、活血化瘀、通经活络的作用，现代医学表明针灸还有镇痛作用，对脏腑功能具有双向调节的作用。

学生通过查阅图书或网络资源，查找与针灸技术相关的资料，及针灸技术在兽医临床上的应用，并制作思维导图。

任务准备

一、白针疗法

白针疗法是使用白针用具及小宽针等，在白针穴位上施术，从而达到调整机能活动，治疗畜禽各种病症的一种方法。

（一）术前准备

先将患病动物妥善保定，根据病情选好施针穴位，剪毛消毒。然后根据针刺穴位选取适当的针具，检查并消毒。

（二）操作方法

1. 圆利针术

（1）缓刺法。一般先将针尖刺至皮下，然后调整针刺角度，捻转进针至所需深度，并施以补泻之法使之出现针感（图 4-3-1）。一般留针需 10～20 min，在留针过程中，每隔 3～5 min 可行针一次，增强刺激强度。

（2）急刺法。操作时可根据不同的穴位，按照速刺进针法或飞针法刺至所需深度。此法多用于不温顺的动物或针刺肌肉丰满部的穴位。

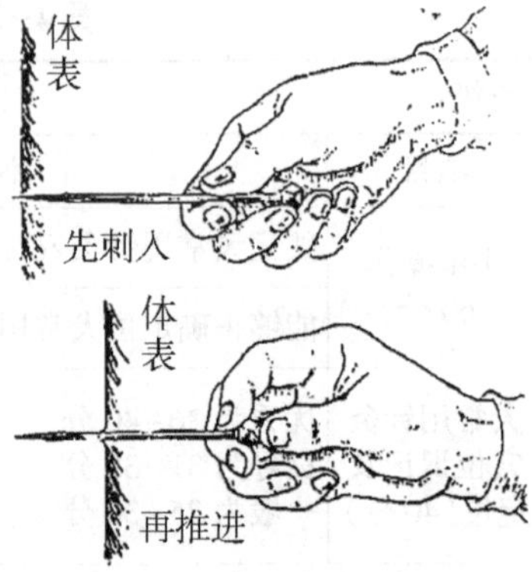

图 4-3-1 圆利针缓刺法

2. 毫针术

毫针术的操作方法与圆利针相似。但相比圆利针，毫针针体较细，对组织的损伤较小，不易感染，所以一个穴位可反复多次施针；同一个穴位，进针均深于圆利针、火针等，所以进针较深，并且可以一针刺透数穴。针刺得气后，可根据病情需要，可运用多种行针手法，达到有效的刺激量。

【注意事项】

(1) 术前严格检查针具，防止发生事故。

(2) 术后严格消毒针孔，防止感染。

二、血针疗法

使用血针用具在患病动物的血针穴位上施针，刺破穴部浅表颈脉（丛），并使之出血，以达到泻热解毒、活血消肿，防治疾病的目的。

（一）术前准备

术前，认真选择针具。对针具、术部、术者手指严格消毒，做好施术准备。为快速准确刺破穴位血管，并达到适宜的出血量，动物的保定尤其关键。根据施针穴位采取不同的保定体位，达到血管怒张的目的。如针刺三江、太阳等穴位应用低头保定法。针刺胸堂穴应用昂头保定法。针刺颈脉穴，需在学位后方按压，或膝上颈绳显露静脉（图 4-3-2）。因血针针孔较大，易感染，因此术前需严格消毒。另外，准备止血器皿和药品。

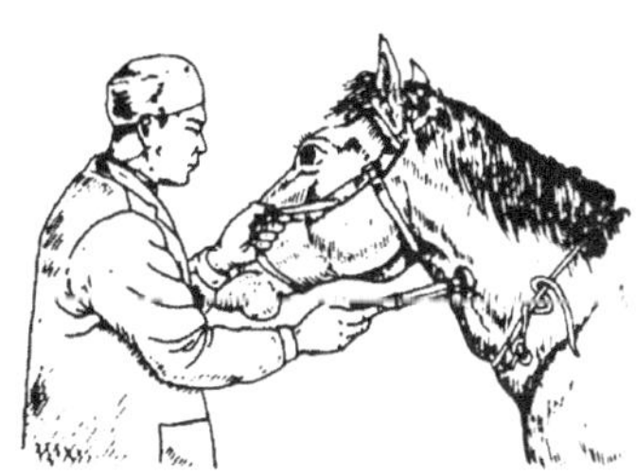

图 4-3-2　颈脉穴针刺法

（二）操作方法

1. 宽针术

针对不同用针原则（血管较粗，需出血量大，用大、中宽针；血管较细，需出血量小，用小宽针）选取不同针具。宽针的持针法有全握式、手代针锤式或用针锤持针法。一般多垂直刺入 1 cm，以出血为止。

2. 三棱针术

口腔内穴位，如通关穴；浅表浅刺，如三江穴多用。根据施术要求确定针刺深度，一般以刺破穴位血管出血唯度（图 4-3-3）。

图 4-3-3　通关穴针刺法

【注意事项】

(1) 宽针施术时，针刃必须与血管平行，以防切断血管（图 4-3-4）。术后可自行止血或轻压穴位止血。

(2) 三棱针施术时，因针尖较细，易折断，施术时谨防折针。

（3）施术时把握针刺深度，防止刺穿血管，造成血肿。

（4）掌握泻血量。泻血量多少直接影响针治效果，并与动物体质强弱、症状虚实及季节等密切相关。一般情况下，体质强壮的，实证、热证，炎热季节放血量可大些；体质虚弱，虚证、寒证，寒冷季节放血量较小。

（5）术后，针孔不可见水，术部保持清洁，防止感染。

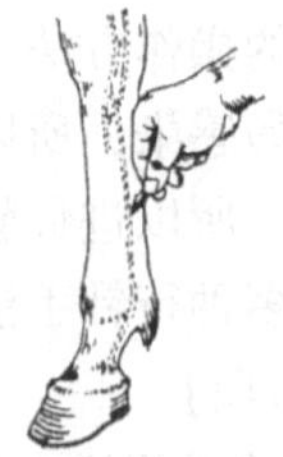

图 4-3-4 针刃与血管平行

三、火针术

火针术指将加热后的火针刺入穴位来治疗疾病的方法。火针对术部组织产生较深的灼伤灶，在一定的时间内保持对穴位的刺激作用，因而具有针和灸两方面的治疗作用。此法主要用于风寒湿痹、慢性跛行及阳虚泄泻等证。

（一）术前准备

准备针具，对针具、术部、术者手部消毒，封闭针孔用药膏或橡皮膏。

（二）操作方法

1. 烧针法

（1）直接烧针法。用酒精灯将针尖及部分针体烧红，然后刺入穴位。

（2）油火烧针法。将针尖及针身的部分用棉花缠绕成外紧内松枣核状，然后浸入植物油或液体石蜡，点燃烧针，保证针体受热均匀。烧至棉花变黑时去掉灰烬，刺入穴位（图 4-3-5）。

图 4-3-5 油火烧针法

2. 进针法

施针前选定穴位，剪毛消毒，待针体烧透后，术者左手按压穴旁，右手持针迅速刺入穴位，可留针 5 min 或不留针，留针期间可轻微捻转运针。

3. 起针法

起针时先将针体左右轻微捻转一下，然后一只手按压穴位，另一只手将针拔出。

针孔用5%碘酊消毒后，用药膏封闭。

【注意事项】

(1) 患病动物保定要确实，针具要烧透，刺穴要准确。

(2) 火针穴位白针穴位基本相同，但穴下有大血管、神经干或关节囊处穴位不得施火针术。

(3) 火针对动物的刺激较强，因此，每隔7～10 d方可在同一穴位重复施针。

四、水针术

水针术是在穴位处注入药物来防治疾病的一种方法，又称为穴位注射疗法。这种针刺与药物相结合的方法，操作简便，药剂小，疗效显著。此法可用于眼病、风湿症、神经麻痹、瘫痪等多种疾病。

(一) 术前准备

选取适宜的注射器，对穴位局部剪毛消毒，并选择适当的药液。

1. 穴位选择

对疼痛明显的病例，可选白针穴位，也可选择疼痛明显处的阿是穴；对疼痛不明显的病例，可将注射点定位患部肌肉起始点。

2. 药物选择

用于穴位注射的药物有肌肉注射的中、西药液，临床上可酌情选用药物治疗疾病。如兴奋营养作用的药物如生理盐水、维生素、葡萄糖注射液、血清、蛋清等可治疗肌肉萎缩、功能减退的病症；抗生素、抗风湿药、中药注射剂等可治疗炎性疾病即风湿症；红花注射液、复方当归注射液、镇跛痛等可治疗跛行、外伤性瘀血肿痛等；0.5%～2%盐酸普鲁卡因注射液可用于穴位封闭。

(二) 操作方法

可按照毫针进针方法（深度、角度）刺入穴位，出现针感后注射药物。

【注意事项】

(1) 关节腔和颅腔内一般不宜注射，怀孕动物要慎用，脊背两侧穴位不宜深刺，防止压迫神经。

(2) 不宜选用有毒副作用的药物，刺激性强的药物，药量要小，药物配合使用时注意配伍禁忌。

(3) 推药前必须回抽注射器，见无回血时再推注药液。

(4) 注射后若局部出现轻度肿胀、疼痛、发热等，一般无须处理。

五、电针术

电针术是将白针刺入穴位产生针感后，连接电疗仪并导入适量电流，以代替手捻针刺或加强刺激来治疗疾病的一种疗法。电疗仪可通过电流、电压、频率及波形变化等来调整刺激强度，可用于神经麻痹、肌肉萎缩、急性跛行、风湿症、马骡结症、胃肠膨胀、虚寒泄泻、垂脱症、胎衣不下、不孕症等多种疾病。

（一）术前准备

白针用具、电疗仪（含导线、金属夹子）、剪毛剪、消毒药品等。

（二）操作方法

1. 选穴扎针

根据病情选择穴位并剪毛消毒，将白针刺入穴位并行针至出现针感。

2. 接通电疗仪

先将电疗仪调至治疗档，各种旋钮调至“0”位，将正负极导线分别夹在针柄上，然后打开开关，并调节各项参数。

（1）波形。脉冲电流的波形有矩形波、尖形波等多种。方波可降低神经的感受性，具有止痛、消炎的作用，还可以增强肌腱张力，能够治疗神经麻痹、肌肉萎缩，临床上较为多用。复合波形中的密波、疏密波可神经肌肉的兴奋性，缓解痉挛、止痛的效果好；复合波形中的间断波可收缩肌肉张力，增强肌肉紧张度，可用于治疗神经麻痹、肌肉萎缩。

（2）频率。电疗仪的频率范围在 10~550 Hz，除在针刺麻醉时用较高频率，一般治疗时频率较低。治疗软组织损伤时，频率稍高；治疗结症频率要低。

（3）输出强度。电流输出强度应由弱到强逐渐进行，以动物能够安静接受治疗的最大耐受量为度。各种参数调整妥当后，继续治疗 15~30 min。可根据病情及体质做适当调整，对体质虚弱敏感的动物时间稍短；慢性疾病的时间稍长。在治疗过程中，为避免动物适应刺激需经常变换频率、波形及输出强度。治疗完毕，将各档旋钮归零，关闭电源，去除导线夹，起针消毒。

电针治疗一般每日或隔日一次，5~7 d 为一个疗程，每个疗程间隔 3~5 d。

【注意事项】

（1）针刺靠近心脏或延脑的穴位时，必须掌握适宜的深度和刺激强度，防止伤及心、脑导致猝死。

（2）动物必须保定确实，防止骚动。

（3）通电期间，时刻注意金属夹与针体固定妥当。若金属夹脱落，先将各种旋钮调至低档或归零后再重新连接。若针体逐渐向外退出，应及时将针体复位。

（4）在电疗过程中，有些穴位出现渐进性出血或皮下血肿，无须处理，几日后可自行消散。

六、激光针灸疗法

激光针灸疗法指应用医用激光器发射的激光束照射穴位或患部的一种诊疗方法。前者称激光针术，后者称激光灸术。激光具有刺激性好，穿透力强，温热效应及电磁效应优越等优点，是一种安全可靠的新型诊疗方法。

（一）术前准备

医用激光器，动物保定确实，术部剪毛消毒。

（二）操作方法

1. 激光针术

指应用激光束直接照射穴位，又称光针疗法或激光穴位照射。此法用于治疗肢蹄闪伤捻挫、神经麻痹、便秘、结症、腹泻、前胃病、不孕症和乳房炎等多种疾病。一般采用氦氖激光器，波长为632.8 nm，输出功率为2~30 mW。操作时，术部剪毛消毒后打开激光器电源开关，激光照头离穴位5~30 cm，每穴照射2~5 min，一次治疗时间为10~20 min，每日或隔日一次，5~10次为一疗程。

2. 激光灸术

根据灸烙的程度分为激光灸灼、激光灸熨、激光烧烙。

（1）激光灸灼。又称二氧化碳激光穴位照射，适应证与氦氖激光穴位照射相同。选好穴位后，打开激光器预热10 min，使用聚焦照头，距离穴位5~15 cm，用聚焦原光束直接灸灼穴位，每穴烧灼3~5 s，皮肤烧灼至黄褐色为止。一般隔3~5 d灸灼1次，总计1~3次。

（2）激光灸熨。用30 mW的氦氖激光器或5 W以上的二氧化碳激光器，用激光散焦照射穴位或患部。此法用于大面积烧伤、创伤、肌肉风湿、肌肉萎缩、肾虚腰胯痛、阴道脱等多种疾病。操作时，打开激光器，照头距穴位20~30 cm，照射强度为动物能够耐受为度。每区照射5~10 min，每次治疗总时长20~30 min，每天或隔天1次，5~7 d为一疗程。

（3）激光烧烙。用输出功率30 W以上的二氧化碳激光器发出的聚焦光束进行烧烙。常用于慢性肌肉萎缩、慢性神经麻痹、慢性骨关节炎、慢性屈腱炎、骨瘤、肿瘤等疾病。操作时，打开激光器，手持激光烧烙头，直接烧烙术部，并不时清除烧烙线上的碳化物，喷洒醋，至皮肤呈黄褐色为止。施术后，烧烙部再次喷洒一遍醋液，并涂消炎软膏。一般每次烧烙时长为40~50 min。

（三）实训要求

为防止激光及其强反射光伤害眼睛，治疗人员应佩戴激光防护眼镜。开机应严格按照操作规程进行，防止漏电等意外事故的发生。随时注意患病动物的反应，及时调节激光刺激强度。灸熨范围一般要大于病变组织的面积。激光照射具有累积效应，对疗程及间隔时间做好记录。

七、灸烙术

（一）艾灸

灸术指用烧灼的艾绒、艾卷熏灼患病动物的特定穴位，以温通经络、解痉止痛，达到治疗疾病目的的方法。

1. 艾炷灸

艾炷灸将艾炷直接或间接置于穴位局部皮肤上点燃。前者为直接灸，后者为间接灸。艾炷有大炷、中炷、小炷三种。治疗时，根据患病动物的病情、体质选择不同的艾炷及数量。疾病初期、体质强壮的动物艾炷宜大，壮数宜多；久病、体质虚弱的动物艾炷宜小，壮数宜少；直接灸艾炷宜小，间接灸时艾炷宜大。

（1）直接灸。将艾炷直接置于穴位上，将其点燃，待燃尽时更换艾炷。根据皮肤的灼伤程度分有疤痕灸和无疤痕灸。

（2）无疤痕灸。用于轻症治疗。将艾炷置于穴位上点燃，待即将燃尽动物灼痛不安时更换艾炷。连续灸 3~7 炷，至穴位皮肤发热时停灸。灸后皮肤无疤痕。

（3）有疤痕灸。用于重症的治疗。待穴位上的艾炷燃尽后更换艾炷。连续灸 7~10 炷，至皮肤灼伤起泡为止，术后有疤痕。

（4）间接灸。在艾炷与皮肤之间放置药物的一种灸法。常用的药物有姜片、蒜片等。

（5）隔姜灸。将姜切成 0.3 cm 厚，扎数孔，上置艾炷，将其放于穴位上点燃，至局部皮肤温热潮红为止。此法利用姜的温里作用达到祛风散寒的功效（图 4-3-6）。

（6）隔蒜灸。方法与隔姜灸相似。隔蒜灸利用酸的清热解毒的作用治疗痈疽肿毒等症（图 4-3-6）。

2. 艾卷灸

用艾卷实施灸术，此法不受体位限制，全身各位均可施术。操作方法有下列三种。

（1）温和灸。将艾卷的一端点燃后，在距穴位 0.5~2 cm 处持续熏灼，给穴位一种温和刺激，每处穴位灸 5~10 min。多用于风寒湿痹等症（图 4-3-7）。

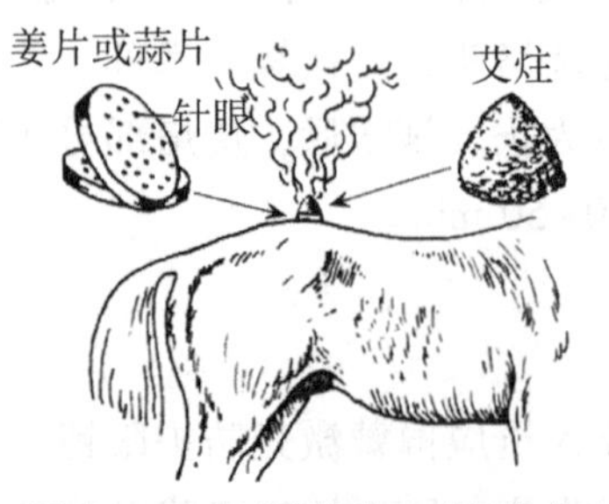

图 4-3-6 隔姜灸、隔蒜灸

图 4-3-7 温和灸

（2）回旋灸。将点燃后的艾卷在患处往返、回旋熏灼，多用于肌肉风湿面积较大的疾病。

（3）雀啄灸。将艾卷点燃后，如麻雀啄食般对准穴位接触皮肤后拿开，反复进行 2~5 min。多用于需火力强的慢性疾病（图 4-3-8）。

3. 温针灸

温针灸时针刺和艾灸相结合的一种疗法，又称为烧针柄疗法（图 4-3-9），是将白针刺入穴位行针待得气后，再将艾绒缠在针柄上点燃，使热气经针体传入穴位深部，起到针和灸双重作用。多用于需留针又需施灸的疾病。

图 4-3-8　雀啄灸

图 4-3-9　温针灸

（二）温熨

温熨是指应用热源物对患病动物患部或穴位进行温敷灸灼的刺激，以防治疾病的方法，又称灸熨。

1. 醋酒灸

醋酒灸俗称火烧战船，是用醋和酒直接灸熨患部的一种疗法。此法多用于背腰胯风湿，或破伤风的辅助治疗，忌用于瘦弱衰老的动物或孕畜。施术时，先将动物保定在六柱栏内，用毛刷蘸醋刷湿背腰部被毛（面积略大于灸熨部位），再将用醋浸湿的 1 m 见方白布或双层纱布铺在背腰部；然后用吸耳球或注射器吸取 60%白酒或 75%以上的酒精均匀地洒在布上，点燃；反复的喷酒浇醋，即火大浇醋，火小喷酒，直至动物耳根肘后出汗为止（图 4-3-10）。在施术过程中，切勿使敷布或皮肤烧干。施术后，用干麻袋或毛毯等覆盖背腰部以保温，勿受风寒。

图 4-3-10　醋酒灸

2. 醋麸灸

醋麸灸是用醋拌炒麦麸热敷患部的一种方法。多用于背部及腰胯风湿的治疗。施术时，将 10 kg 麸皮炒干后，加食醋 3～4 g 再炒（热度以 40～60℃，手握成团，放手即散），然后分装两袋，交替温熨患部，至患部微汗为止。此法可一日一次，或一日数次。

3. 软烧法

软烧法是用火焰熏灼患部的一种疗法。多用于慢性关节炎、屈腱炎、肌肉风湿等。

（1）术前准备。软烧棒 1 把，长柄毛刷，醋椒液（食醋 1 kg，花椒 50 g，煮沸数分钟去花椒候温备用），60%白酒 1 kg（95%酒精）。

（2）操作方法。将动物保定于六柱栏内，健肢向前方或后方转位保定，用毛刷在患部大面积刷醋（完全湿透），然后将软烧棒的棉槌浸透醋椒液后拧干，再喷酒或酒精后点燃。刚开始用文火缓慢摆动于患部周围，待皮肤温度升高后，用武火快速摆动。摆动过程中，要随时涂刷醋椒液于患部，保持患部被毛湿润；另外，及时在棉槌上喷洒白酒。每次烧灼持续 30～40 min（图 4-3-11）。

（3）实训要求。烧灼时，火力应先轻后重。软烧棒槌不能直接打在患部，防止烧伤。术后动物要停止使役，每日只做适当牵遛运动，并且动物要注意保暖。术后 1～2 d，跛行会有所加重，7～15 d 后该症状会逐渐减轻或消失。若未痊愈，1 个月后，可再次施术。

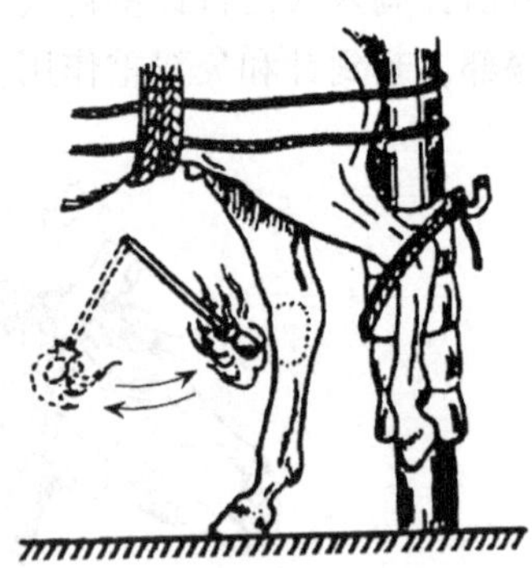

图 4-3-11 软烧灸

（三）烧烙

烧烙疗法是指将烧红的烙铁熨烙或画烙于患部或穴位的一种治疗方法。烧烙可将热刺激透入皮肤肌肉组织，深达筋骨，对于慢性顽固性筋骨、肌肉、关节疾病或破伤风、脑黄、神经麻痹等疗效较好。烧烙可分直接烧烙和间接烧烙两种。

1. 直接烧烙

直接烧烙是用烧红的烙铁在患部根据一定图形直接烧烙的治疗方法，又称画烙术（图 4-3-12）。对于慢性屈腱炎、慢性关节炎、慢性骨化性关节炎、骨瘤、外周神经麻痹、肌肉萎缩具有治疗作用。

图 4-3-12 画烙

（1）术前准备。尖头刀状烙铁、方头烙铁各数把，小火炉一个，木炭、木材或煤炭数千克，陈醋 50 mL，消炎软膏 1 瓶。动物绝食 8 h，按照烧烙的部位不同，可选用二柱栏站立保定，或用缠缚式倒马保定法横卧保定。

（2）操作方法。烙铁烧红后，先取尖头烙铁画出图形，再用方头烙铁加大火力继续烧烙。烧烙时宜先轻后重，且边烙边洒醋。烧烙须均匀平稳单方向拉动，切忌拉锯式来回运动。烧烙顺序一般为先内侧、后外侧，先上部、后下部。烧烙程度分轻度、中度、重度。烙线皮肤呈浅黄色，无液体渗出为轻度；烙线呈金黄色，有液体渗出为中度；达中度后液体被烙干为重度。一般除慢性骨化性关节炎需烙至重度外，其他烙至中度即可。烙至所需程度后，喷洒醋，经再次轻轻画烙后涂擦消炎软膏，解除保定即可。

（3）实训要求。幼龄、衰老、妊娠后期动物不宜施术，严冬、酷暑、大风、阴雨天不宜施术。同一性状烙铁准备 2～3 把交替使用。烙铁烧至杏黄色为好，过热呈黄白色易烙伤皮肤；呈黑红色，则易黏滞皮肤发生烙伤。烧烙时严禁重力按压皮肤或来回拉动烙铁，以免烙伤患部。烧烙后擦拭动物身上的汗液以防感冒。动物可注射破伤风抗毒素，以免发生破损风。术后注意防寒保暖，不可立即饮喂。术部保持清洁，防止啃咬或磨蹭，并做适当的牵遛运动。同一动物需多处画烙治疗时，可先烙一处，待愈合后再烙他处。若同一部位需多次烧烙，须待烙面愈合后进行，并尽可能避开上次烙线。

2. 间接烧烙

间接烧烙是先将用醋浸透的布置于患部或穴位上，再用方形烙铁在布上进行熨烙的一种治疗方法（图 4-3-13）。对破伤风、歪嘴风、脑黄、癫痫、脾虚湿邪、寒伤腰胯、颈部风湿、筋腱硬肿和关节僵硬等有治疗效果。

（1）术前准备。方形烙铁数把、布垫数个、陈醋、木炭、火炉等。动物在二柱栏或四柱栏内保定妥当，必要时可横卧保定。

（2）操作方法。将已用醋浸透的布固定于患部或穴位上，若患部较大，可用布缠于患部并固定。术者手持方形烙铁，在棉纱垫上烧烙，手法先轻后重，及时更换不热的烙铁，并随时向棉垫上加醋，以免布垫烧焦。熨烙至术部皮肤温热，或周围微汗时即可。术后，去除布垫，擦去汗液，解除保定。

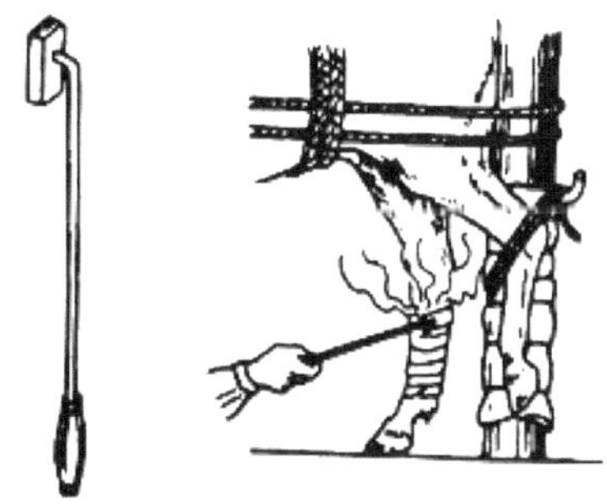

图 4-3-13 间接烧烙

（3）实训要求。烙铁烧至红褐色为好。熨烙时，烙铁应不时离开棉垫，不应长时间强压熨烙，防止烫伤。术后注意防寒保暖，并做适当的牵遛运动。

任务实施

步骤一：根据本任务内容，通过查阅图书或网络资源，收集相关资料及在中兽医临床上的应用案例资料，并整理分析，列出大纲。

步骤二：根据个人理解，将主要内容进行总结，并绘制思维导图；思维导图应包括七个方面的内容，即白针术、血针术、火针术、电针治疗术、激光治疗术、灸烙术、水针术。

步骤三：将个人绘制好的思维导图通过软件上传或在班级群中进行展示，供其他同学参阅，并提出优缺点。

步骤四：根据其他同学的意见或建议进一步完善思维导图，进一步理解课堂内容。

任务检测

请扫描二维码 4-3-1 进入在线测试，可反复多次答题，直到获得满意的结果。

二维码 4-3-1 项目四任务三检测

任务评价

教师根据学生本任务表现及思维导图绘制情况进行评价，具体评价见表 4-3-1。

表 4-3-1　任务完成过程评价

<table>
<tr><td colspan="2">班级：</td><td colspan="2">组别：</td><td colspan="2">姓名：</td></tr>
<tr><td>任务</td><td>评分标准</td><td>自我评价</td><td>小组评价</td><td colspan="2">教师评价</td></tr>
<tr><td rowspan="3">形式方面</td><td>整体布局合理，核心主题明确（20 分）</td><td></td><td></td><td colspan="2"></td></tr>
<tr><td>颜色对比明显，分支颜色有所区别（10 分）</td><td></td><td></td><td colspan="2"></td></tr>
<tr><td>部分内容有相应图片展示（20 分）</td><td></td><td></td><td colspan="2"></td></tr>
<tr><td rowspan="3">内容方面</td><td>内容正确，包括概念和关系的准确性（10 分）</td><td></td><td></td><td colspan="2"></td></tr>
<tr><td>内容知识点完整，主次分明（20 分）</td><td></td><td></td><td colspan="2"></td></tr>
<tr><td>内容简洁扼要，层次清晰（20 分）</td><td></td><td></td><td colspan="2"></td></tr>
<tr><td colspan="2">合计</td><td></td><td></td><td colspan="2"></td></tr>
<tr><td>自我评价与总结</td><td colspan="5"></td></tr>
<tr><td>教师点评</td><td colspan="5"></td></tr>
</table>

技能　针灸技术

- **活动目的**

明确艾灸、醋酒灸的临诊意义。

- **活动材料**

不同种类的实验动物各若干，并配备保定栏具，艾条 4 根、兽用电针治疗仪 4 台、兽用针具 4 套、毛剪 4 把、镊子 8 把、粗白布 4 m、麻袋 4 条、陈醋 3 kg、酒精 4 kg、酒精棉球和碘酒棉球各 4 瓶，消毒液、脸盆、毛巾等各 1 件，笔记本人手 1 本、技能单人手 1 份。

- **活动方法**

1. 艾灸

牛、马保定好后，将艾炷直接置于百会穴上，在其顶点燃，待烧到接近底部时，再换一个艾炷。根据情况采用有疤痕灸和无疤痕灸两种。

体侧部穴位用艾卷替代艾炷，可施温和灸、回旋灸和雀啄灸。

2. 醋酒灸

实验动物确实保定后，用温醋充分湿润腰背部皮毛，盖上一块用温醋浸过的白布，洒上 75%酒精（或 60°白酒），点火燃烧。火大时加醋，火小加酒精，控制火势至耳根、腋下汗出之后灭火，覆以麻袋保温，切不可受风寒。

- **活动准备**

准备实训器材，做好术前准备工作。

- **活动实施**

学生根据表 4-3-2 的操作环节开展活动。

表 4-3-2　活动实施环节

环节	操作
环节一	学生分组讨论不同针灸术的操作方法
环节二	学生利用实验器材练习操作
环节三	教师指导，查找不足
环节四	学生互评，教师点评

- **课后作业**

学生根据技能活动情况完成实训报告。

- **活动评价**

活动过程中，教师根据学生活动情况进行评价，具体评价如表 4-3-3 所示。

表 4-3-3　工作活动完成过程评价

<table>
<tr><td colspan="2">班级：</td><td colspan="2">组别：</td><td>姓名：</td></tr>
<tr><td>项目</td><td>评分标准</td><td>自我评价</td><td>小组评价</td><td>教师评价</td></tr>
<tr><td rowspan="2">小组操作
（60 分）</td><td>熟悉不同针灸术的操作方法（20 分）</td><td></td><td></td><td></td></tr>
<tr><td>能够正确按照要求进行操作（40 分）</td><td></td><td></td><td></td></tr>
<tr><td>正确操作
（40 分）</td><td>优秀为 36~40 分
良好为 31~35 分
一般为 25~30 分</td><td></td><td></td><td></td></tr>
<tr><td colspan="2">合计</td><td></td><td></td><td></td></tr>
<tr><td>自我评价
与总结</td><td colspan="4"></td></tr>
<tr><td>教师点评</td><td colspan="4"></td></tr>
</table>

项目五　预　防

项目导读

“治未病”是指防止疾病的发生及发展，包括未病先防和既病防变。动物未发生疾病时，通过改善饲养管理条件、针灸药物等方法提高动物整齐，避免外邪入侵，防止疾病的发生；动物发生疾病时，早诊断、早治疗，防止疾病的发展和转变。疾病的发生是正气与邪气相互斗争的过程，并呈现相应的症状表现。通过观察症状，查找病因，确定治法，开处方，治疗疾病。整个辨证施治过程缺一不可。以下为常见疾病的辨证施治的方法，为临床司药遣药提供一定的理论依据。

知识目标

1. 掌握四诊技术的基本知识。
2. 掌握预防的基本理论。
3. 掌握辨证施治的基本理论。

技能目标

1. 能够熟练运用四诊技术诊查疾病。
2. 能够运用辨证施治诊疗动物疾病。
3. 能够将预防的知识运用于兽医临床。

素质目标

1. 培养学生不怕脏、不怕累的劳动精神。
2. 培养学生敢于钻研、敢于接受挑战的意识。
3. 培养学生团结奋斗的意识。
4. 培养学生干一行、爱一行的职业精神。

思政目标

1. 培养学生敬佑生命、甘于奉献的医者精神。
2. 培养学生精益求精、追求卓越的工匠精神。
3. 培养学生知行合一的职业道德和敬业态度。
4. 使学生理解思辨医学，激发学生爱国情怀，增强学生的文化自信。

任务一 四诊技术

学习情境

四诊技术是中兽医诊察疾病的方法，包括望、闻、问、切四种，简称四诊。通过四诊，检测患病动物表现出的症状及体征，了解疾病的病因、病机，为判断及治疗疾病提供理论依据。

四诊，方法各异，作用独特，不可相互替代。在临床运用时，将四诊结合起来，做到“四诊合参”，综合分析，才能全面系统地了解病情，做出正确的判断。

学生通过查阅图书或网络资源，查找与四诊技术相关的资料，及四诊在兽医临床上的应用，并制作思维导图。

任务准备

一、望诊

望诊，指运用视觉有目的地观察动物全身和局部及其分泌物、排泄物的变化，以获得有关病情资料的一种诊断方法。望诊时，兽医应站在距患病动物适当的地方（1.5~2 m），对患病动物全身各部先做一般性观察，注意其精神、形体、被毛、动态、呼吸、腹围、站立姿势等有无异常；接着对患病动物局部有目的地进行望诊。

（一）望全身

1. 望精神

精神是动物体生命活动的外在体观。动物体可从眼睛、耳朵及神态上观察出精神的盛衰。

健康动物目光明亮，两耳灵活，反应灵敏，称为有神，一般为无病状态，即使有病，也属正气未衰，病情较轻，病程短；反之，动物精神不振，目光晦暗，头低耳耷，反应迟钝，则称为无神或失神，表示正气已伤，病情较重，预后可疑。精神失常主要表现为“狂”（兴奋）和“痹”两种（抑制）。“狂”表现为动物骚动不安、狂奔乱跑、尖叫不止、咬人顶墙，如狂犬病。“痹”表现为精神，目光无神，反应迟钝，甚至昏睡不起，如热性病后期或疾病危重期。

2. 望形态

（1）形。指动物体型的肥瘦强弱。健康的动物体质强壮，气血充足，肌肉富有弹性，全身有力，一般不易生病，若生病，多表现为实证、热证；瘦弱的动物，体瘦毛焦，全身无力，内脏器官功能低下，发病概率较高，多见于虚证、寒证。

（2）态。即动物的动作和姿态。在正常情况下，猪性情活泼，鼻盘湿润，不时拱地，贪食，行走不时摆尾。牛鼻镜上有少量汗珠，常半侧卧，两耳前后扇动，有倒嚼现象。羊常聚集在一起，休息时多呈半侧卧姿势。马喜长时站立，昂头不动，轮歇后蹄。

不同的动物，病证不同，动态表现不同。如痛症，表现为起卧不安，拱背，回头顾腹，后肢踢腹等；寒证，表现为身体蜷缩，二便频数，两肷部颤抖等；热证，表现为头低耳耷，口渴喜饮，呼吸喘促，张口掀鼻等；风证，表现为痉挛抽搐，狂走，咬人等，或牙关紧闭，四肢僵硬，角弓反张等。

3. 望皮毛

肺合皮毛，为一身之表。通过观察皮毛的状态可了解动物的营养状况和气血的盛衰，以及肺气的强弱。健康动物的皮肤柔软富有弹性，被毛光滑油亮。若皮肤焦枯，被毛粗乱，或不按时换毛，则多属气血虚弱，营养不良。

如皮肤紧缩，被毛竖立，属风寒束肺；皮肤瘙痒，或起疹块，为肺经风热；浑身瘙痒，被毛脱落，甚至破溃流出黄色液体，多为肺风毛燥；若牛背部皮肤有囊肿，局部脱毛，用力可挤出牛皮蝇幼虫，属蹦虫病；若被毛粗乱，精神不振，在被毛稀少部位如口、眼、鼻、四肢部出现红斑、丘疹、水泡、脓疱，脓疱破溃后结痂属羊痘。

汗孔布于皮肤，观察皮毛时还应注意出汗的情况。健康动物在气温较高或较重的劳役、剧烈运动时常有汗出。若轻微使役或运动就出汗，并伴有气短、乏力等症状，为自汗，属气虚、阳虚；夜间休息时出汗，并伴有低热不退，舌红少苔，脉细数等症状为盗汗，属阴虚。疼痛性疾病时也可引起出汗。此外，一些垂危病证也有出汗情况，如脏腑破裂时会有出汗多，全身颤抖，口色发白等现象。

（二）望局部

1. 望眼

眼为肝之外窍，五脏六腑的精气皆上注于目。因而从眼的变化可探查肝经的变化，甚至可探查五脏六腑的病变（图 5-1-1）。

图 5-1-1 望马及结膜色泽

健康动物眼结膜呈粉红色，眼睛明亮。若双目潮红，眵盛难睁，多见于肝热传眼或发热性疾病；若单眼红肿流泪，多见于外伤或炎症；若眼结膜苍白，双目干涩，多见于肝血不足；眼睑浮肿多见于水肿；眼窝凹陷多见于耗伤津液；若瞳孔散大，多见于脱证、中毒或危证。

2. 望耳

耳为肾之外窍，十二经脉皆连于耳。耳的状态不仅与动物的精神、肾有关，甚至与其他五脏六腑的功能密切相关。健康动物听觉灵敏，转动灵活。若双耳背面血管暴起并延至耳尖，发热，多见于表热证；双耳背面不见血管，发凉多见于表寒证；双耳无力并下垂多见于肾气虚衰，劳伤病症；双耳竖立多见于热邪侵心；若一耳松弛并口眼歪斜，多见于歪嘴风（面神经麻痹）；若对呼唤无反应则为耳聋。

3. 望鼻及鼻镜

鼻为肺的外窍，所以鼻的状态与肺有关。健康动物呼吸平顺，鼻孔湿润，嗅觉灵敏。若鼻液清稀，多见于表寒证；若鼻液黏稠发黄多见于表热证；若鼻液污秽，味腥恶臭，多见于肺痈；若双侧鼻孔流出脓性鼻液，下颌淋巴结肿大，多见于腺疫；若鼻浮面肿，松骨肿大，口吐带有涎沫的草团，多见于犯胃吐草（骨软症）。

健康牛鼻镜湿润，上有少量汗珠；犬猫鼻端湿润而发凉。若鼻镜湿润，汗水成片，多见于寒湿之证；若鼻镜干燥无汗，多见于热证；汗珠时有时无，多为感冒或温病初起。

4. 望口唇

脾开窍于口，外应于唇。健康动物口唇端正，运动灵活，口腔湿润。若蹇唇似笑（上唇揭举），多为脾胃冷痛；若下唇松弛，多为脾虚；若口腔内有糜烂，多为心经有热；若口唇歪斜，多为歪嘴风。

若口津黏稠，多见于脾胃有热；若口津清稀，流出口外，多见于脾胃有寒；若口津减少，多见于津液已伤。

5. 望饮食

饮食的状态反映动物脾胃功能的好坏。健康的动物食欲良好，脾胃功能正常。疾病过程中，食欲的好坏即“胃气”的强弱，对病情的预后有密切的关系。若病情虽重但食欲良好，则预后良好；反之食欲渐退，胃气虚衰，则预后不良。

食欲因疾病不同而各异。如食欲渐退，多属疾病初期或胃肠疾病；患病动物只吃草不吃料，多属料伤；患病动物只吃料不喝水，属脾胃寒湿；患病动物多食带水饲料，属热犯胃肠；患病动物喜食异物，属微量元素、矿物质、维生素缺乏症；治疗后，动物饮食欲有所增加属疾病好转。

反刍为反刍动物的正常表现，并有其规律。反刍次数减少甚至停止也可发生于多种疾病如感冒、瘤胃积食、百叶干等。

6. 望呼吸

肺主气、司呼吸，而肾主纳气。所以呼吸与肺、肾的关系密不可分。健康动物呼吸均匀，胸腹有规律的起伏。呼吸轻微，动则气喘属身体虚寒；呼吸急促，属实热证；见胸式呼吸属腹部疼痛；见腹式呼吸属胸部疼痛；吸气延长属上呼吸道狭窄；呼吸延长属肺气衰退。

7. 望粪尿

粪尿的量、色、味、形较为恒定，但因动物品种、饲养管理不同而稍有差异。

临床上，粪便的变化与胃肠的功能有关。粪便干小色暗，上附有黏液，为结症(便秘)；粪便粗糙、完谷不化、较稀甚至呈水样、略有酸臭，为脾胃虚寒；粪如黏糊状，上有脓液或血液有腥臭味，为胃肠湿热；若先出血后排便多属肠后段出血；若粪便呈深褐色或暗褐色，先便后血或粪中混有血液，多属胃肠前段出血。

尿液的状态与肾、膀胱、尿道、生殖道的功能有关。尿频、尿多、尿味淡属寒证；尿少、尿黄属热证；尿淋或不排尿、尿痛属尿淋；尿中带血为血尿，先排尿后出血为膀胱湿热；先排血后排尿为尿道出血；尿液不能排出为尿闭；排尿失禁或遗尿为脊髓挫伤及虚脱证。

8. 望二阴

二阴即前阴和后阴。前阴指阴茎（肾筋）、睾丸（外肾）和阴门；后阴指肛门。

交配时阴茎不能勃起为阳痿，属肝肾不足；阴茎未交即泄为滑精，属肾虚精关不固；阴囊、睾丸硬肿为外肾黄，肿胀且如冰块为阴肾黄，肿胀且热痛为阳肾黄；阴囊肿大且柔软，时大时小，并有腹痛，为阴囊疝；阴茎垂缕不收，即无法缩回于包皮内属肾经虚寒。

观察阴门应注意其形态、色泽及分泌物的变化。母畜发情时，阴门稍有红肿，并排出少量黏性分泌物，称为吊线；产后经久仍排出紫红色或污黑液体，属恶露不尽。孕畜未到产期，阴门出现虚肿、外翻，并流出黄白色分泌物，属流产征兆。阴门一侧内陷，并伴有腹痛，属子宫扭转。

望肛门，一般应注意其松紧、伸缩及其周围的情况。若肛门松弛、内陷，多属气虚；肛门随呼吸而有前后伸缩运动，多属劳伤气喘。中气下陷引起直肠脱出于肛门之外，属脱肛；肛门、尾根及飞节有粪渣污染，属泄泻。

9. 望四肢

主要观察站立和走动时四肢的姿势和步态。各部关节、筋腱和蹄爪的形态均正常。若病痛在四肢上部，行走时表现为抬举和迈步困难，属悬跛；若病痛在四肢下部，行走时表现为踏地小心和不能着地，属支跛。

（三）察口色

察口色，指观察口腔各部位的色泽，舌苔、口津、舌形等的变化，以诊察脏腑病症的方法。

口色是气血的外荣，其变化反映着动物体内气血的盛衰和脏腑虚实，对辨证论治及诊断疾病预后有一定的指导意义。

1. 察口色的部位

察口色包括唇、舌、卧蚕（舌下两个肉阜，左名金关，右名玉户）、排齿、口角（颊部黏膜）等，其中以望舌为主。脏腑与口色各部位相对应，即舌色应心，唇色应脾，金关应肝，玉户应肺，排齿应肾，口角应三焦。

动物种类不同，察口色的部位各有侧重。马属动物主要看唇、舌、卧蚕和排齿，其中以舌为主；牛、羊主要看卧蚕、仰池（卧蚕周围的凹陷部）、舌底及颊部，而以颊部、舌底最为重要；猪主要看舌；骆驼主要看仰池及上唇内侧正中两旁黏膜的颜色；犬、猫主要看颊部黏膜、牙床、上腭、舌及扁桃体。

2. 察口色的方法

（1）马属动物。右手拉住笼头，左手食指和中指拨开上下嘴角，观察唇、口角、排齿的颜色；接着，将这两指伸入口腔，感觉其温度、湿度；然后二指上下撑开口腔，观察舌色、舌苔、舌形及卧蚕；最后将舌拉出口外，仔细观察舌苔、舌体、舌面及卧蚕等部位的细微变化。

（2）牛。先察看鼻镜；然后一只手上提鼻圈（或鼻孔），一只手翻开嘴唇，察看唇及排齿；再用两指打开口腔仔细察看颊部、舌底及卧蚕等的变化（图 5-1-2）。

3. 口色类别

察口色主要观察口腔内各部分的色泽、舌苔、津液及舌形等方面的变化。一般分为正常口色、有病口色以及病症垂危时口色三大类，简称正色、病色和绝色。

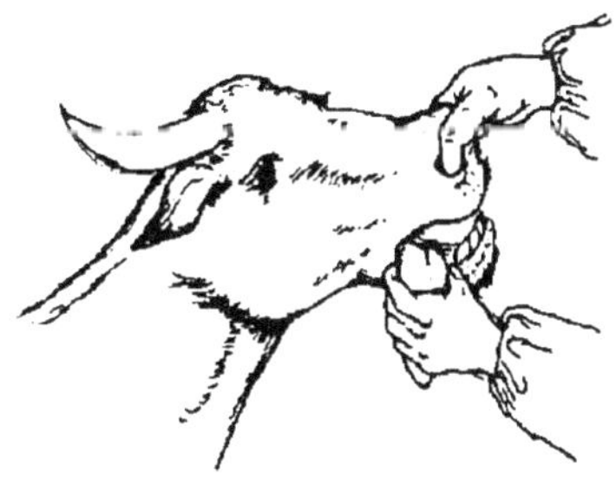

图 5-1-2 观察牛口色的方法

（1）正常口色。正常口色为舌质淡红，不胖不瘦，活动灵活自如；微有薄白或乳黄色舌苔，稀疏均匀；干湿得中，不滑不燥。

气候不同，气血盛衰在正常范围内也稍有变化，反映在口色上就会有差异。如夏季炎热，气血旺盛趋外，口色稍微偏红；冬季寒冷，气血运行衰退趋内，口色稍微偏淡，故有“春如桃花夏似血，秋如莲花冬似雪”的说法。

不同种类、品种、年龄的动物，正常口色也有差异和变化。如猪的口色稍偏红，反刍兽偏淡，马、骡介于两者之间；幼畜偏红，老龄偏淡。另外，皮肤黏膜的一些固有颜色（尤其是牛），或食用青绿饲料、饲喂中草药、戴衔铁等均可引起口腔颜色变化，应注意辨别。

（2）有病口色。常见的舌色有以下几种。

白色：主虚证，为气血不足的表现。血虚则不能营润，气虚则血液生成及运行的功能降低，故而为白色。

赤色：主热证，热盛则气血沸涌，舌体脉络丰富，故口色呈赤色。微红属热邪在卫分，常见于表热证；鲜红多属热邪在气分，常见于热性感染性疾病的初、中期。赤紫或深绛为热入营血，常见于感染性热性疾病的后期、气喘病、肠扭转、胃肠臌气、结症后期等。

青色：主寒、主痛、主风，为感受寒邪的象征。阴寒盛，使阳气受损，气血瘀滞，故为青色。

黄色：主湿，由肝、胆湿热所致。

黑色：主寒极、热极的表现。寒极色黑而有津，热极色黑却无津。

舌苔由胃气熏蒸而来在舌面上形成一层薄垢。健康动物舌苔薄白或稍黄，分布均匀，干湿适中。舌苔的变化，表现在苔色和苔质两个方面。

苔色有白苔、黄苔和灰黑苔三种。

白苔：主表证、寒证。湿润的白苔，属津液未伤；干燥的白苔，属津液已伤；苔白而滑属寒湿内停。

黄苔：主里证、热证。苔呈淡黄色且湿润属表热证；黄苔且干燥属里热所致耗伤津液；黄苔且焦裂属热极。

灰黑苔：主热证、主寒湿重证，多由黄苔转化而来。苔呈灰黑色且湿润属寒极，呈灰黑色且干燥属热极。

疾病过程中，若苔色加重，表明疾病加重；反之，疾病好转。

苔质指舌苔的有无、厚薄、润燥、腐腻等。

有无：舌苔的有无，反映病情的进退和胃气的复衰。如舌苔由无到有，反映胃气渐复，病情好转；舌苔由有到无，反映胃气虚衰，病情欠佳。

厚薄：舌苔薄，表示病邪浅，病情轻；舌苔厚，表示病邪深且重，病情重或内有积滞现象。在疾病中，苔由薄变厚，表明病邪深入，病情加重；苔由厚变薄，表明病邪渐退，病情好转。

润燥：舌苔湿润，说明津液未伤；苔面水分过多，说明水湿内停；舌苔干燥，说明津液已伤，常见于热盛伤津，久病阴液亏耗，或阳虚气化不行，津不上承所致。

腐腻：苔质颗粒疏松、粗大且厚，易于刮去，多见于宿食停积。苔质颗粒致密，细腻且薄，不易刮去，属湿浊、痰饮、湿热等证。

口津的变化，主要反映体内津液的盈亏和存亡。健康动物口色正常。

口津充足，口内湿润。口津黏稠或干燥，属耗伤津液；口津丰富、清稀，口腔滑利，属寒证或水湿内停；口温高，口内湿润黏腻，属体内湿热较盛；口角流涎，属脾胃阳虚或口腔疾病。

正常动物舌体淡红、柔软灵活、上有稀疏均匀的薄白苔。若舌体蛋白，舌边缘有齿痕，属脾肾阳虚；舌体发红，糜烂属心火上炎；舌体淡白瘦瘪苔薄，属气血不足；舌色红，上有裂纹，属热盛伤津；舌体震颤，属气血虚弱。

二、闻诊

闻诊包括听声音和嗅气味两种。

（一）听声音

听声音指利用听觉来诊察动物声音变化的方法。

1. 听叫声

健康动物在求偶、呼群、唤子、警告等情况下，发出的洪亮并有节奏的叫声。新病动物叫声嘶哑，多属外感风寒；久病动物叫声低微，属肺气不足；叫声重浊音高属实证；叫声低微无力属虚证；叫声平起而后延长，说明正气尚存，有救治的希望；叫声怪猛而声音短促，属毒邪攻心，难治。

2. 听呼吸音

健康动物肺气清肃、呼吸平顺。若患病动物气息平和，病情则较轻；若气息不调，则病情较重。若呼吸气粗，多见于热证、实证；若气息微弱，多见于内伤虚劳。

呼吸困难而急促，气如抽锯，多属病重。若呼吸时伴有痰鸣音，则属痰饮聚积。

呼吸急为喘，喘气声长，张口掀鼻者，属实喘；喘息声低，气短者，属虚喘。

3. 听咳嗽声

健康动物一般不咳嗽。咳嗽是诊断肺经疾病的重要依据之一。凡咳嗽声洪大有力，属实证，外感风寒、喉头炎、气管炎多见；咳嗽声低微无力，属虚证，劳伤久病多见。咳嗽且有痰者，为湿咳，肺寒或肺痨多见；咳嗽无痰，为干咳，肺热初期或阴虚肺燥多见。若咳嗽声大，属病轻；若半声咳嗽，属病重。

4. 听咀嚼音

健康动物采食时可听到咀嚼声清脆而有节奏。如咀嚼较缓慢且小心，多见于牙齿松动、疼痛。如口内无食物而有磨牙现象，多属疼痛，常为病情危重的表现。

5. 听胃肠音

即肠蠕动时发出的鸣响音。小肠音如流水声，每分钟平均 8~12 次；大肠音如远方雷声，每分钟平均 4~6 次。肠音增强或亢进，为肠中虚寒，冷痛、冷肠泄泻等多见。肠音减少甚至没有，多见于胃肠积滞、便秘等证。

反刍兽还应检查瘤胃蠕动音。健康动物瘤胃蠕动音为远炮声或沙沙声，2 min 平均 2~3 次。蠕动音减弱甚至停止，多见于脾胃虚弱、宿草不转、百叶干、网胃创伤等证。

（二）嗅气味

嗅气味指通过嗅觉诊察动物分泌物、排泄物气味变化的方法。

1. 口腔气味

健康动物口内有草料味，无异常气味。口气恶臭，多为胃内有热；口气酸臭，多见于胃内积食；口气腥臭、腐臭，多见于口腔糜烂溃疡、牙齿疾病。

2. 鼻腔气味

健康动物鼻腔中没有特殊气味。鼻流黄色脓涕，恶臭，多属肺热；鼻流灰黄色脓涕，腥臭，属肺痈。一侧鼻孔流出色灰白或黄白脓涕，恶臭，为鼻窦蓄脓。

3. 粪气味

健康动物的粪便有固定的气味。粪便清稀如水样，不臭，属脾虚泄泻；粪便酸臭，属伤食；粪便腥臭，属湿热，湿热泄泻、痢疾等多见。

4. 尿气味

马属动物的尿液发黄有刺鼻臭味，其他动物尿的气味较小，牛的气味最小。若尿液少短赤，味臭难闻，为实热；若尿液清长，臭味较轻，属虚寒。

5. 脓气味

若脓汁黄稠、混浊、恶臭，属实证、阳证，多为毒火内盛；若脓汁灰白、清稀、腥臭，属虚证、阴证，多为毒邪未尽，气血衰败。

三、问诊

问诊，指有目的询问畜主以了解病情资料的一种方法。

（一）问发病经过

主要是了解发病的时间、主要症状表现、疾病发展的快慢、患病动物数量、转变过程等。从而了解疾病的当前发展阶段，疾病轻重、有无传染病、中毒等情况。如病初时，多为表实证；久病者，多为里虚证。病程发展快，感染动物多，症状相似，多为疫病；无发热，食欲好的动物发病重，死亡快，可疑为中毒；发病慢，数目多、症状相似，多可能为营养缺乏症。

（二）问诊疗经过

询问是否进行过治疗，曾诊断为何种疾病，曾用过的药及用法，用药的时间、效果。为确诊疾病，合理用药，提高疗效，避免医疗事故，判断预后等具有重要的指导意义。例如，患结症的动物之前已用过大量泻剂，但尚未完全发挥药效，如不询问清楚，会导致再用泻剂，产生不良后果。

（三）饲养管理及使役情况

（1）饲养。询问饲料的种类、品质、配制和饲喂方法、近期突然更换饲料及饮水、水质等情况。如空腹饮用冷水，易得肚腹寒痛；或突然改变饲料，或饲料霉败不洁等，易致腹泻、中毒。

（2）管理。询问圈舍的保暖、通风、光照条件、饲槽、厩舍及畜体卫生消毒情况等。如厩舍潮湿、寒冷，易致风寒感冒、风湿痹痛等；饲槽不洁，易致脾胃病。

（3）使役。询问使役的种类、量、方法及鞍具、挽具等情况。如使役过重，时间过长，走得太急，易出现心肺疾病、劳伤、四肢疾病等。鞍具、挽具不适，易发生鞍伤、背疮等。奔跑跳跃，易致闪伤、骨折等。使役后带汗卸鞍，或将动物置于当风处，易致感冒、寒伤腰胯。

（四）既往病史及生殖情况

1. 既往病史

询问以往病情有助于现病的诊断和治疗。如患过猪瘟、猪丹毒、羊痘、鸡瘟等病，以后一般不再发生此类疾病。有些疾病可继发其他疾病。如剧烈腹泻可引起脱肛。如之前发生过创伤，可引起破伤风。

2. 生殖情况

配种、妊娠、产仔，与疾病的发生、诊断、治疗息息相关。公畜配种、采精过于频繁，易致性欲降低、滑精、阳痿等肾虚证。母畜产前易发生流产及早产；产后易发生胎衣不下、产后瘫痪。询问胎前产后情况，对疾病的诊断及治疗时正确用药有重要的指导意义。如慎用或禁用妊娠禁忌药，在哺乳期注意使用药物对乳汁和幼畜的影响等。

四、切诊

切诊指依靠手指的感觉，进行切、按、触、叩，从而获得有关病情资料的一种诊断方法。切诊包括切脉和触诊两部分。

（一）切脉

切脉又叫脉诊，指用手指切按患病动物一定部位的动脉，根据脉象了解和推断病情的一种诊断方法。脉象和口色一样，可反映出动物机体气血盛衰盈亏的，而气血又是脏腑活动的物质基础和功能表现。因此，脉象可反映出五脏六腑和动物各器官组织的状况。

1. 切脉的部位

切脉的部位因动物种类不同也各不相同。马、骡传统上切双凫脉，现在切颌外动脉；牛、骆驼切尾中动脉；猪、羊、犬等切股内侧动脉。

2. 切脉的方法

切马双凫脉时，诊医生站在马侧方，一手抓住笼头，另一手食指、中指、无名指，放置于下颌支内侧适当的位置上，然后采取不同的指力进行触摸、按压，以体察脉象的变化（图 5-1-3）。诊完一侧，再诊另一侧。

图 5-1-3　马的诊脉部位和方法

切诊牛、骆驼的尾动脉时，医生站在病畜正后方，左手略向上举尾，右手食指、中指、无名指布按于尾根腹面，用不同的指力推压和寻找尾中动脉（图 5-1-4）。

切诊猪、羊、犬的股内侧动脉时，医生应蹲于患病动物侧面，一手握住动物后肢下部，另一手置于股内侧，食指、中指、无名指置于股内侧寻找即可（图 5-1-5）。

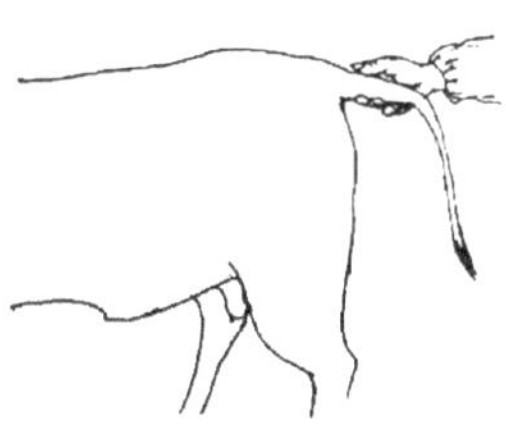

图 5-1-4　牛的诊脉部位和方法

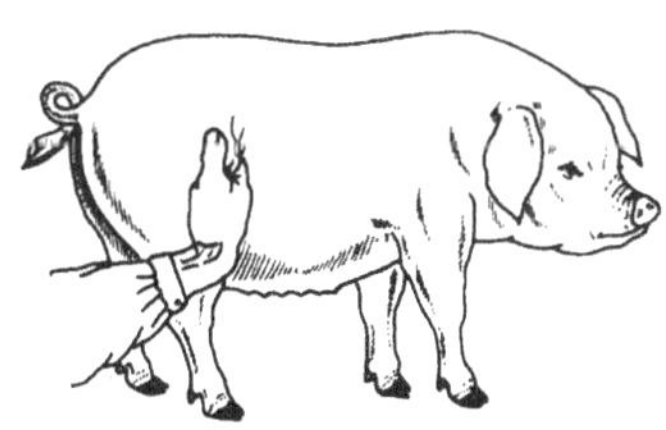

图 5-1-5　猪的诊脉部位和方法

诊脉时，应保证环境安静。患病动物安静，呼吸平稳，气血调匀后再行切脉。医生应保持呼吸稳定，全神贯注，仔细体会。每次诊脉时间，一般不应少于 3 min。

切脉时常用三种指力，即浮取、中取、沉取。浮取（举）指轻用力，按在皮肤；中取（寻）指中度用力，按于肌肉；沉取（按）指重用力，按于筋骨。浮、中、沉三种指力可反复运用。另外，手指还要加以不同的指力前后推寻，以感觉脉搏幅度的大小，流利的程度，对脉象做出一个完整的判断。

3. 脉象

指脉搏应指的形象，包括部位、速率、强度、节律、流利度及波幅等。脉象常分为健康无病之脉即平脉、反常有病之脉即反脉和病情垂危之脉即易脉三种。

(1) 平脉。即健康无病之脉。表现为不浮不沉，不快不慢，不大不小，节律均匀，连绵不断。正常脉象随机体内外因素的变化，而有相应的生理性变化。

受四季气候的影响，平脉有“春弦夏洪，秋毛冬石”的变化。平脉因动物种类、年龄、行呗、体质、劳役、饥饱等因素而稍有不同。如幼龄动物脉多偏数，老龄动物脉多偏虚，瘦弱动物脉多偏浮，肥胖动物脉多偏沉，劳役后动物脉多数，久饿动物脉多虚，饱后动物脉多洪，孕畜为滑脉。

针刺动物脉搏至数一般为马、骡一息（一呼一吸之间）三至，牛一息四至，猪、羊一息五六至。每分钟脉搏次数：马、骡 30~45，牛 40~80，猪 60~80，骆驼 30~60，犬 70~120，猫 110~130，禽 120~200。

(2) 反脉。即反常有病之脉，由于疾病复杂多样，脉象也相应发生变化。

先将临床常见脉象归纳如下。

①浮脉与沉脉，是脉搏显现部位深浅相反的两种脉象。

a. 浮脉

脉象：轻按即得，重按反而减弱，如水中浮木。

主证：主表证。浮而有力为表实证，浮而无力为表虚证。脉浮数者见表热证，脉浮迟者见表寒证。

脉解：外邪侵表，卫阳奋起抗邪，正邪相争在表，故脉浮。

b. 沉脉

脉象：脉位较深，轻取不应，重按始得，如触水中沉石。

主证：主里证。沉而有力为里实证，沉而无力为里虚证。脉沉数者为里热证，脉沉迟者为里寒证。

脉解：沉脉主里，反映病在脏腑。邪郁于里，气血内滞，正邪相争在里，故脉沉。

②迟脉与数脉，是脉搏快慢相反的两种脉象。

a. 迟脉

脉象：脉来迟慢，马、骡一息不足三至，牛一息不足四至，猪、羊一息不足五六至。

主证：主寒证。迟而有力为寒实证，迟而无力为虚寒证；浮迟是表寒，沉迟为里寒。

脉解：寒为阴邪，易伤阳气，其性凝滞，寒邪侵袭，致使气滞血瘀，气血运行不畅，故脉见迟象。

b. 数脉

脉象：脉来急促，马、骡一息四至以上，牛一息五至以上，猪、羊一息七八至以上。

主证：主热证。数而有力为实热证，数而无力为虚热证；浮数是表热，沉数为里热。此外，虚阳外越，也可见到数脉，但必数大而无力，按之豁然而空。

脉解：邪热亢盛，鼓动血脉，脉行加速，故见数脉。

③虚脉与实脉，是脉搏力量强弱相反的两种脉象。

a. 虚脉

脉象：浮、中、沉取均感无力，按之空虚。

主证：主虚证。多为气血两虚及脏腑虚证。

脉解：虚为气血不足的表现，气不足无以运其血，故脉来无力；血不足无以养其气、充其脉，故按之空虚。

b. 实脉

脉象：浮、中、沉取均感有力，按之实满。

主证：主实证，高热、便秘、气滞、血瘀等多见。

脉解：邪气亢盛，正气不衰，正邪相搏，气血壅盛，脉道实满，故按之有力。

另外，从充盈度、流利度、紧张度、搏动节律等方面分析，有洪、细、滑、涩、弦、促、结、代等脉象。

在临床上，由于疾病复杂多变，一种疾病常常出现两种或两种以上的相兼脉即复合脉象，而并非单一的脉象。因此，要将脉象与主证联合起来综合分析疾病，做出比较正确的判断。

（3）易脉。即四时变易之脉。凡是易脉，脉形大小不等，快慢不一，节律全无，散乱无序的。说明生机已绝，疾病已到垂危阶段。常见的易脉有雀啄、屋漏、虾游、解索、鱼翔、弹石、釜沸等多种。

（二）触诊

触诊，是用手对动物各部位触摸按压，以探察冷热温凉、软硬虚实、局部形态及疼痛感觉等方面的变化，获取有关病情资料的一种诊断方法。

1. 触凉热

就是用手触摸动物有关部位温度的高低，以判断寒热虚实的一种方法。触凉热，主包括口、鼻、耳、体表、四肢等部位的温度变化。

（1）口温。健康动物口腔温和而湿润。若口温偏低，口腔滑利，多为虚寒证；口温增高，多口津减少，为实热证；口温高而口津减少，为实热证；口温低，口津减少，为气血虚弱。

（2）鼻温。用手掌遮于患病动物的鼻头（或鼻镜下方），感觉鼻端和呼出气体的温度。健康动物呼吸均匀，鼻头且湿润感。若鼻头温度高，呼出气亦热，多为热证；鼻头寒凉、呼出气亦凉，多为属虚寒阳气衰微。

（3）耳温。健康动物耳根较温，耳尖较凉。若耳根、耳尖均热，属热证；反之，多属寒证；耳尖时冷时热，属半表半里；耳根、耳尖俱冷，属阳气败绝，病多重危。

（4）体表及四肢。健康动物体表和四肢温湿无汗。若体表和四肢偏热，多为热证；体表和四肢偏凉，多为寒证；四肢末端偏凉，为阳气不足若四肢厥冷，属寒极阳气将竭，病多重危。

2. 触肿胀

主要察明肿胀的性质、形状、大小及敏感度等情况。肿胀坚硬如石，多属骨瘤；

肿胀坚韧，多属肌肿或筋胀；触压呈面团样，手压有痕，多属水肿；按压软且有波动感，多属脓肿、血肿或淋巴外渗。

3. 触胸腹

按压或叩打两侧胸壁时，患病动物敏感拒按，多属胸内疼痛，常见于肺痈（胸膜肺炎）。触压牛的剑状软骨部疼痛不安，站立时前肢开张，下坡斜走，胸前水肿等，多为创伤性网胃心包炎。

按压腹部主要为了探察腹内的虚实。肚腹胀大（左侧尤为明显），叩击呈鼓音，为肚胀（瘤胃臌气）；触诊左肷部，瘤胃蠕动减弱，感觉内有宿食坚满而硬，拳压留痕，多为宿草不转（瘤胃积食）；触诊右侧肷下腹壁，腹壁紧张下沉，撞击坚满而打手者，多为真胃阻塞；触诊两侧腹壁，腹肌紧张，腹部下沉，有拍水音及疼痛反应，多为腹膜炎。

4. 谷道（直肠）入手

直肠检查和按压破结的手法，主要应用于马、牛等大家畜。谷道入手还可用于腹股沟疝、骨盆与腰椎骨折、肾与膀胱、子宫、卵巢等疾病的诊断，妊娠诊断、发情鉴定、人工授精等。

任务实施

步骤一：根据本任务内容，通过查阅图书或网络资源，收集相关资料及在中兽医临床上的应用案例资料，并整理分析，列出大纲。

步骤二：根据个人理解，将主要内容进行总结，并绘制思维导图；思维导图应包括四个方面的内容，即望诊、闻诊、问诊、切诊。

步骤三：将个人绘制好的思维导图通过软件上传或在班级群中进行展示，供其他同学参阅，并提出优缺点。

步骤四：根据其他同学的意见或建议进一步完善思维导图，进一步理解课堂内容。

任务检测

请扫描二维码 5-1-1 进入在线测试，可反复多次答题，直到获得满意的结果。

二维码 5-1-1 项目五任务一检测

任务评价

根据本任务表现及思维导图绘制情况进行评价，具体评价见表 5-1-1。

表 5-1-1 任务完成过程评价

班级：		组别：		姓名：
任务	评分标准	自我评价	小组评价	教师评价
形式方面	整体布局合理，核心主题明确（20 分）			
	颜色对比明显，分支颜色有所区别（10 分）			
	部分内容有相应图片展示（20 分）			
内容方面	内容正确，包括概念和关系的准确性（10 分）			
	内容知识点完整，主次分明（20 分）			
	内容简洁扼要，层次清晰（20 分）			
合计				
自我评价与总结				
教师点评				

技能 四诊

- **活动目标**

1. 明确四诊的基本内容。
2. 掌握四诊的基本操作技能。

- **活动材料**

实验动物 4 头，动物保定栏 4 个，保定绳 4 套，工作服每人 1 件，实训报告纸每人 4 份。消毒液及洗涤用具 4 份，笔记本人手 1 本，技能单人手 1 份。

- **活动准备**

准备实训器材，学习实训方法。

- **活动方法**

1. 望诊

先望整体，后望局部。

（1）望整体。主要观察精神、形态、皮毛等有无异常变化。

（2）望局部。观察眼、耳、鼻、口唇、饮食、反刍、呼吸、胸腹、二阴、二便和口色等。其中应仔细观察患病动物口色。

2. 闻诊

闻诊包括听声音、嗅气味两方面。

（1）听声音。在安静环境中，听取患病动物的叫声、呼吸音、咳嗽声、喘息声、呻吟声、胃肠声、嗳气声、磨牙声以及运动时的蹄声等。

(2) 嗅气味。结合望诊，认真区别患病动物的口气、鼻气、粪便、尿液、体气、痰涕、脓汁等气味。

3. 问诊

先问一般情况。进一步询问现病史，现在症状、既往病史、动物个体史和种群史、饲养管理、生产使役及母畜怀胎产仔等情况。

(1) 现病史。包括发病时间、地点、病因或诱因，症状出现的部位，症状的性质和程度，症状的变化，治疗药物及治疗效果等。

(2) 现在症状。包括精神、寒热、反应、食欲、反刍、粪便、尿液、腹痛、咳嗽、配种、胎产等。

4. 切诊

切诊包括触按、切脉和测体温三部分。

(1) 触按。通过触按判别口腔、鼻端或鼻镜、耳角、体表和四肢的温度及湿润度；有无肿胀，肿胀的寒热、软硬、大小；咽喉和槽口有无异常；左侧心区胸壁震动的强度和频率有无异常；腹部尤其是肷部的寒热、软硬、胀满、肿块、压痛等情况。

(2) 切脉。切脉时查看动物脉搏的脉象。

(3) 测体温。测量动物的体温。

- **活动实施**

学生根据表 5-1-2 的操作环节开展活动。

表 5-1-2 活动实施环节

环节	操作
环节一	学生分组讨论总结四诊的操作内容
环节二	学生分组协作进行操作
环节三	教师指导，查找不足
环节四	学生互评，教师点评

- **课后作业**

学生根据技能活动情况完成实训报告。

- **活动评价**

活动过程中，教师根据学生活动情况进行评价，具体评价如表 5-1-3 所示。

表 5-1-3 工作活动完成过程评价

班级：	组别：		姓名：	
项目	评分标准	自我评价	小组评价	教师评价
小组操作（60 分）	讨论分析总结四诊的操作内容（20 分）			
	能够正确按照要求进行操作（40 分）			
正确操作（40 分）	优秀为 36~40 分 良好为 31~35 分 一般为 25~30 分			
合计				
自我评价与总结				
教师点评				

任务二 防治法则

学习情境

防治法则指预防和治疗患病动物疾病的基本原则与方法。包括预防、治则、治法。

学生通过查阅图书或网络资源，查找与防治法则相关的资料，防治法则在兽医临床上的运用，制作思维导图。

任务准备

一、预防

预防，指采取一定的措施，防止患病动物疾病的发生和发展。前人将这种以防为主的思想称为“治未病”。“治未病”包括未病先防、既病防变两方面。

（一）未病先防

未病先防，就是在动物无病时，采取多种有效措施，预防疾病的发生。疾病的发生，取决于邪正两个方面。邪气侵犯是导致疾病发生的外因，而正气不足是疾病发生的内因，外邪通过内因而起作用。所以，未病先防，重在维持机体的正气，提高抗邪能力。维持正气，主要从以下三个方面着手。

1. 加强饲养管理，合理使役

加强饲养管理，合理使役是预防动物疾病的重要措施。在饲养方面，动物切忌暴食暴饮，劳役前后切忌饮喂过饱，饮水和草料必须清洁；使役完后和饲喂后切忌立即饮水。在管理方面，厩舍需要保持冬暖夏凉，卫生干净。在使役方面，需先慢步后快步，也可快慢步交替使用；使役出汗后切忌立即卸掉鞍具，待动物休息后方可饮喂等。动物身体强壮，抵抗力就强不易生病。

2. 针药调理

运用放六脉血和灌四季药的方法来预防疾病。

（1）针刺六脉血。指用针刺胸膛、眼脉、带脉、肾堂、鹘脉、尾本六穴位并出血，以达到调理气血阴阳、疏通经络的目的。放血量应考虑气候及动物体质而定。一般选取 1~2 个穴位，放血量（马、牛）为 50~100 mL。

（2）灌四季药。指在不同季节，给动物灌服调理阴阳、扶正祛邪的重要，以达到预防疾病的目的。可让动物服用“太平药”，即“春灌茵陈夏灌黄，秋理肺金冬茴香（春天服用茵陈散，夏天服用消黄散，秋天服用李飞三，冬天服用茴香散）”。

3. 隔离免疫

中兽医对于疫病的认识可见于历代农书和兽医专著，如《三农记・卷八》记载：“人疫传人，畜疫传畜，染其形似者；豕疫可传牛，牛疫可传豕，当知避焉”；《陈旉农书》中说：“已死之肉，经过村里，其气尚能相染也。欲病之不相染，勿令与不病者相近”等。从记载中看出，古人当时对动物的传染性疾病有了一定认识，并采取了一些力所能及的防治办法，如隔离患病动物、预防给药、药熏，粪便堆放发酵及做好厩舍卫生，均是当时预防动物疾病重要措施。

（二）既病防变

既病防变指若动物已经发病，早进行诊断与治疗，防止疾病的发展、蔓延及传变。

1. 早期诊治

疾病初期，病位较浅且轻，早期诊治有利于疾病的早日痊愈，防止日久疾病深入，损伤正气，病情变复杂，增加治疗难度。

2. 防止传变

动物体的各脏腑之间密切相关，一个脏腑有病，可以影响他脏。因此，治疗时要掌握疾病发展传变的规律，先安未受邪之地，治其未病之脏腑，以防止疾病的传变。如在临床上根据肝病传脾的规律，在治肝病的同时，健脾和胃，防止肝病向脾的传变。

二、治则

治则，就是治疗动物疾病的法则。它以四诊所收集的客观资料为依据，在对疾病综合分析和判断的基础上提出的临证治疗规律，指导是各种证候具体治法的总原则。

中兽医学的治病法则，包括扶正与祛邪、治标与治本、同治与异治，三因制宜和治疗与护养等方面的内容。这些原则，对于指导具体立法、处方用药具有重要意义。

（一）扶正与祛邪

1. 扶正与祛邪的概念及其关系

正指“正气”，邪指“邪气”。疾病的过程，是正气与邪气双方相互斗争的过程。

扶正，指服用补益正气的方药、加强患病动物护理等方法，以扶助机体正气，提高机体抵抗力，达到祛除邪气康的目的。祛邪，指服用祛除邪气的方药，或采用针灸、手术等方法，以祛除病邪。

扶正与祛邪，相辅相成。扶正，能使正气加强，有助于机体抗御和祛除病邪；祛邪，能够排除病邪的侵害和干扰。因此，从有“扶正即可以祛邪，祛邪即可以安正”的说法。但在疾病过程中，灵活运用扶正与祛邪，做到祛邪而不伤正，扶正又不留邪。

2. 扶正与祛邪的运用原则

扶正，适用于以正气虚弱为主的病症，有益气、养血、滋阴、助阳等方法。祛邪，适用于以邪气亢盛为主的实证，有发汗、攻下、清解、消导等方法。

当疾病较轻且简单时，单独使用扶正或祛邪即可达到治疗疾病的目的。当疾病较重且复杂时，结合邪正盛衰情况，区别扶正及祛邪的主次。先后，灵活运动，尽量做到祛邪而不伤正，扶正又不留邪。

（1）扶正以祛邪。用补益正气的药物及加强饲养管理，以提高动物抵抗力，达到祛除邪气，治疗疾病的目的。此法多用于正气虚弱邪不盛，或邪气已除而正气未复的病症。

（2）祛邪以扶正。常用的方法有解表、泻下、清热、祛寒、消积、行滞、利水、驱虫等，多用于邪盛正不太虚，或邪盛正虚的病证。若此时兼以扶正，反而会有留邪的弊端，故只能先祛邪，然后扶正。

（3）祛邪兼扶正。适用于邪盛为主，兼有正虚的病证。在祛邪的方剂中，酌情添加补益药。如当归苁蓉汤为治年老体虚、久病或产后津枯肠燥便秘的方剂。

（4）扶正兼祛邪。适用于正虚为主，兼有留邪的病证。如在处方中应在补养药酌情添加祛邪药。

（二）治标与治本

治标与治本时根据病因、病位、病症和症候等分轻重缓急而采取的治疗原则。

标与本是一对相对的概念，用以说疾病中矛盾双方的主次关系。就正邪关系来讲，正气属本，邪气属标；就病因与症状来讲，病因属本，症状属标；就病变部位来讲，脏腑属本，体表属标；就发病先后顺序来讲，先发病属本，后发病属标。一般情况下，本起主要作用，标起次要作用，临床治疗疾病，应针对疾病的本质。在疾病过程中，矛盾复杂多变，主次关系在一定条件下可相互转化，因此，诊治时，应根据疾病性质，灵活运用。

1. 急则治其标

指疾病过程中标症紧急，若不及时治疗就会危及动物生命或影响本病治疗所采取的一种急救方法。例如，马患十二指肠阻塞而继发胃扩张时，十二指肠阻塞为本，胃扩张为标，但胃扩张紧急，如不及时治疗则危及生命及直肠。因而先解救胃扩张，后治十二指肠阻塞。由此可见，急则治其标仅为权宜急救之法，待危象消除后还须治本，才能祛除病因。

2. 缓则治其本

一般情况下，病势缓而不急的病症，需从本论治，它对指导慢性病的治疗有重要意义。例如，脾虚泄泻、无伤津脱液时，只需健脾补虚，使脾虚之本得治，则泄泻之标自除。

3. 标本兼治

当标病与本病俱重或俱急时，应采取标本同治的方法。若病势轻，则采用扶正治本为主，祛邪治标为辅。例如，气虚感冒时，先病正气虚为本，后感外邪为标，应采用益气为主兼以解表，标本同治的原则。

在临床应用时，病势急时也可治本。如亡阳虚脱，急用回阳救逆，就是治本；大出血后，气随血脱之时，急用益气固脱也是治本。同样，缓的时候也可以治标，这样更有利于治本。

（三）正治与反治

正治与反治是根据疾病的本质与表象是否一致所采取的总体治疗原则。

1. 正治

又称逆治，指逆着疾病症候而治疗疾病的法则。临床上，大多数疾病的症候与疾病的本质是一致的，例如热证表现为热象，寒证表现为寒象，虚证表现为虚象，实证表现为实象。对应上述症候分别采用“热者寒之”“寒者热之”“虚者补之”“实者泻之”的治疗法则。

2. 反治

又称从治，指顺从疾病症候而治疗疾病的法则。

临床上，因动物病情复杂或病势严重，机体会出现一些与疾病性质不相符合的假象。如寒证出现热象，热证出现寒象，虚证出现实象，实证出现虚象等。在治疗时，应透过现象，治其本质，因而采用和疾病症象性质相同的药物来治疗，但实际上仍是逆着疾病的本质进行的治疗非法。反治法常见的有“热因热用”“寒因寒用”“塞因塞用”“通因通用”等几种不同的具体运用。

（1）热因热用。指用温热性药物治疗热性症候的方法。主要适用于真寒假热证。如一些亡阳虚脱的患病动物，表现为体表温热，苔黑舌红的热象是假，而阳虚寒盛才是其本质，故仍应以温热药进行治疗。

（2）寒因寒用。指用寒凉性药物治疗寒象病证的方法。主要适用于真热假寒证。例如热厥证表现为四肢厥冷的寒象是假，而壮热、口渴贪饮、小便短赤的热盛才是其本质，因而仍须用寒凉药物进行治疗。

(3) 塞因塞用。指用补塞性药物治疗具有闭塞不通症候的方法，适用于真虚假实证。如因中气不足，脾虚不运所致的便秘，用健脾益气，以补开塞的方法治疗。

(4) 通因通用。指用通泻的药物治疗通泄症候的方法，适用于真实假虚证。如由于食积停滞所致的腹泻，仍用消导泻下药祛除积滞。

这些治法表面上看是顺从疾病表象而治，但从本质上看，仍与正治法是一致的，仍遵从"热者寒之""寒者热之""虚者补之""实者泻之"的基本治疗原则。可看作是正字法在特殊情况下的变法。综上所述，正治法适用于病情简单、本质与症候表现一致的病症；反治法适用于病情复杂，本质与症候不一致的病症。

(四) 同治与异治

同治与异治，即异病同治和同病异治。

(1) 异病同治。指不同的疾病，或一个疾病的不同发展阶段症候相同，可采用同一种治法。例如，久泄、久痢、脱肛、阴道脱和子宫脱等病症，均属气虚下陷，均可用补中益气的方法治疗。

(2) 同病异治。指同一种疾病，由于病因、病机以及发展阶段的不同，而采用不同的治法。例如，感冒，由于风寒和风热的不同病因和病机，治疗分为辛温解表和辛凉解表。又如，外感温热病有卫、气、营、血四个病变阶段（证候不同），治疗也分别为解表、清气、清营和凉血不同治法。

(五) 三因制宜

三因制宜，指根据气候、动物体质、地域特点选择不同的治疗方法，包括因时制宜、因地制宜和因动物制宜。

1. 因时制宜

因时制宜是根据季节的气候特点来考虑治疗原则。如春夏季节气候温热，动物腠理疏松开泄，若患风寒感冒，不宜过用辛温发散药品，以免开泄太过，耗气伤津；而秋冬季节气候凉寒，动物腠理致密，当慎用寒凉药品，以防苦寒伤阳。另外，暑邪致病多扶湿，故治病时应注意酌情加入清暑化湿的药品。

2. 因地制宜

因地制宜是根据地区的地域特点来考虑治疗用药。例如，南方气候潮湿炎热，疾病多见湿热或温热，用药多用清热燥湿药；北方干燥寒冷，疾病多见风寒或燥证，多用温热润燥的药物。即同一种疾病，地域不同，用药也不同。例如感冒，在东南地区多见风热，常用辛凉解表药；而西北地区，多见风寒，常用辛温解表约。另外，不同地区，用药也不一样。例如，风寒表证，在西北、东北严寒地区药量可以稍重，在南方温热地区药量稍轻。

3. 因动物制宜

因动物制宜是根据动物种类、年龄、性别、体质等来考虑治疗用药的原则。

(1) 年龄。成年动物或大动物用药大；小动物年幼的动物用量小；老龄动物多见虚证，治疗时以扶正为主；幼龄动物忌用峻剂，药量宜轻。

(2) 性别。孕畜患病需考虑妊娠、分娩的情况，治疗需注意安胎、通经下乳、妊娠禁忌等。公畜有精室及性功能等，治疗应补肾滋阴。

(3) 体质。体质强壮的动物，多见于实证、热证，药量稍重；体质瘦弱者，多见于虚证、寒证采用温补之剂，用量宜轻。

三因制宜把因时制宜、因地制宜、因动物制宜结合起来，综合分析，制订出最佳的治疗方案。具体运用时需灵活运用，不可生搬硬套。

三、治法

治法，指针对某一疾病的治疗方法。治法主要包括内治法和外治法两大类。

(一) 内治法

1. 治疗八法

即汗、吐、下、和、温、清、补、消八种药物治疗的基本方法。

2. 八法并用

八种治疗方法，各有其适用范围。但有时因疾病错综复杂，单用一种方法难以达到治疗目的，须将八法配合使用，方能提高疗效。

(1) 攻补并用。实证宜攻，虚证宜补，但对正虚邪实的病常结合使用。如年老体弱或久病、产后动物的结症，应以当归、黄芪等药补气血，大黄、芒硝等攻结粪，即常用当归苁蓉汤等方剂。因此正虚邪实的疾病，既不能先攻后补，也不能先补后攻，须采取攻补并用疗方法，祛邪而又扶正，才能达到邪去正复的目的。

(2) 温清并用。温法和清法本是两种互相对抗的疗法，原则上不能同用。但对寒热错杂的病证（上热下寒或下寒上热），如单纯使用温法或清法，都会使疾病加重，因此须采取温清并用的方法治疗疾病。例如，上热下寒病症表现为肺有火（气促喘粗，鼻涕黏稠，鼻液黏稠，口色鲜红）及肾有寒（尿液清长，肠鸣便稀，舌根流滑涎），此病只能温清并用。常用方剂有温清汤（知母、贝母、苏叶、桔梗、桑枝、郁李仁、白芷、官桂、二丑、小茴香、猪苓、泽泻）。

(3) 消补并用。将消导药和补养药联合用药的治疗方法。适用于正气虚弱，复有积滞，或积聚日久，正气虚弱，须缓治而不能急攻的病症。如脾胃虚弱所致的宿草不转，须用消导药配合补养药，以达到治疗疾病的目的。临床上常将四君子汤和曲蘖散配合使用。

(4) 汗下并用。将汗法与攻下法配合使用的方法。适用于既有表证，又有里证，且寒热错杂之证。例如，夏季时，动物先有实火，见口干舌燥、粪干尿短赤、苔黄厚、脉洪数等；又遭雨淋，复患风寒感冒，又见发热、恶寒、精神沉郁、食欲不振等表证。可用防风通圣散，即汗下并用的方剂。

(二) 外治法

外治法是运用手术、针灸或药物直接作用与患部皮肤或孔窍的局部治疗方法。外治法包括药物外治法、手术外治法、针灸疗法三种，其中针灸疗法见项目四。

1. 药物外治法

通过多种给药途径将不同剂型的药物直接作用于患部的一种治疗方法。分为以下两类。

（1）外用药疗法。将不同剂型的药物通过涂敷、撒布、点眼、吹鼻、口噙、灌导、洗拭体表等局部的治疗方法。

（2）药物理疗法。经过燃烧、煎煮、热敷等方法将加热后药物进行熏、洗、热、烘局部皮肤，用以治疗疾病的治疗方法。

2. 手术外治法

运用医疗器械切开、割除、刺破、烙、拔患部的治疗方法。多用于外科痈疽、疮疡、眼病及皮肤病等。此外，还用于固定骨折部位及关节、治疗骨折等。

任务实施

步骤一：根据本任务内容，通过查阅图书或网络资源，收集相关资料及在中兽医临床上的应用案例资料，并整理分析，列出大纲。

步骤二：根据个人理解，将主要内容进行总结，并绘制思维导图；思维导图应包括 3 个方面的内容，即预防、治则、治法。

步骤三：将个人绘制好的思维导图通过软件上传或在班级群中进行展示，供其他同学参阅，并提出优缺点。

步骤四：根据其他同学的意见或建议进一步完善思维导图，进一步理解课堂内容。

任务检测

请扫描二维码 5-2-1 进入在线测试，可反复多次答题，直到获得满意的结果。

二维码 5-2-1　项目五任务二检测

任务评价

根据本任务表现及思维导图绘制情况进行评价，具体评价见表 5-2-1。

表 5-2-1　任务完成过程评价

班级：		组别：		姓名：
任务	评分标准	自我评价	小组评价	教师评价
形式方面	整体布局合理，核心主题明确（20 分）			
	颜色对比明显，分支颜色有所区别（10 分）			
	部分内容有相应图片展示（20 分）			

续表

班级：		组别：		姓名：	
任务	评分标准		自我评价	小组评价	教师评价
内容方面	内容正确，包括概念和关系的准确性（10 分）				
	内容知识点完整，主次分明（20 分）				
	内容简洁扼要，层次清晰（20 分）				
合计					
自我评价与总结					
教师点评					

任务三 辨证论治

学习情境

辨证论治指以中兽医基础理论为指导，综合分析四诊材料，诊断疾病本质，确定治则，指导临床治疗疾病的具体方法。

辨证，是以阴阳五行、脏腑、气血津液、经络、病因等理论为基础，整理分析四诊资料，认识疾病、诊断疾病的过程。

中兽医的辨证方法有八纲辨证、脏腑辨证和卫气营血辨证等。其中八纲辨证是所有辨证方法的总纲，主要概况多种疾病的共性；脏腑辨证为各种辨证方法的基础，以脏腑学说理论依据，以辨别内伤杂病；卫气营血辨证，主要是针对外感热病的辨证方法用于确定病邪属于哪个阶段。

学生通过查阅图书或网络资源，查找辨证论治的相关的资料，及辨证论治在临床上的运用，并制作思维导图。

任务准备

一、八纲辨证

八纲，即表、里、寒、热、虚、实、阴、阳。八纲辨证，就是将四诊资料进行整理分析综合，概括疾病的部位、性质、正邪对比及疾病类型的辨证方法。

虽然疾病的临床表现错综复杂，但基本上都可用八纲加以概况。例如，表里辨别病位深浅，寒热辨别疾病的性质，虚实辨别正邪的盛衰，阴阳概况病症的类别。其中阴阳为八纲的总纲，即表证、热证、实证属阳证，里证、寒证、虚证属阴证。

（一）表里辨证

表里辨证是辨别疾病病位深浅、病情轻重及病势进退的两个纲领。病邪在表且病位浅属表，病在深入脏腑、骨髓、血脉、脏腑且病情重属里。

1. 表证

表证是外邪从口鼻、皮肤侵入机体所引起的征候。多见于外感的初期，具有起病急、病位浅、病程短的特点。

（1）诊断依据。发热、恶寒、苔薄、脉浮。另外，还有肢体疼痛，咳嗽、流鼻涕等。

（2）治疗方法。发汗解表。

（3）根据机体抵抗力强弱及感受病邪的性质不同，表证分为寒、热、虚、实四种。

表寒证：发热轻、恶寒重，咳嗽、耳鼻发凉、汗毛竖立，四肢强拘，口色清白、湿润、苔薄白，脉浮紧。宜用辛温解表法治疗。

表热证：发热重，恶寒轻，咳嗽，耳鼻温度均稍高，口干舌燥，口色稍红，苔薄白或稍红，脉浮数。宜用辛凉解表法治疗。

表实证：发热恶寒，全身无汗，脉浮有力。宜用发汗解表的方法治疗。

表虚证：发热，怕风，全身出虚汗，口色淡白，脉浮无力。宜用调和营卫，益气固表，解肌发汗的方法治疗。

2. 里证

病位较深，在脏腑、气血、骨髓。多见于外感病的中、后期或内伤病证。里证有三种情况，一是表邪不解，内传入里；二是外邪直接侵犯脏腑；三是饥饱劳役及情志因素影响气血的运行，使脏腑功能失调。

3. 表证与里证的关系

（1）表里转化。包括表邪入里和里邪出表两个方面。①表邪入里。表邪不解，内传入里，由表证转化为里证。机体抵抗力下降，或邪气过盛，或护理不当，或误治、失治等因素均可引起此类病症。如温病初期，多见表热证，但若施治不当，则出现高热、粪干、尿短赤、舌红苔黄、脉洪数等里热症状的现象。②里邪出表。病邪由里透达于外，由肌表而出，里证便转化为表证。当机体抵抗力增强，治疗及时，护理得当，邪气衰退时多见。例如痘疹类疾病，先表现为内热、喘促、烦躁等，继而表现为痘疹渐出，热退喘平，表明里邪出表，病情好转。

表里转化，反映了疾病发展的趋势。表邪入里说明病势加重，里邪出表说明病势减轻。

（2）表里同病。指表证和里证同时出现在一个动物体上。如患病动物表邪未解，既有发热、恶寒的表证症状，又有咳嗽、气喘、粪干、尿赤等里热证症状；另外，如脾胃虚弱，有草料迟细、粪便稀薄等里虚证症状，又有发热、恶寒、无汗等表实证症状。

引起表里同病的原因有外感和内伤同时致病；或外感表证未解，病邪入里；或先有内伤而又感外邪等。

表里同病的治疗原则为先表后里或表里同治。若里证紧急，可先攻里后解表。

（二）寒热辨证

寒热是辨别疾病性质的两个纲领。寒证与热证主要概括机体阴阳偏盛与偏衰的一对证候。

1. 寒证

寒证是阴盛，或阳虚，或阴盛阳虚同时存在。外感风寒，或内伤阴冷；内伤久病，阳气耗伤，或内伤阳气，且感受了阴寒邪气均可引起寒证。

（1）主证。畏寒喜暖、肢冷蜷卧、口津滑利、不饮水、口色青白、苔白、脉迟紧、尿清长、粪稀等。有些病例还表现恶寒，被毛逆立，肠鸣泄泻的症状。常见的寒证有外感风寒、寒滞经脉、寒伤脾胃等。

（2）治则。治疗寒证多用温法或补法。根据病情，或辛温解表，或温中散寒，或温肾壮阳。

2. 热证

热证是或阳盛，或阴虚，或阳盛阴虚同时存在。外感风热，或内伤火毒；久病阴虚，或阴虚，且感受热邪均可引起热证。

（1）主证。发热喜冷、口渴喜饮、口色红、口津少、苔黄、脉数、尿短赤、粪干或泻痢腥臭等。

（2）治则。治疗热证多用清法或补法。根据病情或辛凉解表，或清热泻火，或壮水滋阴。

3. 寒证与热证的关系

寒热转化指在一定的条件下，寒证可以转化为热证，热证也可以转化为寒证。

（1）寒证转为热证。疾病本为寒证，后出现热证，随热证的出现而寒证消失。多因失治、误治，寒邪从阳化热，致使机体的阳气偏盛所致。

（2）热证转为寒证。疾病原为热证，后出现寒证，随寒证的出现而热证消失。多因误治、失治，损伤了机体的阳气，致使机体机能衰退所致。

（三）虚实

虚实是辨别邪正盛衰的一对纲领。正气不足属虚，而邪气亢盛有余属实。

1. 虚证

劳役过度，或饮喂不足；或年老体弱，重病、久病，或失治、误治等，均可形成虚证。

（1）主证。精神倦怠、四肢无力、舌质胖嫩、无苔、脉虚无力、自汗盗汗、小便频数、大便稀薄等。

（2）治则。根据气血阴阳不足分别采用补气、补血、滋阴、助阳或气血双补，或阴阳并济等方法。

2. 实证

实证是感受外邪但整齐未虚所表现各种症状的概况。感受外邪；内脏机能活动失调，以致痰饮、水湿、瘀血等病理产物停留体内等均可引起实证。

(1) 主证。除一般症状如高热、烦躁、喘粗、腹胀疼痛、拒按、大便秘结、小便短少、舌红苔厚、脉实有力等外，痰饮、水湿、瘀血、食积等还可出现特殊症状。

(2) 治则。治疗实证多用泻法，除攻里泻下之外，还可用活血祛瘀、软坚散结、祛湿、平喘降逆祛痰、理气消导等方法。

(四) 阴阳

阴阳是概括病证类别的一对纲领。临床上，疾病均可分为阴和阳两种证候。

1. 阴证

阴证是阴盛阳虚，机能减退，脏腑功能下降的表现。阴证主要表现是体瘦毛焦、倦怠肯卧、畏寒喜暖、口流清涎、肠鸣腹泻、尿液清长、苔白、脉沉迟无力。在外科疮黄方面，表现为不红、不热、不痛，脓液稀薄不臭。

2. 阳证

阳证是邪气盛而正气未衰，正邪斗争亢奋的表现。阳证主要表现是精神兴奋、狂躁不安、口渴喜饮、口舌生疮、尿短赤、舌红苔黄、脉洪数有力、粪便秘结等。在外科疮痈方面表现为红、肿、热、痛，脓液黏稠恶臭。

3. 亡阴与亡阳

亡阴是阴液衰竭的一系列证候，主要表现为精神兴奋、躁动不安、汗出如油、气促喘粗、耳鼻温热、口渴贪饮、口干舌红、脉数无力或脉大而虚。大出血或脱水时多见。治宜益气救阴。

亡阳是阳气将脱的一系列证候。主要表现为精神极度沉郁，或痴呆，肌肉颤抖，汗出如水，耳鼻发凉，口腔干涩，气息微弱，舌质青白，脉微欲绝。大汗、大泻、大失血、过劳等多见。治宜回阳救逆。

阴阳互根，阴液耗损，阳则无所依附而散越；阳气衰亡，阴无以化生而耗竭。故亡阴之后可出现亡阳，而亡阳之后可出现亡阴。治疗时应分清主次，及时救治。

二、脏腑辨证

脏腑辨证，是以脏腑学说为理论依据，用以归纳疾病所在脏腑及其性质的一种辨证方法。八纲辨证是将证候的类别、部位、性质、正邪盛衰等归纳为普遍性证候类型。若要进一步分析疾病的具体病理变化，还须用脏腑辨证的方法加以辨别。在临床实践中，脏腑辨证还须借助八纲辨证、卫气营血辨证等方法，对脏腑气血阴阳、寒热虚实的变化作出较全面的总结分析，为论治提供理论依据。

(一) 心与小肠病症

1. 心气虚

久病体虚、暴病伤正、误治、失治、老龄脏气亏虚等均可引起本病。

(1) 主证。心悸、自汗、神疲气短、动后尤甚、舌淡、脉虚。

(2) 治则。养心益气，安神定悸；心阳虚脱者，应回阳救逆。

(3) 方剂。养心汤（党参、黄芪、炙甘草、茯苓、茯神、川芎、当归、柏子仁、酸枣仁、远志、五味子、肉桂）加减。心阳虚者加附子；心阳虚脱者，可用四逆汤（温里方）加减。

2. 心阳虚

病因同心气虚，多在心气虚的基础上发展而来。

(1) 主证。除心气虚的症状外，兼有畏寒，见形寒肢冷，耳鼻四肢发凉、舌淡或紫暗，脉细弱或结代。

(2) 治则。温心阳，安心神。

(3) 方剂。保元汤（党参、黄芪、桂枝、甘草）加减。

3. 心血虚

多因久病体虚，血液生化不足；或失血过多，劳伤过度，损伤心血所致。

(1) 主证。心悸易惊、躁动、口色淡白，脉细弱。

(2) 治则。补血养心，镇惊安神。

(3) 方剂。归脾汤加减。

4. 心阴虚

除引起心血虚的病因之外，热证耗伤津液，长期腹泻等均可致病。

(1) 主证。心悸易惊、躁动等心血虚的症状，且兼有午后潮热、低热不退、盗汗、舌红少津、脉细数。

(2) 治则。补养心阴，安定心神。

(3) 方剂。补心丹（党参、生地、玄参、丹参、天冬、麦冬、当归、五味子、茯神、桔梗、远志、酸枣仁、柏子仁、朱砂）加减。

5. 心热内盛

感受暑热之邪或其他淫邪内郁化热，或过服温补药均可引起本病。

(1) 主证。高热、大汗、精神沉郁、神昏头低、气促喘粗、粪干尿少、口渴、舌红糜烂、脉象洪数。

(2) 治则。清心泻火，养阴安神。

(3) 方剂。香薷散或白虎汤加减。

6. 痰火扰心

火热久郁气郁化火，炼液为痰，痰火内盛，上扰心神均致本病。

(1) 主证。发热、气粗、眼急惊狂、蹬槽越桩、狂躁奔走、咬物伤人、空嚼喷鼻、口色赤红、苔黄腻、脉滑数。

(2) 治则。清心祛痰，镇惊安神。

(3) 方剂。镇心散或朱砂散加减。

7. 痰迷心窍

感受湿浊或气郁化痰，痰阻心窍所致。

(1) 主证。神志痴呆，行如酒醉，或昏迷嗜睡，口流痰涎或喉中痰鸣，苔腻、脉滑。

(2) 治则。涤痰开窍。

（3）方剂。寒痰可用导痰汤（胆南星、枳实、陈皮、半夏、茯苓、炙甘草）加减；热痰可用涤痰汤（菖蒲、半夏、竹茹、陈皮、茯苓、枳实、甘草、党参、胆南星、生姜、大枣）加减。

8. 心火上炎

由六淫内郁化火而致。

（1）主证。舌尖红，舌体糜烂或溃疡，口渴喜饮，苔黄，脉数。

（2）治则。清心泻火，解毒消肿。

（3）方剂。洗心散（天花粉、黄芩、黄连、连翘、茯神、黄柏、桔梗、栀子、牛蒡子、木通、白芷）或泻心汤（大黄、黄连、黄芩）加减。

9. 小肠实热

由六淫内郁化热或心热下移所致。

（1）主证。小便赤涩、尿道灼痛、尿血、舌红、苔黄、脉数，及心火热炽的某些症状。

（2）治则。清利小肠。

（3）方剂。导赤散（生地、木通、甘草梢、竹叶）加减。

（二）肝与胆病症

1. 肝火上炎（肝热传眼）

由外感风热或肝气郁结化火所致。

（1）主证。发热、骚动、双目红肿、羞明流泪、睛生翳障、视力障碍，或鼻衄、粪干、尿短赤、舌红苔黄、脉弦数。

（2）治则。清肝泻火，明目退翳。

（3）方剂。决明散或龙胆泻肝汤加减。

2. 肝胆湿热

外感湿热之邪，或脾胃虚弱，湿邪内生，郁而化热所致。

（1）主证。精神倦怠、食欲不振、发热、黄疸、尿短赤或黄而混浊。母畜外阴瘙痒，带下黄臭；公畜睾丸肿胀热痛、舌黄腻、脉弦数。

（2）治则。清利肝胆湿热。

（3）方剂。茵陈蒿汤加减。

3. 肝血虚

脾肾亏虚，或慢性病耗伤肝血，或失血过多所致。

（1）主证。眼目干涩、视力减退，甚至出现夜盲、蹄壳干枯皴裂，或眩晕、站立不稳，或四肢麻木、拘挛抽搐、口色淡白、脉弦细。

（2）治则。滋阴养血，平肝明目。

（3）方剂。四物汤加减。

4. 肝风内动

（1）热极生风。由邪热内盛，热极生风所致。多见于温热病的极期。

主证：高热、痉挛抽搐、颈项强直、角弓反张；昏迷、撞壁冲墙、圆圈运动；

舌质红绛、脉弦数。

治则：清热息风，镇痉。

方剂：羚羊钩藤汤（羚羊片、霜桑叶、川贝母、鲜生地、钩藤、菊花、茯神、生白芍、生甘草、竹茹）加减。

（2）血虚生风。急慢性出血过多，或久病血虚所致。

主证：精神沉郁、眼目干涩、视力减退，甚至夜盲、内障；眩晕、站立不稳时欲倒地，蹄壳干枯皴裂；口色淡白，脉细；肢体麻木、震颤、四肢拘挛抽搐。

治则：养血息风。

方剂：复脉汤（炙甘草、生地黄、生白芍、麦冬、阿胶、麻仁）加减。

（三）脾与胃病症

脾主运化，主统血；胃受纳腐熟水谷，共同完成水谷消化、吸收及输布。所以常见的脾胃病有脾失健运、气虚下陷、出血及受纳腐熟无权、和降失调等。

1. 脾气下陷

身体虚弱，劳役过度或管理不当，饮喂失调，内伤脾气所致。

（1）主证。草料迟细脾气下陷时，可见单位久泻不止，阴道脱、子宫脱、直肠脱；脾不统血时，可见多种慢性出血，如便血、尿血，皮下出血；口色苍白，脉细弱。

（2）治则。脾虚不运者，健脾胃为主；脾气下陷者，补中益气为主；脾不统血者，益气摄血，引血归经为主。

（3）方剂。脾气虚时宜用参苓白术散加减；脾气下陷时宜用补中益气汤加减；脾不统血时宜用归脾汤加减。

2. 脾阳虚

脾气虚病程较长，或过食冰冻草料，暴饮冷水，损伤脾阳所致。

（1）主证。脾不健运、形寒怕冷、四肢不温、肠鸣泄泻、口色青白、口腔滑利、脉沉迟。

（2）治则。温中散寒。

（3）方剂。理中汤加减。

3. 寒湿困脾

过食冰冻草料，或暴饮冷水，使寒湿停于中焦，或久卧湿地，均可致导致寒湿困脾。

（1）主证。耳耷头低、四肢沉重、草料迟细、运步不灵、草料迟细、粪便稀薄、排尿不畅、苔白腻、脉迟细。

（2）治则。温中化湿。

（3）方剂。胃苓散（平胃散、五苓散）加减。

4. 胃阴虚

高热伤阴，津液亏耗所致，多见于热性病的后期。

（1）主证。体瘦毛焦、皮肤松弛、无弹性、食欲减退、口干舌燥、便秘、尿少色浓、低烧不退、口红苔少或无苔、脉细数。

(2) 治则。滋养胃阴。

(3) 方剂。养胃汤（沙参、玉竹、麦冬、生扁豆、桑叶、甘草）加减。

5. 胃寒

外感风寒，或饮喂失调，如长期过食冰冻草料，暴饮冷水等所致胃阳受损。多见于消化不良。

(1) 主证。形寒怕冷、耳鼻发凉、食欲减退、粪便稀软、尿液清长、口腔湿滑或口流清涎、口色青白、苔白、脉沉迟。

(2) 治则。温胃散寒。

(3) 方剂。桂心散加减。

6. 胃热（胃火）

胃阳素强，或外邪传内化热，或过食谷物致胃内积热。

(1) 主证。耳鼻温热、食欲减退、粪球干小、尿短赤、口干舌燥喜饮、口腔腐臭、齿龈肿痛、口色鲜红、黄苔、脉洪数。

(2) 治则。清热泻火，生津止渴。

(3) 方剂。清胃解热散（知母、石膏、玄参、黄芩、大黄、枳壳、陈皮、六曲、连翘、地骨皮、甘草）加减。

7. 胃食滞

多由暴饮暴食，伤及脾胃，食滞不化，或草料不易消化，停滞于胃所致。

(1) 主证。不思饮食、肚腹胀满、嗳气酸臭、腹痛起卧、口色深红、苔厚腻、脉滑实。

(2) 治则。消食导滞。

(3) 方剂。病情轻者，可用曲蘖散加减；病情重者，可用调气攻坚散（醋香附、三棱、莪术、木香、藿香、沉香、枳壳、莱菔子，槟榔、青皮、郁李仁、麻油、醋）加减。

（四）肺与大肠病症

1. 肺气虚

久病咳喘，或其他脏器病变影响及肺，损伤肺气所致。

(1) 主证。久咳气喘，且咳喘无力，动则喘甚，咳嗽声低微无力，流清涕，易感冒，易出汗，日渐消瘦，皮燥毛焦，倦怠肯卧，口色淡白，脉细弱。

(2) 治则。补肺益气，止咳平喘。

(3) 方剂。补肺散（党参、黄芪、紫菀、五味子、熟地、桑白皮）加减。

2. 肺阴虚

久病体弱，或邪热久恋于肺，或发汗太过伤及肺阴所致。

(1) 主证。干咳连声，昼轻夜重，动则气喘，痰少浓稠，低热盗汗，鼻液黏稠，口干舌燥，粪干尿少，口红无苔，脉细数。

(2) 治则。滋阴润肺。

（3）方剂。百合固金汤加减。

3. 肺热咳喘

外感热邪入里或外感风寒郁而化热均致肺气宣降失常所致。

（1）主证。高热、咳声洪亮、气促喘粗、流黄而黏稠鼻涕、咽喉肿痛、粪干尿短赤、舌红苔黄、脉洪数。

（2）治则。清肺化痰，止咳平喘。

（3）方剂。麻杏石甘汤或清肺散加减。

4. 大肠液亏

内有燥热，或胃阴不足，均可使大肠液亏。

（1）主证。粪球干小色暗，或粪结而燥，弩责不易排下，舌红少津苔黄，脉细数。

（2）治则。润肠通便。

（3）方剂。当归苁蓉汤加减。

5. 大肠湿热

外感暑湿，或染疫气，或饲喂霉败不洁或有毒草料，均致湿热或疫毒蕴结，下注于肠，损伤气血而发病。

（1）主证。发热、腹痛起卧、泻脓血便痢、味腥臭、口干喜饮、尿短赤、舌红苔黄、脉滑数。

（2）治则。清热燥湿，调气和血。

（3）方剂。白头翁汤或郁金散加减。

6. 大肠冷泻

外感风寒或内伤阴冷致脾阳不足而发病。

（1）主证。耳鼻发凉、肠鸣腹痛、粪稀如水、尿少而清、口色青黄、舌苔白滑、脉沉迟。

（2）治则。温中散寒，渗湿利水。

（3）方剂。桂心散或橘皮散加减。

（五）肾与膀胱病症

1. 肾阳虚

根据临床症状及病理变化特点可分为四种证型。

1）肾阳虚衰

素体阳虚，或久病伤肾，或劳损过度，或年老体弱所致。

（1）主证。形寒肢冷，腰胯四肢无力，难起难卧，四肢下部浮肿；粪便稀软或泄泻；公畜性欲减退，阳痿不举，垂缕不收；母畜宫寒不孕。舌淡苔白，脉沉迟无力。

（2）治则。温补肾阳。

（3）方剂。肾气散加减。

2）肾气不固

肾阳素亏，劳损过度，或久病失养，肾气亏耗，失其封藏固摄之权所致。

（1）主证。尿频尿清，或尿不尽，甚至遗尿或小便失禁；腰腿不灵，难起难卧；雄畜滑精早泄，雌畜带下清稀，胎动不安。舌淡苔白，脉沉弱。

（2）治则。固摄肾气。

（3）方剂。缩泉丸或固精散加减。

3）肾不纳气

劳役过度，损伤肾气，或久病咳体虚，肾气亏耗。

（1）主证。咳嗽气喘，呼多吸少，动则喘甚，重则咳而遗尿，形寒肢冷，多汗，口色淡白，脉细弱。

（2）治则。补肾纳气。

（3）方剂。人参蛤蚧散加减。

4）肾虚水泛

素体虚弱，或久病失调，肾阳亏虚，不能温化水液，致水邪泛滥而上逆，或外溢肌肤所致。

（1）主证。全身乏力，耳鼻四肢不温，四肢腹下水肿，尤以两后肢浮肿较为多见，尿少心悸，阴囊水肿，喘咳痰鸣，舌质淡胖，苔白，脉沉细。

（2）治则。温阳利水。

（3）方剂。济生肾气丸加减。

2. 肾阴虚

急性或热病耗伤肾阴，或久病肾阴亏耗，或其他脏腑阴虚而伤及于肾等所致。

（1）主证。消瘦，腰胯无力，低热或午后潮热，盗汗，便秘，滑精甚至不育，不孕，视力减退，口干、色红、少苔、脉细数。

（2）治则。滋阴补肾。

（3）方剂。六味地黄汤加减。

3. 膀胱湿热

湿热下注膀胱所致。

（1）主证。尿频尿急，排尿痛苦，或尿淋漓，尿色混浊，或有脓血，或有砂石，舌红，苔黄，脉滑数。

（2）治则。清利湿热。

（3）方剂。八正散加减。

三、卫气营血辨证

卫气营血辨证是一种用于外感温热病的辨证方法。根据病位深浅、病情轻重及传变规律，温病的各种证候可概括为卫、气、营、血四种类型。其中，卫分证病在皮毛，气分证病在肺、肠、胃等脏腑，营分证病在心与心包，血分证病在肝、肾，重在动血。就发展过程而言，温热病邪通过口鼻犯肺，由卫分进入气分，由气分入营分，由营分进入血分，逐渐深入，疾病渐重。就治疗原则来说，卫分证宜辛凉解表，气分证宜清热生津，营分证宜清营透热，血分证宜清热凉血。

（一）卫分证

卫分证是由温热外邪侵犯肌表，卫分功能失常所致。多见于外感温热病初期，属表热证。

（1）主证。发热重，恶寒轻，咳嗽，流鼻涕，咽喉肿痛，口微红苔薄黄，脉浮数。

（2）治则。辛凉解表。

（3）方剂。银翘散加减。

（二）气分证

是温热外邪由卫分传变而来或直入气分所致症候，多表现为里热实证。根据邪犯气分所在脏腑不同分为三种。

1. 温热在肺

（1）主证。高热，咳嗽，气粗喘粗，口红苔黄，脉洪数。

（2）治则。清热化痰，止咳平喘。

（3）方剂。麻杏石甘汤加减。

2. 热入阳明

（1）主证。身热，大汗，口渴贪饮，口干舌燥，鸟短赤，口红苔黄，脉洪大。

（2）治则。清热生津。

（3）方剂。白虎汤加减。

3. 热结肠道

（1）主证。肠燥便秘型的表现为发热，粪便干小色暗背附黏液，腹痛，尿短赤；肠热下痢型表现为稀粪旁流，恶臭。口红苔黄，脉数。

（2）治则。滋阴生津，清热通肠。

（3）方剂。便秘时用增液承气汤加减；下痢时用葛根芩连汤加减。

（三）营分证

营分证为病邪入血分的轻浅阶段，病位在心及心包。营分证表现为高热，神昏，或躁动不安，舌质红绛，脉细数。形成营分证的原因有卫分证传入营分，或气分证传入营分，或温热之邪直接传入营分。营分证有热伤营阴和热入心包两种。

1. 热伤营阴

（1）主证。高热不退，夜甚，躁动不安，气促短粗，口津少，舌质红绛，斑疹隐隐，脉细数。

（2）治则。清营解毒，透热养阴。

（3）方剂。清营汤加减。

2. 热入心包

（1）主证。高热神昏或狂躁不安，四肢厥冷或抽搐，舌绛苔黄厚，脉沉实有力。

（2）治则。清心开窍。

（3）方剂。清营汤。

（四）血分证

血分证是温热病发展深重阶段，病位主要在肝肾。血分证多由气分直入血分，或由营分传变而来。临床上常见血热妄行、气血两燔、肝热动风及血热伤阴四种。

1. 血热妄行

（1）主证。身热，神昏，黏膜、皮肤发斑，尿血、便血，口色深绛，脉数。

（2）治则。清热解毒，凉血散瘀。

（3）方剂。犀角地黄汤加减。

2. 气血两燔

（1）主证。身大热，口渴贪饮，舌质红绛，苔黄焦，衄血，便血，发斑，脉洪数或沉数。

（2）治则。清热凉血解毒。

（3）方剂。清瘟败毒散加减。

3. 肝风内动

（1）主证。高热，项背强直，阵阵抽搐，口色深绛色，脉弦数。

（2）治则。清热，平肝息风。

（3）方剂。羚羊钩藤汤加减。

4. 血热伤阴

（1）主证。低热不退，精神不振喜卧，口干舌燥，粪便干尿短赤，脉细数无力。

（2）治则。清热养阴。

（3）方剂。青蒿鳖甲汤加减。

任务实施

步骤一：根据本任务内容，通过查阅图书或网络资源，收集相关资料及在中兽医临床上的应用案例资料，并整理分析，列出大纲。

步骤二：根据个人理解，将主要内容进行总结，并绘制思维导图；思维导图应包括三个方面的内容，即预防、治则、治法。

步骤三：将个人绘制好的思维导图通过软件上传或在班级群中进行展示，供其他同学参阅，并提出优缺点。

步骤四：根据其他同学的意见或建议进一步完善思维导图，进一步理解课堂内容。

任务检测

请扫描二维码 5－3－1 进入在线测试，可反复多次答题，直到获得满意的结果。

二维码 5－3－1　项目五任务三检测

任务评价

根据本任务表现及思维导图绘制情况进行评价，具体评价见表 5–3–1。

表 5–3–1 任务完成过程评价

<table>
<tr><td colspan="2">班级：</td><td colspan="2">组别：</td><td colspan="2">姓名：</td></tr>
<tr><td>任务</td><td colspan="2">评分标准</td><td>自我评价</td><td>小组评价</td><td>教师评价</td></tr>
<tr><td rowspan="3">形式方面</td><td colspan="2">整体布局合理，核心主题明确（20 分）</td><td></td><td></td><td></td></tr>
<tr><td colspan="2">颜色对比明显，分支颜色有所区别（10 分）</td><td></td><td></td><td></td></tr>
<tr><td colspan="2">部分内容有相应图片展示（20 分）</td><td></td><td></td><td></td></tr>
<tr><td rowspan="3">内容方面</td><td colspan="2">内容正确，包括概念和关系的准确性（10 分）</td><td></td><td></td><td></td></tr>
<tr><td colspan="2">内容知识点完整，主次分明（20 分）</td><td></td><td></td><td></td></tr>
<tr><td colspan="2">内容简洁扼要，层次清晰（20 分）</td><td></td><td></td><td></td></tr>
<tr><td colspan="3">合计</td><td></td><td></td><td></td></tr>
<tr><td>自我评价与总结</td><td colspan="5"></td></tr>
<tr><td>教师点评</td><td colspan="5"></td></tr>
</table>

技能　辨证论治

- **活动目标**

1. 初步理解辨证的意义。
2. 掌握辨证的基本方法。
3. 重点掌握表证与里证、寒证与热证、虚证与实证的辨证要点与技能。

- **活动材料**

典型病例若干，保定栏及相应配套绳具，听诊器、体温计、消毒液、洗涤用具、病历表每人 1 份，笔记本人手 1 本，技能单人手 1 份。

- **活动准备**

准备实训器材和病例，学习实训方法。

- **活动方法**

（1）将学生分成若干小组，每组选主诊人一名，记录员两名，按四诊要求，轮流检查病例。

（2）在认真听取主诉之后，有重点、有目的地询问，边询问边分析，收集有诊断价值的临诊资料。

(3) 主诊人对患病动物进行全面检查。

(4) 记录员将检查病情资料及时准确地填写在病历表上。

(5) 病情资料收集完后，小组进行讨论，确认主要症状，分析病因病机，归纳证候，做出初步诊断。

(6) 指导教师总结。

(7) 检查时做到以下几点。选择的病例主症要明显，证候要单纯；分组检查时，教师应巡回指导；小组讨论中，则给予适当引导；严明实习纪律，注意安全，防止事故发生。

- **活动实施**

根据表 5-3-2 的操作环节开展活动。

表 5-3-2 活动实施环节

环节	操作
环节一	学生分组检查讨论总结病例
环节二	教师对病例进行指导分析
环节三	学生根据病例分析治则和治法
环节四	教师查看治则和治法，并指导
环节五	学生互评，教师点评

- **课后作业**

根据技能活动情况完成实训报告。

- **活动评价**

活动过程中，根据活动情况进行评价，具体评价如表 5-3-3 所示。

表 5-3-3 工作活动完成过程评价

<table>
<tr><td colspan="2">班级：</td><td colspan="2">组别：</td><td colspan="2">姓名：</td></tr>
<tr><td>项目</td><td>评分标准</td><td>自我评价</td><td>小组评价</td><td colspan="2">教师评价</td></tr>
<tr><td rowspan="2">小组操作
(60 分)</td><td>能够正确分析病例（20 分）</td><td></td><td></td><td colspan="2"></td></tr>
<tr><td>能够根据病例写出治则和治法（40 分）</td><td></td><td></td><td colspan="2"></td></tr>
<tr><td>正确操作
(40 分)</td><td>优秀为 36~40 分
良好为 31~35 分
一般为 25~30 分</td><td></td><td></td><td colspan="2"></td></tr>
<tr><td colspan="2">合计</td><td></td><td></td><td colspan="2"></td></tr>
<tr><td>自我评价
与总结</td><td colspan="5"></td></tr>
<tr><td>教师点评</td><td colspan="5"></td></tr>
</table>

任务四　动物常见病症施治

学习情境

胃动物常见病症防治有肠黄、泄泻、便秘、垂脱、淋证、咳嗽、发热、感冒、口舌生疮、胎衣不下等病症。

学生通过查阅图书或网络资源，查找动物常见疾病的病症施治的相关的资料，并制作思维导图。

任务准备

一、肠黄

肠黄是热毒积于肠，以发热，泄泻，腹痛为特征的疾病。

（一）病因病机

天气炎热，动物感受暑湿之邪；或食谷料过多，或霉变饲料，使热毒积于肠，脏腑蕴热所致。

（二）辨证论治

1. 急肠黄

（1）主证。发热神倦，食欲及反刍停止，口臭，泻腥臭或脓血便，口色红紫带黄，脉洪数。

（2）治法。清热解毒，消黄止痛。

（3）方药。郁金散加减。若有脓血，去白芍，加赤芍、槐花、侧柏叶；若泄泻不止，去大黄，加诃子、石榴皮；若津伤舌燥，加玄参、麦冬、石斛；若腹痛严重，加元胡、姜黄。

2. 慢肠黄

（1）主证。由急肠黄转变而来。患病动物精神差，毛焦肷吊。病情轻者，轻微腹痛，食少；病情重者，不时起卧，泻粪如水或有少量粪流，颜色棕黑，味腥臭。

（2）治法。清热解毒，行气健脾。

（3）方药。郁金散加焦三仙。乳香、青皮、陈皮、连翘、生甘草。

二、泄泻

泄泻是指排粪次数增多，粪便稀薄，清浊不分的一类证候，又称腹泻。

（一）病因病机

（1）寒湿内侵。外感寒湿，传于脾胃，或内伤阴冷，脾阳不振，无力腐熟，完谷不化，清浊不分，导致泄泻。

(2) 湿热内侵。夏季炎热，动物过度使役，或饮污浊之水，使湿热聚集胃肠，致使脾胃失调，传导失职，清浊不分，导致泄泻。

(3) 脾胃虚弱。长期饲喂失宜，使役不当，引起脾胃虚弱，脾虚不能运化水湿，导致泄泻。

(4) 饲喂不易消化的饲料或霉败饲料，或更换饲料，动物贪食，引起气机受阻，中焦堵塞，饲料停滞，导致泄泻。

(二) 辨证论治

1. 寒湿泄泻

(1) 主治。肠鸣泄泻，口鼻发凉，口色淡白，口津滑利，苔白腻，脉沉迟。

(2) 治法。温中散寒、健脾燥湿。

(3) 方药。①胃苓散加减。若寒盛，加附子、干姜。②藿香正气散加减。若寒重，加肉桂、干姜；若有表证，加香薷；若舌苔厚腻，加苍术，去白术。

(4) 针治。取后海、后三里、脾俞等穴。

2. 湿热泄泻

(1) 主证。泻粪稀溏，味恶臭，有轻微腹痛，口渴体热，口红津干，苔黄腻，尿短赤，脉洪数。后期，肛门松弛，失禁下痢，耳鼻发凉，眼窝下陷，舌唇红赤，脉细数。

(2) 治法。清热解毒，燥湿止泻。

(3) 方药。郁金散加减。若热甚，加金银花、连翘，去诃子；若水泄甚，加车前子、茯苓、猪苓，少用或不用大黄；若腹痛，加木香等。

(4) 针治。针带脉穴。

3. 脾虚泄泻

(1) 主证。体瘦毛焦，精神倦怠，喜卧懒动，溏泄或水泄，草渣相大或完谷不化，严重者，肛门松弛，粪失禁，口色淡白或青黄，舌绵无力，苔白，脉沉细。

(2) 治法。健脾益气，利水止泻。

(3) 方药。①参苓白术散加减。若气虚甚，加黄芪；若久泻不止，加升麻、柴胡；若湿甚，加苍术、木香、厚朴；若寒甚，加附子、肉桂、干姜。②升阳益胃散加减。

(4) 针治。针脾俞、后海、后三里等穴。

4. 伤食泄泻

(1) 主证。多发生于猪、犬、猫。见肚腹胀满，粪稀黏稠，味酸臭或恶臭，微有腹痛，痛则泄，泻后痛减，嗳气吐酸，臭屁多，呕吐，口色红，苔厚腻，脉滑数。

(2) 治法。消食导滞，和胃健脾。

(3) 方药。①曲蘖散或保和丸加减。若食积重，加大黄、枳实、芒硝；若水泻甚，加木通、泽泻；若热甚，加黄芩、黄连等。②木香导滞丸加减。

5. 肾虚泄泻

(1) 主证。久泻不止，夜间（多见凌晨）尤甚，经久不愈，毛焦肷吊，消瘦，腰胯微软，肛门松弛，口色淡白，脉沉细无力。

（2）治法。补肾壮阳，健脾止泻。

（3）方药。四神丸加减。若气虚，加党参、黄芪；若寒甚，加附子、肉桂；若泻甚，加诃子、乌梅；若腹下及四肢浮肿，加茯苓、泽泻、车前子、苍术。

（4）针治。火针脾俞、百会、后海等穴。

三、便秘

便秘是肠内津液严重不足，粪干、难下甚至秘结阻塞肠道，肠气不通的病症。

（一）病因病机

（1）热秘。过度劳役，饮水不足；或饲喂过多精料，聚而化热；或外感六淫入里，郁而化热，耗伤津液，运化失常，导致便秘。

（2）寒秘。气温骤降，脾阳受损；或饲喂霜冻饲料，或老龄动物，阳气不足，寒从内生，运化失常，而致便秘。

（3）虚秘。老弱、产后、久病体虚动物，正气不足；或长期饲喂难于消化的饲料，过度劳役，中气不足，运化失调，气血生化无源，传送无力，以致便秘。

（二）辨证论治

1. 热秘

（1）主证。口津黏，苔厚，严重时尿短赤，口臭无津，舌红苔黄，脉沉数。

（2）治法。清热润燥、通肠泻下。

（3）方药。大承气汤加减。

（4）针灸。针后海、关元俞、脾俞、带脉、尾本等穴。

2. 寒秘

（1）主证。形寒肢冷，耳鼻、四肢不温，排粪困难，小便清长，腹痛剧烈，肚腹胀满，口色青，若薄白，脉沉涩。

（2）治法。温通开秘。

（3）方药。温脾汤加减，体弱气虚，加肉苁蓉、当归；冷气重、腹痛，加枳实。

（4）针灸。针后海、关元俞、百会等穴。

3. 虚秘

（1）主证。神疲乏力，体虚毛焦，多卧少立，排粪困难，粪球不太干硬，口色淡白，脉弱。

（2）治法。益气健脾，润肠通便。

（3）方药。当归苁蓉汤加减。倦怠无力，加黄芪、党参；粪干津枯，加玄参、麦门冬。

（4）针灸。针脾俞、关元俞、后三里、后海等。

四、垂脱

垂脱是由于中气下陷所引起的脏腑组织器官相对位置下垂，甚至部分或全部脱出体外的病症。常见的有直肠脱出、阴道脱出和子宫脱出。

（一）病因病机

（1）直肠脱。体质虚，饲养管理不当，致气血不足，中气下陷，不能固摄；或久泄久痢，久咳，粪便迟滞，或分娩时努责过度；或负重奔驰，用力过猛引起本病。多发于老弱牲畜。

（2）阴道脱。中气下陷为主要原因，另外，运动不足，阴道及子宫周围组织松弛，分娩或胎衣不下时努责太过，难产时助产强拉硬拽均可引起本病。

（3）子宫脱。体质虚弱，中气不足；或胎儿过大，分娩时间过长，致中气下陷；或胞宫脉络松弛，不能固摄胞宫；或助产、胎衣不下时，用力过猛，引起本病。

（二）辨证论治

1. 直肠脱

（1）主证。直肠脱出肛门外，瘀血肿胀，排粪困难，不时努责，初期色淡红，时久变暗红色，水肿，黏膜变硬，甚至溃烂坏死；食欲减少，口色微黄，脉迟细。

（2）治法。巧治整复，补中益气。

（3）巧治。妥善保定，温水灌肠后，用温开水洗净脱出的直肠黏膜，再用“防风汤”或3%温明矾水冲洗，清除坏死组织，慢慢送回肛门内。复又脱出的病例，可整复后行荷包缝合固定。

（4）方药。补中益气汤。整复后灌服。

（5）针灸。整复后针后海阴俞、肛脱穴。

2. 阴道脱

（1）主证。阴道部分或全部脱出阴门之外，部分脱出者呈半圆形，完全脱出者如排球大。

（2）治法。巧治整复，补中益气。

（3）巧治。妥善保定，温水灌肠后，用温开水洗净脱出的阴道黏膜，再用“防风汤”或3%温明矾水冲洗，清除坏死组织，慢慢送回脱出部分。为了防止再脱，可在阴唇外侧，行圆枕减张缝合。

（4）方药。补中益气汤。

（5）针灸。整复后针阴俞、阴脱、后海穴。

3. 子宫脱

（1）主证。子宫部分或全部脱出到阴门外，完全脱出时多和阴道一起脱出，牛为筒状，马为袋状，猪为两个分叉很长的袋状。脱出部分日久呈暗红色，水肿，坏死，患病动物强烈努责，口色淡白，脉迟细。

（2）治法、巧治、方药、针灸。同阴道脱。

五、宿草不转

宿草不转为过多草料积滞胃内，无力运化之证，西兽医学称为瘤胃积食，是牛、羊的常见病。

（一）病因病机

饲养管理不当，过食、过度劳役，或燥热伤津，机体虚弱等所致。

（二）辨证论治

1. 宿草停滞

（1）主证。发病较急，精神不振，头低耳耷，食欲、反刍停止，肚腹臌大，尤以左肷凸出，按压坚实，或有压痕，嗳气酸臭，四肢张开，立多卧少，回头顾腹，或后肢踢腹，气促喘粗，口色赤红或赤紫，津液黏稠，鼻镜干燥，脉沉涩。

（2）治法。消积导滞，攻下通便。

（3）方药。大戟散（见泻下方）加减。

2. 脾虚积食

（1）主证。多见于消瘦、脾胃素虚的牛。发病较缓，病势较轻，但易反复发作。左腹胀满，指压留痕，拱背呆立，神疲乏力，颤抖，粪干，或偶尔有腹泻，口干色稍红，脉细数。

（2）治法。补脾健胃，消积导滞。

（3）方药。四君子汤加三仙等。

六、咳嗽

咳嗽是指肺气壅塞，肺失宣降，呼吸不畅的一种病证。咳嗽是临诊常见症状，也是肺经疾病的主要证候之一。各种动物皆可发生，但以马、骡、牛多见。

（一）病因病机

多因外感或内伤，损伤肺经，肺气拥塞，清肃失常，肺气上逆，痰涎上冲所致。

（1）外感。外邪入侵，邪犯肺卫，肺失宣降，气道不利，痰涎上冲，气机上逆而致咳嗽。

（2）内伤。脾气虚弱，内湿寒痰，上扰肺络，痰涎壅塞，或久劳伤气，肺气不足牛去，气血不利，皆致咳嗽。

（3）其他。肝火犯肺，吸入异物，某些传染病或寄生虫病可损伤肺经而致咳嗽。

（二）辨证论治

首先应分外感和内伤，外感咳嗽常伴有外感症状，多是新发病；内伤咳嗽起病缓慢，往往有较长的咳嗽史和脏腑失调的证候。

1. 风寒咳嗽

(1) 主证。鼻流清涕，咳嗽声亮，遇暖则轻，遇寒加重，耳鼻发凉，口色青白，苔薄面润，脉浮紧。

(2) 治法。疏风散寒，宣肺止咳。

(3) 方药。杏苏散加减。

(4) 针治。可取苏气、山根、肺俞、耳尖、尾尖、鼻俞等穴。

2. 风热咳嗽

(1) 主证。咳嗽不爽，鼻液黏稠，呼吸灼热，口干、目赤、身热，咽喉肿胀，粪便干燥，尿短赤，口色偏红，舌苔薄黄，脉浮数。牛可见鼻镜干燥，口热涎黏，反刍减少。

(2) 治法。疏风清热，宣肺止咳。

(3) 方药。桑菊饮加减。若热重，加黄芩、栀子；若咽喉肿痛，加玄参、豆根。

(4) 针治。可取苏气、肺俞穴，放鹘脉血、通关血。

3. 肺燥咳嗽

(1) 主证。干咳，无鼻涕，口鼻干燥，舌红少津，苔薄黄，脉数。

(2) 治法。清热润燥，宣肺止咳。

(3) 方药。①桑杏汤加减；②清燥救肺汤加减。

4. 肺气虚咳嗽

(1) 主证。咳嗽声低而弱，气短，动则喘甚，易出虚汗，消瘦乏力，口色淡白，脉虚弱。

(2) 治法。补益肺气，敛肺止咳。

(3) 方药。补肺汤加减。喉中痰鸣，加半夏、陈皮；脾虚食少，加白术、山药。

(4) 针治。可取苏气、肺俞等穴。

5. 肺阴虚咳嗽

(1) 主证。咳嗽较重，干咳无痰，或鼻有少量黏稠鼻涕，毛焦肷吊，口色红，脉细无力，或有低热，昼轻夜重，出虚汗，舌质红，脉细数。

(2) 治法。滋阴养肺。

(3) 方药。百合固金汤加减。气喘甚，去桔梗；低热不退，加地骨皮、胡黄连。

七、淋证

淋证是指排尿困难、疼痛、尿频、淋漓不尽的一种病症。根据病因及主证分为热淋、血淋、砂淋、膏淋、劳淋五种。

(一) 病因病机

(1) 外感湿热蕴结下焦，或脾失健运，积湿生热，湿热下注，膀胱气化不利，使尿液黏稠，排泄不畅，而成热淋。

（2）湿热渗入膀胱，肾虚气化不利，湿热蕴结，灼烁津液，使尿中杂质凝结，阻塞尿道，致成砂石淋。

（3）脾肾亏虚。老弱动物，劳损太过，或久病内伤，使肾虚不摄，湿浊下注，气化失常，尿液排泄不畅，而成虚淋。

（二）辨证施治

1. 热淋

（1）主证。不断举尾拱腰，尿少、尿频，排尿痛苦，淋漓不尽，尿色赤黄，舌红苔黄，脉滑数。

（2）治法。清热利湿通淋。

（3）方药。八正散加减。内热盛，加蒲公英、金银花。

2. 血淋

（1）主证。排尿困难，尿痛，尿血，色鲜红。舌色红、苔黄，脉数。兼血瘀者，血色暗紫有血块。

（2）治法。清热利湿，凉血止血。

（3）方药。小蓟饮子加减。湿热盛者，加知母、黄柏。

3. 砂淋

（1）主证。尿道不完全堵塞时，排尿困难，尿频，尿痛，淋漓不畅，排尿中断，尿液混浊，混有大小不等的砂石，或带血丝。尿道完全堵塞时，动物常作排尿姿势，但无尿液排出，痛苦不安。对犬、猫等小动物行腹部触诊，对马、牛等大动物行谷道入手，可感知膀胱充盈。口色、脉象一般无明显变化，或口色微红，脉滑数。严重者，因久不排尿，致包皮会阴水肿，并伴有全身症状。

（2）治法。清热利湿，消石通淋。

（3）方药。八正散加金钱草、海金沙、鸡内金。兼有血尿，加大蓟、小蓟、藕节、丹皮。

4. 膏淋

（1）主证。身热，排尿涩痛，尿频数，尿混浊，色入米泔，稠如膏糊，口色红，苔黄腻，脉滑数。

（2）治法。清热利湿，分清化浊。

（3）方剂。萆薢分清饮。

5. 劳淋

（1）主证。精神倦怠，体瘦毛焦，四肢无力，卧多立少，甚或耳鼻、四肢不温，排尿不畅，淋漓不尽，经久不愈，遇劳淋重，口色淡白，舌质如绵，苔薄白或无苔，脉沉细无力。

（2）治法。补益脾肾，利尿通淋。

（3）方药。肾虚，用六味地黄汤，加菟丝子、五味子、枸杞子；脾虚，用补中益气汤，加菟丝子、五味子、枸杞子；排尿困难，加猪苓、茯苓、车前子。

八、发热

发热是多种疾病中常见的症状之一。中兽医所谓的发热，不仅包括体温升高，口色红、脉数、尿短赤等均属于中医所指的发热，也可以称为火。引起发热的原因有两种，为外感和内伤。外感发热多见于实证，内伤发热多见于虚证。

（一）外感发热

天气骤变，劳役汗出，外邪入侵所致。根据病位的深浅，外感发热分为表证发热、半表半里证发热和里证发热三种。

1. 外感风寒

（1）主证。发热恶寒，且发热轻，恶寒重，无汗，皮紧毛乍，鼻流清涕，口色青白，舌苔薄白，脉浮紧，偶有咳嗽等。

（2）治法。辛温解表，疏风散寒。

（3）方药。麻黄汤加减。

2. 外感风热

（1）主证。感受风热邪气而发病，常见于风热感冒或温热病的初期。症见发热重，恶寒轻，耳鼻俱温，体温升高，微汗，流黄色或白色稠脓鼻涕，咳嗽，口干渴，舌稍红，苔薄白或薄黄，脉浮数。

（2）治法。辛凉解表，宣肺清热。

（3）方药。银翘散加减。

3. 外感冒湿

（1）主证。夏季炎热，气候潮湿，动物易感暑湿而发病。发热，或高热，汗出身热不解，食欲不良，口渴，肢体倦怠、沉重，运步不灵，尿黄赤，便溏，舌红苔黄腻，脉濡数。

（2）治法。清暑化湿。

（3）方药。香薷散加减。

（二）内伤发热

1. 气分热

（1）主证。持续高热，体温升高，出汗，口干舌红，尿短赤，脉洪数。

（2）治法。清热生津。

（3）方药。白虎汤。

2. 血分热（热入营血）

（1）主证。高热，烦躁，神昏抽搐，或见出血，斑疹，口色红绛、干燥，脉细数。

（2）治法。清营凉血，散瘀解毒。

（3）方药。犀角地黄汤。

3. 血虚发热

（1）主证。精神倦怠，低热不退，食欲减退，自汗或盗汗，尿少粪干，或盗汗，口色红，津少无苔，脉细数。

(2) 治法。补益气血，养阴清热。

(3) 方药。八珍汤加地骨皮、知母、青蒿、鳖甲、牡丹皮。

4. 阴虚发热

(1) 主证。烦躁不安，低热，午后或夜间尤甚，烦躁不安或易惊，粪干，尿短赤，口色红，津少无苔，脉细数。

(2) 治法。滋阴清热。

(3) 方药。六味地黄汤加味。

5. 气虚发热

(1) 主证。使役后或运动后发热，耳鼻稍热，神疲乏力，易出汗，气短，食少，偶见泄泻，舌质淡红，脉细弱。

(2) 治法。益气健脾。

(3) 方药。四君子汤加味。

九、感冒

感冒是由外邪伤及肺卫引起的疾病，主要症状有发热恶寒、咳嗽、流鼻涕、脉浮等，又称为伤风或上呼吸道感染。本病四季均可见，但以冬春气候变化大时常见。

(一) 病因病机

(1) 风寒感冒。多因气候骤变，圈舍不温，风寒之邪伤及肺卫，外卫不固，风寒束表所致。

(2) 外感风热。风热之邪侵袭肌表，致腠理毛窍开合失常，邪热内郁不得外泄所致。

(二) 辨证论治

1. 风寒感冒

(1) 主证。恶寒重，发热轻，无汗，耳鼻发凉，流清涕，皮紧毛乍，口色淡白，苔薄白，脉浮紧等。

(2) 治法。辛温解表，疏风散寒。

(3) 方药。荆防败毒散加减。

2. 外感风热

(1) 主证。发热重，恶寒轻，汗出或无汗，口渴，气粗，涕黏稠，口色红，苔黄白，粪干、尿短赤，脉浮数。

(2) 治法。辛凉解肌，清里热。

(3) 方药。银翘散加减或柴葛解肌汤。

十、口舌生疮

口舌生疮指心脾积热，上攻口舌，引起口舌肿胀，甚至溃烂的一种疾病。

（一）病因病机

（1）心经积热。夏季炎热，使役过重，心经积热，上注口舌所致。

（2）胃火熏蒸。长期干渴，吃霉败饲料，或热草、热料等，使邪热积胃，胃火熏蒸所致。

（3）虚火上浮。热病后期，或长期泄泻，导致津液亏耗；肾阴不足，阴虚火旺，虚火上炎引起本病。

（4）异物刺激。木刺、铁丝等刺伤口舌；或误食刺激性药物等；或齿病，均可引起本病。

（二）辨证论治

1. 心经积热型

（1）主证。初期，精神倦怠，唇、舌红赤，流涎。到中后期，唇舌肿胀、溃烂，流带血黏液，采食、吞咽困难，口色赤红，粪干或秘结，尿短赤，脉洪数。

（2）治法。清心解毒。

（3）方药。洗心散加减。外用青黛散或冰硼散。

2. 胃火熏蒸型

（1）主证。口温高，流涎，口臭，粪干，唇颊，牙龈肿胀或有烂斑，舌面有绿豆大灰白色小疱或溃疡，口色红，脉洪数。

（2）治法。清胃火，解热毒。

（3）方药。白虎汤加味，粪干者加大黄、芒硝；津亏者加生地，麦冬，天花粉。

3. 虚火上炎型

（1）主证。口腔黏膜有散在的溃疡，不肿胀，反复发作，连绵不愈，一般不发热，重者有低热，脉细弱。

（2）治法。滋阴降火。

（3）方药。知柏地黄汤加减。久病不愈者可加肉桂以引火归元。

4. 异物刺激型

（1）主证。突然发病，流涎，口内有伤或异物。口温高，或呈弥漫性红肿。

（2）治法。除去异物，冲洗口腔；清热解毒。

（3）方药。用2%～3%食盐水或明矾水冲洗口腔，外敷青黛散或冰硼散，或涂碘甘油。肿胀甚者，内服黄连解毒汤加减。

十一、胎衣不下

胎衣不下是指母畜产后，胎衣不能在正常时间内自行脱落的病证，又名胞衣不下或胎盘滞留。一般牛超过 12 h，马超过 90 min，羊超过 5 d，猪超过 3 d 胎衣未下者，便可称为胎衣不下。本病多见于牛，尤其是奶牛多发。

（一）病因病机

多因气血运行不畅，使胎衣滞留，无法按时排出而发病。

（1）气虚。动物产前营养不良，过度劳役，气血亏虚；或胎儿过大，分娩时间过长，以致损伤正气，无力排出胎衣。

（2）气血凝滞。分娩时感受风寒，致气血凝滞，胎衣不能按时排出而发病。

（3）其他。若胞宫与胎衣粘连，也可引发本病。

（二）辨证论治

1. 气虚型

（1）主证。体瘦毛焦，神疲力乏，头低耳耷，努责无力，胎衣完全或部分不能排出，阴道内有血水流出，口色淡白，苔薄白，脉细弱。

（2）治法。补气养血，活血行瘀。

（3）方药。八珍汤加红花、桃仁等。

2. 气血凝滞型

（1）主证。动物努责频繁，回头顾腹、腹痛不安，胎衣不下，恶露量少、色暗红或夹血块，口色青紫，脉沉有力。

（2）治法。活血化瘀，下胎衣。

（3）方药。生化汤加味等。

任务实施

步骤一：根据本任务内容，通过查阅图书或网络资源，收集相关资料及在中兽医临床上的应用案例资料，并整理分析，列出大纲。

步骤二：根据个人理解，将主要内容进行总结，并绘制思维导图；思维导图应包括 11 个方面的内容，即肠黄、泄泻、便秘、胎衣不下、淋证、咳嗽、发热、感冒、口舌生疮、胎衣不下等。

步骤三：将个人绘制好的思维导图通过软件上传或在班级群中进行展示，供其他同学参阅，并提出优缺点。

步骤四：根据其他同学的意见或建议进一步完善思维导图，进一步理解课堂内容。

任务检测

请扫描二维码 5-4-1 进入在线测试，可反复多次答题，直到获得满意的结果。

二维码 5-4-1　项目五任务四检测

任务评价

根据本任务表现及思维导图绘制情况进行评价，具体评价见表 5-4-1。

表 5-4-1 任务完成过程评价

班级：		组别：		姓名：
任务	评分标准	自我评价	小组评价	教师评价
形式方面	整体布局合理，核心主题明确（20 分）			
	颜色对比明显，分支颜色有所区别（10 分）			
	部分内容有相应图片展示（20 分）			
内容方面	内容正确，包括概念和关系的准确性（10 分）			
	内容知识点完整，主次分明（20 分）			
	内容简洁扼要，层次清晰（20 分）			
合计				
自我评价与总结				
教师点评				

参考文献

白鹏霞，2024. 中兽医学［M］. 北京：中国农业出版社.
陈玉库，刘根新，2020. 中兽医学［M］. 4 版. 北京：中国农业出版社.
何静荣，1993. 中兽医方剂学［M］. 北京：北京农业大学出版社.
胡元亮，2004. 使用动物针灸手册［M］. 北京：中国农业出版社.
胡元亮，2006. 中兽医学［M］. 北京：中国农业出版社.
蒋聪文，陈玉库，2016. 中兽医学［M］. 3 版. 北京：中国农业出版社.
刘忠杰，许剑琴，2012. 中兽医学［M］. 4 版. 北京：中国农业出版社.
马青德，2018. 兽证治要［M］. 西宁：青海人民出版社.
杨英，2006. 兽医针灸学［M］. 北京：中国农业出版社.